Human Resource
Management ◢

21世纪人力资源管理系列教材

U0352797

Employee Safety and
◢ Health Management

员工安全健康管理

孙树菡　毛艾琳　主编

中国人民大学出版社
· 北京 ·

图书在版编目（CIP）数据

员工安全健康管理/孙树菡，毛艾琳主编 . —北京：中国人民大学出版社，2013.2
21 世纪人力资源管理系列教材
ISBN 978-7-300-17141-8

Ⅰ.①员…　Ⅱ.①孙…②毛…　Ⅲ.①企业-劳动保护-劳动管理-教材②企业-劳动卫生-卫生管理-教材　Ⅳ.①X931②R13

中国版本图书馆 CIP 数据核字（2013）第 040017 号

21 世纪人力资源管理系列教材

员工安全健康管理

孙树菡　毛艾琳　主编
Yuangong Anquan Jiankang Guanli

出版发行	中国人民大学出版社			
社　　址	北京中关村大街 31 号		**邮政编码**	100080
电　　话	010 - 62511242（总编室）		010 - 62511398（质管部）	
	010 - 82501766（邮购部）		010 - 62514148（门市部）	
	010 - 62515195（发行公司）		010 - 62515275（盗版举报）	
网　　址	http://www.crup.com.cn			
	http://www.ttrnet.com（人大教研网）			
经　　销	新华书店			
印　　刷	北京密兴印刷有限公司			
规　　格	185 mm×260 mm　16 开本		**版　　次**	2013 年 3 月第 1 版
印　　张	14 插页 1		**印　　次**	2013 年 3 月第 1 次印刷
字　　数	284 000		**定　　价**	32.00 元

版权所有　侵权必究　　印装差错　负责调换

前　言

这本《员工安全健康管理》可以说既是"难产"，又是"顺产"。说"难产"，是因为早在 20 世纪末我就已在酝酿此书，几经讨论，当年参与讨论的硕士生、博士生都已一批批走上工作岗位，此书却始终没能付梓。2006 年，在几位研究生的协助下，此书的初稿终于得以完成。但我对该稿一直不甚满意，于是就此搁置，并成为一块挥之不去的"心病"。在此期间，我始终没有将这部书稿放下，稍有"灵感"就立即提笔重新修改，但断断续续始终未成满意的篇章。其间，公共管理学院博士生毛艾琳在完成其硕士学位论文"国内外压力管理研究"的过程中，对这部书稿产生了极大的兴趣。在攻读博士学位期间，他协助我就原有资料进行重新整理，并从人力资源管理的角度修改了初稿；还利用在美学习的便利，查阅了大量美国（特别是加利福尼亚州）的相关立法及管理实践方面的资料予以补充。在此基础上，我又做了进一步的修改，在中国人民大学出版社编辑熊鲜菊的大力帮助下，终于可以交稿了！

说"顺产"，是因为这是我多年教学、科研工作的收获、体会，是从学界、理论界前辈们的研究中汲取的精华、营养，是多人多年的辛劳，是一种急需付诸笔端的欲望。

哲学家费尔巴哈曾说过，"生命是一切宝物中最高的东西"，国人亦常将"人命关天"挂在嘴边。务过农、当过工人的我，深知劳动的艰辛以及其中的风险。因而，在开始读研时就对导师赵履宽教授说："请允许我到清华、北大等外校进修，将来我想搞劳动保护。"感谢恩师的理解与鼎力支持，我得以全面学习了包括机械工程学、生物力学、电工学、普通化学等在内的工科相关课程，普通心理学、生理心理学、管理心理学、社会心理学等心理学相关课程，以及劳动卫生学等公共卫生课程。

这一次"充电"也使我深深感受到老一辈专家学者的博学与无私，使我研究兴趣大增，同时确定了我其后三十年的教学科研方向，由"劳动经济"转向"职业安全卫生"及"社会保障"。

当时我国的劳动安全与劳动卫生分属不同的职能部门管理，培养人才的工作也由工科院校及卫生院校分别进行，但在生产劳动过程中，"安全"与"卫生"是不可能截然分开的。因此，我在进行研究时始终主张将"安全"与"卫生"放在一起进行讨论。1987 年

1

劳动人事出版社出版了我和导师合著的《劳动生理与劳动保护》一书（该书获中国人民大学优秀教材奖，并被劳动部确定为全国劳动经济专业必修课本）；1993年红旗出版社出版了我撰写的《职业安全与卫生》，这是我国首次出版的将"安全"与"卫生"、"工效学"等合并进行研究的著作；1994年12月中国劳动出版社出版了我撰写的《劳动安全卫生》（该书获中国人民大学优秀著作奖，并被劳动部培训司确定为全国劳动经济专业必修课本，同时由我在中央广播电视大学进行讲授）。这些都是在这一理念下进行研究的成果。

党和政府历来十分重视职业安全卫生工作，自1982年以来颁布了一系列相关法律法规。1983年我所在的中国人民大学劳动经济研究所在中国人民大学及劳动人事部的双重领导下，扩充为劳动人事学院。我也有幸参与了劳动人事部职业安全卫生监察局组织的《职业安全卫生法》立法研讨：经历了《职业安全卫生法》——《劳动安全卫生法》——《安全生产法》及卫生部劳动卫生监督司组织的有关《职业病防治法》的研究、讨论，其后又参加了《职业病防治法》及《工伤保险条例》的修订研讨，并参加了国际工效学会的一些活动，这些都给我的教学与研究带来了极大的帮助。

改革开放给中国大地带来了勃勃生机，我亦有幸亲历其中。在向社会主义市场经济转型的过程中，一方面，我国的经济发展成果举世瞩目；另一方面，法制、体制的不成熟以及市场经济的弊端逐渐显现。"战天斗地"的思维惯性使"人命关天"只能成为一种宣传口号。而在向市场经济体制转型的过程中，没有及时地、"无遗漏"地以法来约束资本的贪婪，对劳动者的保障力度大为降低（管理体制的"定式"，使得其间颁布的一些法律仍停留在只对国有企业有约束力的层面，而没有涵盖如雨后春笋般涌出的"三资"企业、乡镇企业、个体工商户等），导致工伤事故频发，职业病发生率居高不下。

随着我国工业化进程的不断深入，技术装备水平不断提高，产业结构调整与升级换代，一些传统的职业风险可能不再存在或者有所降低，同时又会产生一些新的风险。随着知识经济时代的到来，知识型员工在企业（尤其是高科技企业）中所占的比例越来越大，并发挥着日益重要的作用。企业健康管理既可减少员工的病假工时，又能减少其为照顾家人所用的健康事假工时，从而大大减少因此而给企业带来的间接经济损失。这项福利措施无疑会吸引和留住许多既渴求事业成功也重视自身健康的优秀人才，必将成为企业参与市场竞争的利器之一。

本书分8章。

第1章是概述。

第2章介绍国内外员工安全健康管理法律，职业健康安全管理体系以及有关国际组织的相关法律。20世纪80年代后期，职业安全健康管理作为一门管理技术取得了丰硕的成果，形成了国际上正在流行的人本管理体系——职业安全健康管理体系（OHSMS），该章做了较为详细的介绍。

第3章介绍一些发达国家以及我国的员工安全健康管理。

第4章是员工安全管理。安全生产是人类社会发展和工业化进程中必然遇到的问题。人们常说，科学技术是一把双刃剑：在为人类创造财富的同时，也会产生一些负面影响（例如导致事故及职业性疾患）。但科学技术同样会赋予人们战胜这些负面影响的能力，法律规章的规定及科学的管理手段也可以降低不利影响，保障劳动者在劳动过程中的安全与健康。该章首先介绍了风险管理理论并根据各类事故致因理论分析生产作业事故风险，分析和研究生产和劳动过程中存在的各种不安全因素，力求从技术、组织、管理上采取有效措施，解决和消除安全隐患，防止事故发生。

第 5 章是员工健康保护。首先分析职业健康风险，存在于工作场所的、对劳动者的健康有恶劣影响的物理和化学因素，如气温环境、噪声环境、振动环境、照明环境、空气污染等。员工健康风险管理不仅建立预测、预防以及控制事故的安全科技和装备，防患于未然，而且为建立一个与之相匹配的人力资源环境，运用人机工程使科技更具人性化，更简便易操作，也更注重人在人—机—物—环的劳动链中的安全、健康和舒适。

《阿姆斯特丹条约》第 152 条指出，"在所有社会政策和活动的定义和实施中，我们都应确保高水平的人类健康防护"。健康已经成为"日常生活的资源而非生存的目标"（《世界卫生组织渥太华宪章》，The Ottawa Charter of the WHO，1986）。安全健康投资是一项重要的人力资本投资，员工安全健康管理则是人力资源管理的一种新的模式，也是企业管理的重要内容。1990 年世界卫生组织（WHO）在对发展中国家实施健康促进规划的"行动号召"中概括了三条基本原则：政府政策倡导、社会环境支持和授权公众参与。在第 6 章"员工健康促进"中，主要介绍如何防止工作场所中的职业性和非职业性疾病的发生，例如员工不健康行为防范（如控制酒精和毒品、工作场所吸烟问题、艾滋病预防），从疾病预防（包括对具体危及健康因素的防护）到最佳健康状态的促进。此外，最佳方案是提高人的科技知识水平，加强人力资源管理。通过科普教育、技能培训，增加公众的安全科技文化知识，提高员工在劳动过程中对设备的操作水平和控制能力。该章从员工甄选、安全教育培训、员工健康促进计划以及企业安全文化等方面进行了研究。

本书的前 6 章主要从安全卫生管理的角度阐述如何降低风险，但是，事故或职业病一旦发生，如何确保员工的权益？后两章分别从工伤保险和医疗保险的角度加以分析、研究。

参与初稿写作的人员有：第 1 章，李昊、祝贺、孙树菡、陈慧、毛艾琳；第 2 章，孙树菡、祝贺、杨艳、陈慧、赵宇英、谢婷、毛艾琳；第 3 章，谢婷、毛艾琳、李昊、孙树菡；第 4 章，孙树菡、杨艳、祝贺、孙长娟、金鸥；第 5 章，孙树菡、金鸥、祝贺、李昊；第 6 章，孙树菡、毛艾琳、赵菁；第 7 章，孙树菡、朱丽敏、陈立坤；第 8 章，孙树菡、李莉、程艳。全书由毛艾琳初次统稿，最终统稿由孙树菡完成。

职业安全健康贯穿企业生产的全过程，职业安全健康状况与企业的安全管理休戚相关。约翰·科特认为，"从要我优秀转变到我要优秀，是管理的一大跨越"，同样，"从要我安全健康到我要安全健康"也是人力资源管理的一大跨越。希望本书能为此项事业添砖加瓦，或者为事业的发展抛砖引玉。

最后，感谢每一位《员工安全健康管理》的读者，如果你们在阅读过程中发现任何不妥或需要改进之处，欢迎与我联系，以便通过大家的共同努力，完善这门学科，同时尽可能为更多的读者提供更为完美的作品。

我的 e-mail：sunsh@ruc.edu.cn。

孙树菡

目　录

第 1 章

员工安全健康管理概述

➤ **我需要知道什么？**

阅读完本章之后，你应当能够了解：

● 有关员工安全健康管理的各种定义
● 员工安全健康管理的特点及其意义

职业事故与职业灾害是伴随职业活动而来的。现代工业的机械化与自动化始于 18 世纪末瓦特蒸汽机的发明。这一革命大大提高了生产效率，节省了人力，但人类在获益的同时，也因随之而来的职业灾害付出了巨大的代价。2012 年 4 月 25 日世界工作安全与健康日（每年的 4 月 28 日）前夕，联合国有毒废物问题特别报告员吉尔戈斯科（Calin Georgescu）警告称，世界有数百万工人所从事的职业无法给员工提供足够的安全保护，使他们免受工作带来的疾病和伤害。根据国际劳工组织（ILO）的统计，每年有 200 万人因工伤或因工染病而死亡。每年 160 万人因工染病，工作中的致死性或非致死性的事故每年发生 270 万起，所导致的经济损失相当于每年世界生产总值的 4%。吉尔戈斯科说，工作场所中的事故和疾病使雇主面临因员工提前退休、技术工人流失、劳动力短缺和疾病而导致的巨大损失，而这些事故和疾病中有很多是可以避免的。[①] 而 10 年前据 ILO 统计，全球每年因职业事故和与工作相关的疾病死亡约 200 万人。此外，每年还有 2.7 亿起职业事故，并有 1.6 亿例非致病的与工作相关的疾病。[②] 在安全生产搞得很好的美国，21 世纪初每年事故成本达 5 000 亿美元，虽然事故率远远低于 20 世纪同期，但每年也有将近 10 万人在事故中丧生。[③] 可见，职业灾害是现代工业社会一个无法

[①] 资料来源：联合国：《全球每年 200 万人因工伤或职业病死亡》，国际在线专稿：http://gb.cri.cn/27824/2012/04/26/6011s3659263.htm。

[②] 资料来源：ILO 北京局局长庄古（Djankou Ndjonkou）为《国际劳工组织与职业安全卫生》一书所做的序。见：刘铁民：《国际劳工组织与职业安全卫生》，北京，中国劳动社会保障出版社，2003。

[③] 参见约翰·法比尔·维特：《事故共和国》，7 页，上海，上海三联书店，2008。

回避的问题。职业伤亡及疾病问题对员工、雇主、政府及社会有不良的影响。[①]

随着科学技术的飞速发展及其在生产中的广泛应用，劳动速度加快、劳动对象更新、劳动领域不断扩展，劳动者在职业活动过程中的健康与安全已引起越来越多的国家的重视。各国都采取了诸如制定法律法规、强化宣传教育、落实安全卫生责任发展安全科学技术和加大安全投入等措施，以改善作业环境条件，减少职业灾害。进入 21 世纪后，ILO 制定了职业安全卫生（occupational safety and health，OSH）全球战略。各国也相继制定了本国的 OSH 国家计划。例如英国 2000 年 6 月颁布的"英国重振安全卫生战略"，美国的新安全议程，澳大利亚的 OSH 国家战略，匈牙利的 OSH 国家计划，等等。

职业灾害不仅给劳动者带来了无法预料的灾难，给企业带来了巨大的显性和隐性损失，也给整个社会带来了损失和负担。如何避免职业灾害及其带来的后果，是整个社会共同关注的问题，同时也是用人单位人力资源管理的重要课题。

1.1　有关员工安全健康管理的各种定义

国际劳工组织（ILO）、世界卫生组织（WHO）职业卫生联合委员会在 1950 年的第一次会议上宣称其"旨在促进和维持所有职业工人在身体、精神和社会幸福上的最高质量；防止工人在就业期间免遭由不利于健康的因素所产生的各种危险；使工人置身于一个能适应其生理和心理特征的职业环境中。总之，要使工作能适应于人，也要使每个人都能适应于其工作"[②]，同时还注意到"新的技术在改观传统职业伤害状况之外，正在引起新形式的疲劳和心理社会压力，这种压力的职业性质常常不易识别，而且需要采用多学科的新方法"[③]。

国际劳工局局长胡安·索马维亚先生在 1999 年国际劳工大会上所作的施政报告《体面的劳动》中提出，保护员工免遭与工作相关的伤害、疾病、不健康的影响，是国际劳工组织肩负的一项历史使命，以实现"体面劳动"为最基本的要求。既不能把疾病和伤害与工作相伴而生作为忽视员工安全与健康的理由，也不能把贫穷作为忽视员工安全与健康的借口。国际劳工组织的首要目标就是创造条件，让人们在自由、公正、安全、尊严的环境下获得舒适、高效的工作。[④]

国际工效学会关于员工安全健康管理的定义是："在作业、机械、人机系统和环境的设计方面，以保证人类安全、舒适、高效工作为共同目的。"[⑤] 美国

---

① Wilson，G. K.，The Politics of Safety and Health：Occupational Safety and Health in United States and Britain，Oxford：Clarendon Press，1985.

②③ 参见劳动人事部组织译编：《职业卫生与安全百科全书》，543 页，北京，中国大百科全书出版社，1987。

④ 参见刘铁民等：《国际劳工组织与职业安全卫生》，3 页。

⑤ 谢慤正：《人类工程学》，4 页，杭州，浙江教育出版社，1987。

《职业安全卫生法》是世界上最早颁布的全国统一的综合性大法。该法强调保护工作者在工作环境中的安全卫生，以"维护国家的人力资源"，"经由雇主与劳工主动提供安全卫生环境，以促进更进步"，并且"鼓励劳资双方联合努力，以减少职业灾害"。

员工安全健康管理涉及多个学科，不同的学者从不同的领域出发，从人力资源管理的角度出发，以多种视角研究并给出了员工安全健康管理的概念。英国学者约翰·布里顿认为，"员工安全健康管理是雇佣关系的一个重要方面，是企业为保护人力'资产'的需要而进行的投资"[①]。加拿大学者西蒙·多伦和兰多·舒尔认为，"根据追求更高的成本—效益以及在人力资源管理中承担更重要的作用的要求，人力资源管理者可以通过在组织中从事职业安全与健康工作来证明其价值。人力资源的许多功能及活动是与职业安全卫生紧密相连的，对它的忽视会导致组织的物质损失。因此，人力资源管理者应注意到职业安全与健康并努力去发展它。职业卫生与组织中的劳动者在工作环境中的生理、身体以及社会心理状态有关。有许多因素可以影响它，其中最主要的是社会和人道的责任、义务。"[②] 美国学者麦克纳和比奇认为，"过去，经理们多将注意力放在工作岗位的健康、安全的问题上，在出现问题后才加以处理。现在，有不少雇主决定在保健方面采取更积极的态度"，"健康、安全人员的关心和有关人力资源管理专家的配合，能为那些因环境急剧变化而承受巨大工作压力的员工提供必要的劝导和其他服务。这类服务能使员工更好地面对岗位的需要，可以有效地缓解缺勤和员工周转"[③]。

美国管理学家威廉·安东尼等认为，"员工健康和安全是一个经历了持续变化的领域。很多以前曾被认为无害的物质，由于长期暴露于其中的后果得以揭晓，已经被发现是极为危险的。由于工作的动作或工作中使用的设备所引起的新疾病越来越引起公众的注意。来自家庭和工作方面的压力会给员工带来感情和身体上的问题，这会提高健康护理的成本，降低工作生产率。由于这个领域的不断发展，组织不断跟踪了解该领域的最新进展是有必要的"[④]。中国学者王宏亮认为，"员工安全健康管理是指那些为了使员工免受工作过程中的危害的侵袭，保护员工在劳动场所的生命安全而采取的各种管理手段和方法以及实行的制度的总称"[⑤]。徐卫东亦认为，"职业安全健康管理是防止员工在工作岗位上受到职业伤害和危害，保护员工在工作过程中的健康和安全"[⑥]。

本书认为，对于员工安全健康管理应该从以下几个方面理解：

① ［英］约翰·布里顿：《人力资源管理——理论与实践》，北京，经济管理出版社，2005。
② 西蒙·多伦、兰多·舒尔：《人力资源管理——加拿大发展的动力源》，39 页，北京，中国劳动社会保障出版社，2000。
③ E. 麦克纳、N. 比奇：《人力资源管理》，242 页，北京，中信出版社，1998。
④ 威廉·P. 安东尼等：《人力资源管理：战略方法》，508 页，北京，中信出版社，2004。
⑤ 王宏亮：《职业经理人十万个怎么办——如何进行员工健康与安全管理》，北京，北京大学出版社，2004。
⑥ 徐卫东：《现代职业健康安全管理技术》，北京，中国工人出版社，2003。

（1）员工安全：保障员工在劳动过程中的生命安全，既是一个企业义不容辞的义务，也是企业正常生产的前提。安全生产一直被我们国家所重视，它涉及人的安全与物的安全，即人员安全、生产设备安全和生产场所环境安全。

（2）员工健康：传统的 OSH 领域的"健康"概念仅限于职业病防治，即预防作业环境（即作业场所）中的有害物质对人体的不良影响。但是，现代社会对生活质量标准的提高带来了人们对自身健康标准的提高。健康已经不仅仅局限于"不得病"。工效学的创立及其在安全生产管理中的广泛应用，预防作业环境中的微小气候以及设备的人—机匹配不当对人体的不良影响，都是员工健康管理的内容。员工健康管理已发展为保障劳动者的生理健康、心理和精神健康。

（3）安全健康管理：安全健康管理涉及多个层面的主体，政府制定职业安全健康法律法规及标准，并对用人单位进行监督检查；社会同样具有监督管理职责；涵盖一个企业的每一名成员，无论是普通员工还是首席执行官，都是被管理的对象；安全健康管理的实施者同样涉及全体人员，管理实施具有多层次性，每一名员工都是自我管理者——企业的安全健康管理需要企业和员工合力为之。总之，企业员工安全健康管理是其为保护员工不受到工伤事故和职业病的伤害，不遭受新技术和新作业方式等导致的新形式的心理压力，保障其身心健康，所采取的制度规定、宣传教育、技术支持等管理措施。这些措施既是企业保护自身所有的人才资源的必要手段和提高企业经济效益的有力措施，也是企业为保障社会和谐稳定的应尽义务。

《亚太职业安全健康通讯》2009 年 12 月号发表了国际劳工组织东亚部分区域办公室刚川（Tsuyoshi Kawakami）先生撰写的题为"全球经济一体化和新的职业安全健康风险"的文章。文章指出，在全球经济一体化时代，出现的新的职业安全健康风险对许多企业构成了重大挑战，这些企业包括中小型企业、非正式工作场所和乡镇工作场所。这些工作场所经常在安全保护措施不充分的情况下采用新的生产系统，例如采用新的设备和使用危险的物质。在这些工作场所中，工人们往往工作时间长、工作时间不规则、工作内容重复单调、收入取决于工作数量。临时工、分包商和没有稳定就业的以家庭为主的工人也在增加面临新的职业安全健康风险。他们很少能够获得劳动监察部门或职业安全健康培训服务部门的指导。

为满足国内生产的需要，亚洲许多国家雇用了一些移民工人。这些移民工人不仅为所在国家的社会经济发展做出了贡献，而且通常承担一些繁重的工作，工作条件的安全风险也大。由于移民工人不熟悉所在国家的语言和文化，增加了工作场所的事故风险和职业伤害。亚洲许多国家建立的国家职业安全健康体系侧重的是解决各自国家正规行业工作场所的职业安全健康问题，很少为满足移民工人的要求采取适当的措施。

为解决新的职业安全健康风险问题，亚洲许多国家现有的职业安全健康体系已经把职业安全健康保护扩展到正规行业，但缺乏对薄弱工作场所的安全保护，包括为工人提供就业机会的非正规经济的工作场所。由于信息流通不畅，这些工作场所也增加了面临新职业安全健康风险的挑战。我们需要采取能够帮助这些工人减少新职业安全健康风险的一些切实可行的办法，例如提供职业安全健康服务、制定和编制国家职业安全健康政策和计划。

1.2 员工安全健康管理的特征

员工安全健康管理具有以下特征：

（1）广泛性：员工安全健康管理是企业里的一项极具参与性的涉及面广泛的管理活动，管理范围包括整个企业的全体员工。

（2）多层次性：从管理的角度讲，员工安全健康管理是一个多层次管理体系，员工负责自己的安全与健康，企业所设的安全健康管理部门需要遵守国家相关法律规定，保障本企业员工的安全健康，同时，企业的人力资源经理还要对所辖管理对象的健康和安全问题负责，企业层面的安全健康要受到社会的监督和政府职责部门的管理规范。

（3）跨学科性：员工安全健康管理的研究涉及多个学科的内容，包括人力资源管理、安全生产管理、职业病防治、工程学、工效学、职业伤害保障、健康保障、环境学等。只有综合运用这些学科的相关知识，才能为员工创造出一个安全健康的工作环境。

（4）技术性：减少事故及职业病的发生，减少不当人—机匹配和不良体位等对人身安全健康的影响，必须依靠先进的技术。

（5）社会性：员工安全健康管理不仅直接或间接影响企业的经济活动效率，影响企业形象，而且会造成很大的社会影响：伤亡事故及职业病、职业危害因素不仅会对环境乃至生态造成影响，而且会严重影响社会和谐。

1.3 员工安全健康管理的意义

员工安全健康管理的意义表现在以下几个方面：

（1）员工安全健康管理标志着管理思想的进步。从尊重人的生命和健康这一人道的角度来看待员工安全健康管理，这一管理理念无疑是社会的一大进步。工业化初期英国经济学家亚当·斯密的风险承担理论认为，工人自愿与雇主签订劳动合同，就意味着自愿地接受风险。从19世纪末开始，工伤保险逐步被人们认同，风险防范成为雇主的责任。今天，人们认识到人的价值并尊重每个人健康生活的权利，国际劳工组织提出的"体面劳动"理念业已被人们广泛接受。企业不但重视员工的安全，而且开始关注员工的健康，这样的进步将会造福社会上的每一个劳动者。

（2）从企业的角度讲，员工安全健康管理可以有效保护资源，减少经济损失。员工安全健康管理在计划实施的过程中从系统的角度出发，整体而全面地考虑到了人—机—环境系统的安全性，最大限度地降低了安全事故发生的可能性。安全事故发生率的降低有效地减少了企业的经济损失，因为安全事故的发生不仅会给企业带来生产设备和人员损失、赔款和罚款，而且会因为停工和整顿而破坏正常生产秩序。在这些直接的经济损失之外，间接损失更是无法估量的。企业的员工作为企业最重要的财富——人力资源，具有长期性和不稳定性。企业员工在进入企业后都需要有一个较长时期的适应期和成长期，尤其是技术骨干等核心员工。工伤事故和职业病的发生往往带来人员伤亡，如果殃及核心员工，会给企业带来惨痛的损失；即使是普通员工，企业也会因此而需要额外地付出招聘、培训等代价——这还不包括对伤亡员工的巨额补偿。就生产效率而言，人与机器的差别在于其不稳定性，人受自身身体状况和情感的影响很大，工伤事故给员工带来的身体伤害直接影响其生产效率，事故留下的心理阴影则会潜移默化地影响工作效率，而且这种心理的影响更加长期和难以消除，比如"9·11"事件给美国人造成的心理恐慌至今犹存。

（3）从社会层面而言，员工安全健康管理是企业履行其社会责任的具体体现。蕴藏在人身上的劳动力不仅是企业，也是一个国家最宝贵的资源，人的安全与健康直接关系到劳动力资源能否被合理有效地开发。例如，在缅甸、厄瓜多尔等国，由于疾病而造成的工时损失占到可利用工时的 13%～15%；而在美国，这一比例仅为 3%。[①] 随着以人为本的思想日益深入人心，企业也越来越重视自己所拥有的劳动力资源，员工安全健康管理是社会对企业影响的结果，更是企业对社会的回报。通过保障本企业员工的安全与健康，企业也在客观上实现了劳动者群体的自身权益，保护了整个社会的劳动力资源。而且，保障劳动者的安全和健康可以促进其家庭和睦，减少事故的发生更可促进社会的和谐，这也是我们建设和谐社会的必然要求。企业追求利润最大化无可厚非，这种进取的态度也是推动经济发展的中坚力量，但是，作为社会的一分子，企业应该履行其社会责任，其生产活动应该兼顾经济效益和社会效益。因为从根本上说，社会利益同个人利益、集体利益是一致的，只不过社会利益是一种长期利益，不一定能在短期内使个人和集体受益。因此，作为一个企业，应该有全局观和大局观，同时有一颗回报社会的心，懂得放弃短期的微小经济利益而换取长期的社会共同利益。只有这样，我们的经济才能持续发展，我们的社会才能和谐。

1.4 员工安全健康管理的研究对象

员工安全健康管理作为一项保障企业员工安全和健康的管理活动，其研究

---

① 参见理查德·B·弗里曼：《劳动经济学》，232 页，北京，商务印书馆，1987。

对象主要是企业内可以影响员工安全和健康的因素。生产经营活动的主体——人，是员工安全健康管理的首要研究对象，既包括工作在一线的生产工人，也包括企业管理人员，因为后者要对整个企业的安全和全体职工的健康负责。生产设备以及与生产相关的物品是员工的生产资料，也是员工在生产活动中接触最多并且接触时间最长的，所以生产设备及相关物品直接关系到员工的安全与健康。员工和生产设备及相关物品置身于其中的工作环境合格与否，是影响面最大、最广泛的因素。由此可见，员工安全健康管理的研究对象主要包括人、材、物、环境几大方面，人力资源管理者可将其纳入"人—机—环境系统"中进行统筹管理。

（1）人（员工）。企业是生产经营的主体，也是职业风险的最终承担者，因此，企业员工的安全健康管理尤为重要。做好安全健康管理工作也能进一步提高企业的经济效益和社会效益。因此，如何使企业管理人员正确地认识和实施企业安全健康管理工作，是员工安全健康管理的一项重要研究课题。

（2）机（物）。人—机—环境系统中的"机"是指生产设备及相关物品，统称为生产资料。工业革命带来了生产力的巨大进步，也使我们更加依赖各种生产资料来进行生产活动。在使用机械设备的过程中，由于设备或人为原因，很容易发生各种事故，而这些事故往往会造成人员伤害，甚至造成重大人员伤亡。因此，生产过程中机械设备的状况安全和合理使用，以及各种生产资料的正确存放和使用，对生产活动中员工的安全健康有着重大影响。比如机械设备，尤其是冲压机械和切削机械，容易给员工带来机械伤害；电器类设备容易给员工带来触电危险，并且可能导致火灾或爆炸事故的发生；锅炉和压力容器容易发生爆炸事故。生产材料，尤其是各种易燃易爆的危险品和有毒有害的危险品，容易给员工带来伤害；工具设备设计的不合理也会给员工造成不同程度的损害。因此，对生产设备及物品的合理管理，也是员工安全健康管理的研究对象。

（3）作业环境。作业环境既包括生产场所等实体意义上的工作环境（即"硬环境"），也包括职业安全健康管理体系（OSHMS）等制度环境（即"软环境"）。"硬环境"包括合理的工厂布局设计、生产车间建筑设计以及对生产场所的有害因素的控制和防范，包括物理有害因素、化学有害因素和生物有害因素的防控。管理和制度层面的"软环境"包括各种安全健康管理的管理措施，尤其是规章制度和操作规程，可使员工和管理者的工作有章可循，科学的步骤可以最大限度地遏制危险和有害因素对员工安全健康的影响，降低员工罹患职业病的风险。

综上所述，员工安全健康管理的研究对象实际上是对人—机—环境系统的研究。人、机（物）、环境三个系统相辅相成、互为依赖、不可分割。企业管理人员和生产人员是员工安全健康管理的实施主体和受益主体；生产设备等各种生产资料是危险源，也是重点防控对象；工作环境包括"硬环境"和"软环境"两个方面，这两个方面渗透到了工作场所和工作过程的各个环节。无论是研究工作还是具体实施工作，都要切实抓好这三个方面，只有这样，才能有效地保障员工的安全与健康。

1.5 员工安全健康管理与人力资源管理和其他活动的关系

（1）员工安全健康管理与聘用新员工的关系。招聘新员工、留住核心员工是企业人力资源部门的主要工作之一。员工安全健康管理搞得好的企业，不仅会由于比事故频发的企业声誉好而更加吸引新工人，而且会由于能够为员工提供一个安全、健康、舒适的工作环境而更容易留住本企业核心员工并吸引其他企业优秀员工加盟。另一方面，采用科学手段甄选新员工，可以起到事半功倍的作用。

（2）员工安全健康管理与工作分析的关系。工作场所的很多意外事故都是由于不符合工效学原理，如人机不相匹配、工作体位不合理或者工作设计不科学（如工作负荷过高或过低）等。因此，员工安全健康管理与合理科学的工作分析密切相关，而后者正是企业人力资源管理部门的一项重要工作。

（3）员工安全健康管理与劳动关系的关系。企业一旦雇用了所需要的员工，就应很好地照顾他们。因此，建立有效的工作关系，协调企业劳动关系也是企业人力资源管理的一项重要工作。员工安全健康管理是国家职业安全卫生体系在企业的具体实施，许多国家都以法律明文规定了企业在职业安全卫生方面的责任与义务以及员工的权利与义务。《中华人民共和国劳动法》、《中华人民共和国安全生产法》、《中华人民共和国职业病防治法》中也都做出了明确的规定。还有不少企业已将员工的安全、健康纳入劳动合同。

（4）员工安全健康管理与培训。我国在法律法规中都规定了职工拥有对职业风险的知情权，同时规定企业必须对员工进行职业安全卫生培训，这也是企业人力资源管理部门的主要功能。在国外，许多大公司的人力资源管理部门不仅对员工进行这方面的培训，而且帮助员工更好地处理和缓解工作及社会环境等所致的压力。

☐ 本章小结

员工安全健康管理是企业为保护员工不受到工伤事故和职业病的伤害，不遭受以及新技术和新作业方式等导致的新形式的心理压力，保障其身心健康，所采取的制度规定、宣传教育、技术支持等管理措施。

员工安全健康管理具有广泛性、多层次性、跨学科性的特征，其研究对象主要包括人、财、物、环境几大方面。

员工安全健康管理无论对于企业还是对于社会都具有十分重要的意义。安全健康管理标志着管理思想的进步；从企业的角度讲，安全健康管理可以有效保护资源，减少经济损失；从社会层面而言，员工安全健康管理是企业履行其社会责任的具体体现。

□ 思考题

1. 员工安全健康管理的概念是什么？
2. 简述员工安全健康管理的意义。
3. 简述员工安全健康管理的研究对象。
4. 我国员工安全健康管理的问题出在哪里？尝试给出一些解决建议。

案例

美国事故伤害和事故死亡成本

2009 年 3 月，美国利宝互助保险公司（Liberty Mutual Insurance）根据 2006 年的数据公布了该公司 2008 年"工作场所安全指数"报告。报告揭示，多数致残的工作场所事故伤害造成美国企业雇主直接成本支出（医疗和损失的工资支付）高达 486 亿美元——平均每周近 10 亿美元。美国利宝互助保险公司的数据显示，如果按照以前公布的安全指数计算，美国企业每年用于工人补偿的直接和间接成本支出为 1 449 亿～2 898 亿美元。上述数据是根据工作天数损失 6 天或 6 天以上的事故计算得出的。况且，美国利宝互助保险公司是按美国劳动统计局公布的事故伤害统计数据得出的成本估算。

[讨论题]

通过上述案例，你对员工安全健康是否有了更深的了解？请你详细谈谈。

第 2 章
员工安全健康管理法律环境

✏️ **我需要知道什么?**

阅读完本章之后,你应当能够了解:

- 国际劳工立法
- 一些国家员工安全健康管理的法律
- 我国员工安全健康管理立法的概况

　　历时两年的调研后,以罗本斯(Robens,A.)爵士为主的英国工作安全与卫生委员会 1972 年发布的报告注意到,职业事故和职业病的下降速度缓慢,但职业安全与卫生立法的性质是零打碎敲式的。罗本斯报告最重要的建议是,行业部门的单项安全与卫生立法应该逐步废除,并由一种框架法令来取代,这种框架法令要覆盖所有行业和所有劳动者。该报告建议,消除企业对职业安全与卫生反感的一个方法是,提高工人对政策制定实施的参与程度。罗本斯报告有两大目标,一是削减政府的作用,二是建立自律体系。在自律模式下,政府角色有了显著的改变:政府致力于特别规程及操作规范的制定与检查,同时赋予监察机构更大的监察权,既包括预防性的事先检查,也包括事故发生后的事后检查。近年来,更多采取非强制性执法,以通知、建议、咨询、协助等方式为主,这也更符合三方机制下鼓励雇主参与的要求,在某些场合下往往能够收到比强制性执法更好的社会效果。由于中小企业守法较困难,建立自己的 OHS 管理体系负担过重,而非强制性执法以指导与协助为主,有利于中小企业明确 OHS 义务,减轻其管理负担。

　　罗本斯报告影响的远不止英国一地,欧洲各国以及加拿大、澳大利亚、新西兰等国的职业安全健康立法大都遵循了这份报告的精神和建议。该报告已成为国家和国际范围内进行改革的动力,方向是用以雇主和他人需履行的广泛职责为基础的标准来取代详细的技术标准,并将工人的权利和义务包括进来。

2.1　国际劳工立法

2.1.1　员工安全健康管理的意义

员工安全健康管理法制观念的树立对于管理过程本身、促进生产以及员工利益的维护等，都具有十分重要的意义。法制观念强调了管理的稳定性、权威性、公平性。对于员工安全健康，首先应该从国家层面颁布法律法规，规范用人单位的行为，保障劳动者权益。员工安全健康管理的意义主要表现在以下方面：

1. 确保劳动者合法权益，充分调动劳动者的积极性

在相关法规中，有关工作时间和休息时间的规定，保证了劳动者的休息权利；对女职工及未成年工，根据其生理特点进行特殊的劳动保护以及限制加班加点；对强令违章作业或违章操作造成事故的责任者依法追究其责任；法律加强工厂安全管理等规定、条例，对保护劳动者的安全健康，保障其合法权益，调动其生产积极性，都具有十分重要的作用。

2. 促进生产和社会稳定

员工安全健康管理中的员工（即管理的客体）不仅包括一线生产工人，而且包括企业其他方面的管理人员，他们有的直接面临生产过程中的危险，有的虽没有直接的生命危险，但要承受很大的心理压力，导致近年企业白领不堪重负自杀的现象屡见不鲜。在员工安全健康管理中，有很多事故是由于法制不健全和有法不依造成的，这样不仅会影响员工的生命和健康，而且会使生产率下降、生产停顿，甚至使工厂毁灭，给社会带来灾难。

用法律形式规定人们在生产过程中的行为规则：什么是合法的，可以去做；什么是非法的，禁止做；在什么情况下应怎么做；等等。将一些多年实践证明行之有效的方法和惯例用法律形式固定下来，将党和国家有关员工安全健康管理的路线方针政策纳入法律的轨道，制定和完善各类标准及规章制度。只有这样，才能做到有法可依，有章可循，才能保证员工的安全健康，促进生产经营，维护社会稳定。

3. 有利于企业更好地保护人才

企业的目的总是赢得利润，一些企业在运行时往往只关注如何让人才创造价值，而忽略了如何保护人才；劳资双方的明显不平等是劳动者无法抗拒的根本原因。法制的建立能够使企业自觉地保护员工，成为一种长效机制，能够帮助企业用更长远的眼光去看待人才的使用，同时在法律权威的层面上更好地保护员工。

2.1.2 世界卫生组织相关立法

世界卫生组织（World Health Organization，WHO）是联合国建立的健康专门机构。WHO 的目标是使人民达到最高水平的健康，其内容不仅包括"没有疾病或虚弱"，而且包括身体、精神及社会福利完善的状况良好。WHO 于1996 年提出"人人享有职业卫生"的全球策略，大力宣传职业卫生的重要性，尤其对那些缺乏卫生服务的工人来说。WHO 职业卫生办公室支持各国制定计划保护和促进工人的健康，协调职业卫生的研究和流行病学调查。WHO 全球化中心支持发达国家与发展中国家交流职业卫生管理的经验。

2.1.3 国际劳工组织相关立法

国际劳工组织（International Labor Organization，ILO）把政府、雇主和工会联络到一起，为争取社会正义，为更好的工作和生活条件而联合行动。ILO 的主要工作之一是制订劳动和社会事务方面的国际标准。这些标准以公约和建议的形式公布，其中 70％涉及职业安全与卫生，可分为四类：

（1）一般规定标准（用来指导成员国为了达到安全卫生的工作环境，保证工人的福利与尊严而制定的方针和措施）。例如：1985 年《职业卫生设施公约》（第 161 号公约）、1985 年《职业卫生设施建议书》（第 171 号建议书）、1981 年《职业安全和卫生及工作环境公约》（第 155 号公约）、1981 年《职业安全和卫生及工作环境建议书》（第 164 号建议书）、1964 年《工伤事故津贴建议书》（第 121 号建议书）、1961 年《工人住房建议书》（第 115 号建议书）、1956 年《工人福利设施建议书》（第 102 号建议书）、1953 年《在工作场所保护工人健康建议书》（第 97 号建议书）、1925 年《事故赔偿同等待遇公约》（第 19 号公约）。

（2）特殊危害的预防标准（针对特殊物质如白铅、辐射、苯、石棉和化学品或工作环境中的特殊危害而制定的预防标准）。例如：1993 年《预防重大工业事故公约》（第 174 号公约）、1993 年《预防重大工业事故建议书》（第 181 号建议书）、1990 年《作业场所安全使用化学品公约》（第 170 号公约）、1990 年《作业场所安全使用化学品建议书》（第 177 号建议书）、1986 年《安全使用石棉公约》（第 162 号公约）、1986 年《安全使用石棉建议书》（第 172 号建议书）、1977 年《工作环境（空气污染、噪音和振动）公约》（第 148 号公约）、1977 年《工作环境（空气污染、噪音和振动）建议书》（第 156 号建议书）、1974 年《职业癌公约》（第 139 号公约）、1974 年《职业癌建议书》（第 147 号建议书）、1973 年《苯公约》（第 136 号公约）、1963 年《机器防护公约》（第 119 号公约）、1960 年《辐射防护公约》（第 115 号公约）、1960 年《辐射防护建议书》（第 114 号建议书）、1921 年《（油漆）白铅公约》（第 13 号公约）等。

（3）劳动监察标准（内容涉及劳动监察工作）。例如：1969 年《（农业）劳动监察公约》（第 129 号公约）、1969 年《（农业）劳动监察建议书》（第 133 号建议书）、1947 年《（工商业）劳动监察公约》（第 81 号公约）、1947 年《（工商业）劳动监察建议书》（第 81 号建议书）、1947 年《（采矿和运输业）劳动监察建议书》（第 82 号建议书）、1926 年《（海员）劳动监察建议书》（第 28 号建议书）。

（4）保护措施标准（针对未成年人体格检查、生育保护、搬运最大负重量而制定的保护措施）。例如：2000 年《保护生育公约（修订）》（第 183 号公约）、1990 年《夜间工作公约》（第 171 号公约）、1990 年《夜间工作建议书》（第 178 号建议书）、1975 年《移民工人公约（补充条款）》（第 143 号公约）、1973 年《最低年龄公约》（第 138 号公约）、1967 年《最大负重量公约》（第 127 号公约）、1967 年《最大负重量建议书》（第 128 号建议书）、1965 年《未成年人（井下作业）体格检查公约》（第 124 号公约）、1965 年《未成年人（井下作业）就业建议书》（第 125 号建议书）、1952 年《保护生育公约（修订）》（第 103 号公约）、1948 年《（工业）未成年人夜间工作公约（修订）》（第 90 号公约）、1946 年《未成年人就业体格检查（工业）公约》（第 77 号公约）、1946 年《未成年人就业体格检查（非工业）公约》（第 78 号公约）、1946 年《未成年人就业体格检查建议书》（第 79 号建议书）、1946 年《未成年人（非工业）就业夜间工作公约》（第 79 号公约）、1946 年《未成年人（非工业）就业夜间工作建议书》（第 80 号建议书）、1932 年《（码头工人）防止事故公约（修订）》（第 32 号公约）、1919 年《保护生育公约》（第 3 号公约）等。

ILO 支持各国制订职业安全和卫生政策，建立专门的机构和服务设施，组织培训，鼓励第三方参与。ILO 设有国际职业安全与卫生信息中心（International Occupational Safety and Health Information Center，CIS）。CIS 提供职业安全与卫生领域的各种文献资料。ILO 最近提出了工人有权"体面工作"（decent work）的口号。

1975 年，国际劳工大会通过一项决议①，呼吁各国制定国家政策和企业政策。这是转向职业安全与卫生"管理"的第一步，其后制定的其他公约中也都强调了雇主的责任和工人的权利与义务。例如，第 155 号公约第四部分规定了企业应采取的行动，这些权利和义务也是第 170 号公约、第 174 号公约和第 176 号公约相关章节的目标。国际劳工组织还于 2001 年通过了《职业安全与卫生管理制度指南》。

1976 年通过的"改善工作条件和工作环境国际计划"（PIACT）② 标志着国际劳工组织职业安全与卫生观念的巨大进步。该计划将职业安全卫生与环境

---

① 参见国际劳工组织：《关于国际劳工组织在工作条件和环境领域的未来行动的决议》，第六十届国际劳工大会，日内瓦，1975 年。

② 参见国际劳工局：《改善工作条件和环境：一项国际计划》（PIACT），日内瓦，1984 年。

问题结合考虑的理念在当时乃至今天都具有重大意义。该计划规定了国际劳工组织和世界卫生组织的职能，即：关于与工作相关的卫生这一问题，在世界卫生组织是通过公共卫生战略、卫生政策和法律予以解决，在国际劳工组织则是通过改善工作条件和工作环境的劳工战略、三方机制和劳动法予以解决。PI-ACT 计划将"参与性"与通过管理制度方法从内部建立起来的企业"安全文化"有机结合，以便有效预防事故及职业病的发生。

在 1980 年更新第 121 号公约所附职业病名单后，国际上发生了许多变化，例如在地区一级，欧共体于 1990 年发布了用于其 12 个成员国的一个范围全面的关于职业病的建议书。该建议书所附的职业病名单除涵盖第 121 号公约所附职业病名单所列的全部疾病外，还包括许多新的职业病。除职业病名单外，欧共体的该建议书还附有一个疑似职业病名单用于登记报告目的。这个名单所列的疑似职业病是以后职业病名单更新时优先考虑的对象。国际劳工大会于 2002 年通过了《关于职业病名单建议书》（第 194 号建议书）。欧盟于 2003 年同时修订和扩充了该建议书中的这两个名单。[①]

新职业病名单已在 2010 年 3 月召开的 ILO 理事会第 307 届会议上得到批准，并正式生效为 2010 修订版职业病名单。这个名单把职业病按以下四类列出：(1) 由物质和因素导致的疾病（化学、物理和生物因素所致疾病）；(2) 靶器官系统疾病（呼吸系统、皮肤、肌肉骨骼和精神和行为疾病）；(3) 职业癌；(4) 其他类疾病。这个模式为该名单提供了一个全面和明确的构架。除了单列的和 WHO 国际疾病分类名单相一致的 97 类（组、种）具体疾病外，每大类疾病单元里还有一些综合性条目。[②] 摘要如下：

1. 职业活动接触职业性有害因素所致的职业病

(1) 化学因素所致的疾病。包括：铍或铍化合物所致的疾病、镉或镉化合物所致的疾病、磷或磷化合物所致的疾病、铬或铬化合物所致的疾病、锰或锰化合物所致的疾病、砷或砷化合物所致的疾病、汞或汞化合物所致的疾病、铅或铅化合物所致的疾病、氟或氟化合物所致的疾病、二硫化碳所致的疾病、脂族烃或芳香烃的卤素衍生物所致的疾病、苯或苯同系物所致的疾病、苯或苯同系物的硝基或氨基衍生物所致的疾病、硝化甘油或其他硝酸酯所致的疾病、乙醇类、乙二醇类或酮类所致的疾病、窒息性物质（如一氧化碳、硫化氢、氰化氢或氰化氢衍生物）所致的疾病、丙烯腈所致的疾病、氮氧化物所致的疾病、钒或钒化合物所致的疾病、锑或锑化合物所致的疾病、己烷所致的疾病、无机酸所致的疾病、药物因素所致的疾病、镍或镍化合物所致的疾病、铊或铊化合物所致的疾病、铍或铍化合物所致的疾病、硒或硒化合物所致的疾病、铜或铜化合物所致的疾病、铂或铂化合物所致的疾病、锡或锡化合物所致的疾病、锌

---

① 资料来源：http://xwdt.zybw.com/jdpl/mtpl/2011/03/25/09414325978 _ 3. shtml.

② 参见牛胜利（国际劳工组织总部高级职业卫生专家）：《国际职业病名单的制定和国际劳工组织》，http://www.ilo.org/safework/areasofwork。

或锌化合物所致的疾病、光气所致的疾病、角膜刺激物如苯醌所致的疾病、氨所致的疾病、异氰酸酯所致的疾病、杀虫剂所致的疾病、硫氧化物所致的疾病、有机溶剂所致的疾病、胶乳或含胶乳制品所致的疾病、氯气所致的疾病以及上述条目中没有提到的任何其他化学因素所致的疾病，条件是有科学证据证明或根据国家条件和实践以适当方法确定工作活动中对这些化学因素的接触与工人罹患疾病之间存在直接的联系。

（2）物理因素所致的疾病。包括：噪声所致的听力损害、振动所致的疾病（肌肉、肌腱、骨骼、关节、外周血管或者周围神经紊乱）、高气压或低气压所致的疾病、电离辐射所致的疾病、包括激光在内的光（紫外线、可见光、红外线）辐射所致的疾病、极端气温所致的疾病以及上述条目中没有提到的任何其他物理因素所致的疾病，条件是有科学证据证明或根据国家条件和实践以适当方法确定工作活动中对这些物理因素的接触与工人罹患疾病之间存在直接的联系。

（3）生物因素和传染病或寄生虫病。包括：布鲁氏菌病、肝炎病毒、艾滋病毒、破伤风、结核病、由细菌或真菌引起的中毒性或炎症性综合征、炭疽以及钩端螺旋体病。

2. 精神和行为障碍

包括：创伤后应激障碍以及上述条目中没有提到的任何其他精神和行为障碍，条件是有科学证据证明或者根据国家条件和实践以适当方法确定工作活动中对有害因素的接触与工人罹患的精神和行为障碍之间存在直接的联系。

3. 职业癌

指由下列因素所引起的癌。包括：石棉；联苯胺及其盐类；二氯甲醚（BCME）；六价铬化合物；煤焦油，煤焦油沥青或烟；β-萘胺；氯乙烯；苯；苯或苯同系物的硝基和氨基衍生物；电离辐射；焦油、沥青、矿物油、蒽或这些物质的化合物、产品或残留物；焦炉逸散物；镍的化合物；木尘；砷及其化合物；铍及其化合物；镉及其化合物；毛佛石；乙烯氧化物；乙肝和丙肝病毒以及上述条目中没有提到的其他因素所致的任何癌，条件是有科学证据证明或根据国家条件和实践以适当方法确定工作活动中对这些有害因素的接触与工人罹患的癌之间存在直接的联系。

2.2 国外职业安全卫生法律

职业卫生立法和管理与国家的历史和体制有关，因此各国的情况有很大的不同。

2.2.1 各国职业安全卫生立法的发展趋势

在过去的十几年里，部分工业化国家、转型国家和发展中国家相继制定了战略，以完善职业安全与卫生法规和实施系统，其目的是根据人口、技术和经济变化的需要以及制定和普及落实职业安全与卫生的新方法（如职业安全与卫生管理体系和其他自愿性举措和标准）的需要进行调整。这些行动表明全球化带来的变化对工作条件和工作环境的影响，突出了将职业安全与卫生问题摆到单个国家和国际组织议程的更高位置的紧迫需要。

2002年欧盟颁布的文件《关于2002—2006年工作场所安全与卫生新社区战略建议》①认为，职业安全与卫生是欧盟最核心、最重要的社会政策领域之一，也是就业质量的一个重要部分。尽管工伤事故和疾病已经明显减少，但渔业、农业、建筑业、卫生和社会服务行业的数据仍然比平均水平高出30%。需要提出新的工作重点和策略，以适应向以知识为基础的经济的过渡阶段中影响社会各阶层的重大变化，如就业和工作组织，尤其是临时性和非全日制工作的增加，以及正在产生的与工作福利相关的非标准工作时间的压力问题、工作人口日益女性化和老龄化的问题，等等。

澳大利亚②等国也提出了类似的战略，但突出强调提高企业职业安全与卫生工作人员的能力，更有效地预防职业病，消除设计阶段的危害，并加强政府影响职业安全与卫生后果的能力。新西兰③的战略重点是，结合有关政府机构、非政府机构、社会和个人的活动，通过在所有场所建立安全文化和促进安全环境，如工作场所、家庭、公共场所和学校等，实施创新的危害预防策略。

中东欧一些已加入欧盟或准备加入欧盟的国家，由于准入程序涉及通过欧盟职业安全与卫生法令，以前的劳动制度已经逐步被基于国际劳工组织和欧盟标准的新法律体系所取代。许多国家正在使其劳动监察服务手段现代化，并积极推行三方制的职业安全与卫生决策机制。职业安全与卫生责任由工会向国家的成功过渡是大多数转型国家的关键问题。

在拉丁美洲地区，已经开始通过地区性协议框架形成安全与卫生方面的有组织行动，如北美自由贸易协定（NAFTA）、南部共同市场协议（MERCOSUR）和安第斯国家共同体（CAN）。1998年，巴西制定了一个全国性方案，旨在通过若干重要行动将致死性职业事故率降低40%，如提高劳动监察员的职业安全与卫生能力，创建职业安全与卫生全国三方执行委员会，建立劳动部、卫生部、社会保险部和福利部以及环境部之间的正式合作伙伴关系，以协调它们在实施国家方案方面的努力。

许多发展中国家近些年来也致力于更新其劳动法，以便与国际劳工标准保持一致，其中包括职业安全与卫生、劳动监察系统，以及国家事故赔偿和保险

① 欧洲共同体委员会：《适应工作和社会的变化：2002—2006年关于工作中的安全与卫生问题一项共同体新战略》（布鲁塞尔，2002年），http://etuc.org/tutb/uk/pdf/com2002-118-en.pdf/。

② 国家职业卫生与安全委员会：《国家职业卫生与安全战略2002—2012年》（澳大利亚联邦，2002年），http://www.nohsc.gov.au/national strategy/。

③ Dyson, R.：《新西兰伤害预防战略》（事故赔偿公司，新西兰，2002年），http://www.nzips.govt.nz/strategy.htm。

体制。① 例如，越南在国际劳工组织的帮助下制定了一项 2000—2010 年间有关劳动者职业安全与卫生和医疗保健的全国行动方案建议。② 在菲律宾，全国职业安全与卫生中心已经制定了战略方案。③ 蒙古政府也于 1997 年公布了一项全国改善职业安全与卫生条件方案。④ 泰国于 1998 年利用国际劳工组织起草的建议报告制定了全国职业安全与卫生方案。⑤ 在国际劳工组织的帮助下，南部非洲发展地区共同体（SADC）国家正在采取统一行动，以完善其国家职业安全与卫生体系。⑥

荷兰 1990 年颁布的《工作条件法案》明确规定，安全与卫生是雇主和工人双方的责任。该法案包括工作生理和心理方面的健康标准，旨在保证公正的健康、安全和福利标准。同时规定了一些优先目标，但允许不同的企业具有不同的灵活性。1991 年通过《关于工作环境的一体化政策计划》，规定雇主和工人对职业安全与卫生共同承担首要责任。1998 年荷兰政府与其他社会伙伴更进一步签订了跨部门协议。

为使立法适应技术快速发展的需要，挪威 1992 年出台了工作环境内部控制规定，强调管理方面的责任，同时呼吁所有相关方积极参与，并重视系统的监控，以保证根据法律要求执行安全与卫生控制措施。1997 年 2 月通过的第 4 号法案规定了有关工人保护和工作环境方面的条款，明确了在职业安全与卫生方面担负主要责任的有关各方，例如雇主、工人、制造商、进口商、销售商、设备承租人和物资供应商的基本义务。该法案的基本原则是：危险的制造者与在危险环境中的工作者应当担负主要责任。

2.2.2　英国职业安全健康管理法律

英国是世界上最早颁布职业安全健康管理法律法规的国家。它早在 1802 年就颁布了《学徒工的健康和道德法》，1833 年颁布纺织业的第一个正式推行的安全卫生法律《工厂法》后，开始在企业实施安全监督员制度。1974 年颁布了最为完善的、各行业必须遵守的《职业安全与健康法》，同时建立了两个

---

① Machida，Seiji，Pia Markkanen：《亚洲和太平洋地区职业安全与卫生（OSH）——最近动态与新千年的挑战》，亚太地区新闻简报，第 7 卷，No.1，2000 年 3 月。

② 《职业安全与卫生调查报告和革新越南城市和工业区职业安全与卫生实践的建议》，2002 年，http：//www.oshvn.net/en/workshop10_2k/index.htm。

③ 《职业安全与卫生中心的战略计划》，1998 年，http：//www.oshc.dole.gov.ph/straplan.htm。

④ 蒙古政府 1997 年 12 月第 257 号决议，http：//www.ilo.org/public/english/region/asro/bangkok/asiaosh/country/mongolia/natproim.htm。

⑤ 《泰国面向 21 世纪职业安全与卫生行动计划：一项咨询报告》，国际劳工组织东亚多专业咨询工作队（ILO/EASMAT），曼谷，2000 年 5 月，http：//www.ilo.org/public/english/region/asro/bangkok/asiaosh/country/thailand/progact/index.htm。

⑥ 国际劳工组织为 SADC 国家的技术合作计划，http：//www.ilo.org/public/english/protection/safework/techcoop/danida/m01/dansadc.pdf。

新机构——安全与健康委员会（HSC）和安全与健康执行局（HSE）以实施此法律框架。安全与健康委员会的职责是确保工人以及受到工作活动影响的公众的安全、健康和福利，其职责包括研究并提出新法规和标准，提供信息和建议。

HSE 则负责监管工厂、医院、农场、核子设施、石油天然气设备、铁路和其他工作场所的职业安全健康状况。这两个新机构收集来自决策者和监察人员的分散意见，形成一个统一和广泛的安全与健康咨询系统。

1974 年《职业安全与健康法》的直接效果是将 800 万名工人置于保护之下——包括在地方政府、医院、教育和其他服务部门工作的员工。但是 20 世纪 90 年代出现了诸如工作压力等职业健康问题。如何更好地控制风险、何时何地介入？这对安全健康工作提出了新挑战。此外，安全与健康委员会为应对变化的国际和政治环境，其职责向也在向多个方向扩展。

1999 年 4 月，英国成立了一个部门间的筹划指导小组，负责监察和协调工作的进展，2000 年在新的《重振职业安全卫生战略》中，将职业健康置于安全与健康政策的首位。2010 年及以后的《职业安全健康管理体系战略》的长期目标则包括：进一步探究职业疾病的原因；继续预防有可能产生重大伤害的工业事故；与地方当局和其他股东合作，建立新的工作方式；接受更高的安全与健康标准；在整个安全与健康系统中建立一个更广泛的领导、促进和开发的系统，使对每个工人和社会更高的安全与健康标准成为现实。

2.2.3 美国职业安全健康管理法律

美国于 1970 年通过了《职业安全与健康法案》，规定"雇主有责任为员工和工作场所提供条件和设备，以避免导致员工死亡或严重受伤"。随后成立了联邦职业安全与健康管理署（OSHA），专门负责制定和实施职业安全与健康管理。根据该法案的授权，在其 40 多年的发展历程中，OSHA 采取了制定强制性标准、现场督察、提供教育与培训、建立伙伴关系、鼓励自愿改善职业安全与健康等一系列安全管理体系措施，使因工死亡及致病率大大下降。

根据 1970 年的法案，美国还成立了国家职业安全与卫生研究院（NIOSH）及职业安全与卫生复核委员会（OSHRC）。OSHA 负责制订职业安全健康标准并加以实施；NIOSH 负责针对职业危害研究控制方法和建议标准；OSHRC 则负责对不满 OSHA 执法行动的上诉进行复核。OSHA 在采取上述强制性措施的同时，也扮演了一个服务者的角色，采取了许多支持和引导性措施，包括为雇主提供咨询服务、进行安全与健康方面的教育和培训以及提供安全与健康方面的信息服务。OSHA 于 1982 年公布实施《自愿防护计划》（简称 VPP）；1998 年 11 月 13 日开始实施《战略伙伴计划》（简称 OSPP）；2002 年 3 月 OSHA 推出了新的合作计划—联盟计划，其战略目标是 OSHA 和联盟计划参与者共同努力，促进职业安全与健康领域的培训和教育、交流和对话，以引导本国的雇主和员工推进职业安全与健康。

布什政府在第一个任期内没有颁布实施任何一项影响力较大的职业安全健康法规。在整个任期内，OSHA 共颁布实施了 3 部安全标准。2006 年 2 月，OSHA 颁布实施了《关于六价铬的最终标准》。2007 年 2 月，OSHA 颁布实施了《关于电气安全要求的最终标准》。2007 年 11 月，OSHA 颁布实施了《关于雇主为个体保护设备支付的条例》。该条例要求雇主必须按照 OSHA 规定的标准为工人提供安全设备。

奥巴马政府尚未提出有关职业安全健康法规方面的优先事项和计划。迄今，既没有任命 OSHA 或 MSHA 的副局长，也没有公布政府的首次规制议程。但是，已经有了继续完善法规的承诺。奥巴马政府的 2010 年财政预算中有增加职业安全健康标准制定和执法预算支出的内容。2006 年和 2007 年，一系列矿难事故夺走了美国几十名矿工的生命，使人们重新关注矿山安全。2006 年 1 月，西弗吉尼亚州萨戈煤矿发生瓦斯爆炸事故，死亡 12 人。在短短几个星期内，其他 8 个矿山，包括西弗吉尼亚州 Aracoma Alma 煤矿和肯塔基州 Darby 煤矿也发生了死亡事故。在一系列矿难发生后，2006 年 6 月，美国国会批准颁布实施《煤矿改进和新应急反应法》（MINER Act）。由于《煤矿改进和新应急反应法》的颁布实施，MSHA 进一步加大了执法力度。2008 年 12 月，MSHA 评估的违规案件经济处罚金额为 2 300 万美元，而 2006 年评估的经济处罚金额仅为 300 万美元。另外，MSHA 还加大了对拒不支付罚款的煤矿经营者的处罚力度。

2.2.4　德国职业安全健康管理法律

德国十分重视改善劳动者劳动条件和预防控制伤亡事故及职业病的工作。职业安全健康管理（德国称劳动保护）工作的主管部门是由联邦经济劳动部下设的劳动保护局。联邦及各州的劳动保护局的主要工作职责是：重点监督检查劳动保护规定在企业的执行情况；对企业劳动保护工作提出建议并提供咨询，帮助企业改进工作；审查和协助企业建立完善劳动保护体系。德国劳动保护局也十分重视对企业的劳动保护监察工作。监察人员按危险程度分三类实施监察。

德国的法律法规规定了由同业公会（职业协会）负责具体劳动保护工作。雇主参加德国的同业公会是强制性的，是开办企业的前置条件。同业公会有两项重要职能，一是根据联邦劳动保护法规制定实施细则，呈劳动保护局审批后颁布并接受其监督；二是对事故进行登记和调查，对造成 3 个工作日不能工作和部分丧失或完全丧失劳动能力的员工，职业病患者以及死亡人员家属给予赔偿，费用从职业事故保险费用中支出。

2.2.5　澳大利亚职业安全健康管理法律

澳大利亚 1878 年颁布了《工厂法》（1878 Factories Act）。澳大利亚是联邦国家，拥有六个州、两个地区、另外还有两个司法区（联邦和海事），各司法区的职业安全健康法律、标准、罚则和实际执法并不一致。澳大利亚国家职业健康与安全委员会（NOHSC）于 1984 年成立，旨在推动研究和制订非强制性的国家标准。与英国职业安全健康立法的"自律"取向不同，澳洲的立法取向是"共管"①，注重协商而非咨询。

1999 年，澳大利亚国家职业安全健康委员会提出改善国家职业卫生与安全的框架计划，目标锁定所有政府、雇主、工会及相关的专业机构，鼓励他们为达到一定目标工作，利用通用原则提高职业卫生与安全水平。此后，委员会每年都需向澳大利亚各政府部门做工作报告。2002 年 5 月委员会颁布了《澳大利亚职业安全健康国家战略（2002—2012）》，提出未来 10 年的国家远景、国家目标和国家优先领域战略（详见本书第 3 章）。国家远景是工作场所不再有死亡、伤害和疾病。

2.3　中国职业安全卫生法律

2.3.1　中国职业安全卫生法律制度的发展历程

新中国成立以后，党和政府对劳动者健康问题十分重视，不仅尽最大努力解决旧社会遗留下来的大量工伤和职业病患者的生活及可能的就业问题，着手治理工作场所的劳动卫生隐患，为广大劳动者创造良好的工作环境，而且出台了许多相关法规（如劳动保护"三大法规"等）。这些法律法规有效地保护了广大职工，工伤事故率和职业病发生率在 1957 年均下降到历史最低水平。在纠正了"大跃进"的左倾盲动之后，1965 年底，安全生产形势有了明显的好转。

"文化大革命"时期，职工劳动保护制度和工伤保险制度均受到了冲击：职工劳动保护制度在无政府思潮的影响下几乎不复存在，事故频繁发生；工伤社会保险制度亦演变为"企业保险"，企业负担畸轻畸重，"闹工伤"事件时有发生。

"文化大革命"以后，我国在极力扭转安全生产局面的同时，确立了"国家监察、行政管理、群众监督"的三结合安全管理体制，并相应制定了大量安全管理规章制度，较好地适应了计划经济时期的安全管理的需要。

1978 年 12 月召开的党的十一届三中全会将全党全国的工作重点转移到社会主义现代化建设上来。党中央、国务院对安全生产工作十分重视，先后发布了中央（78）76 号文件和国务院（79）100 号文件，即《中共中央关于认真做好劳动保护工作的通知》和《国务院批准国家劳动总局、卫生部关于加强厂矿

---

① "共管"是指劳资双方共同参与风险控制的决策过程，以确保劳工的健康和安全。参与协商和决议时，劳资双方基于法律规范都是不能轻举妄动的。与"自律"不同之重点在于，"共管"要求劳资双方分享权力。

企业防尘防毒的报告》，要求各地区、各部门、各厂矿企业必须加强劳动保护工作，保护职工的安全和健康。在中央提出的"经济上进一步调整、政治上实现安定团结"的方针指导下，安全生产工作开始有了恢复和发展，扭转了伤亡事故逐年上升的局面，出现了安全生产的好形势。1982 年宪法在"公民的基本权利和义务"一章中明确了中华人民共和国公民享有劳动权、就业权、休息权以及享受各种保险福利待遇的权利。

但是，随着市场经济制度的推行，安全责任不落实的突出弊端逐渐暴露，由此出现了几次大的事故高峰。20 世纪 90 年代初，国家又提出了"企业负责、行业管理、国家监察、群众监督"的"四结合"安全管理体制，突出了在市场经济体制建设进程中，企业自主权扩大后在安全工作中的主体地位，旨在解决基础安全问题。

1994 年颁布的《中华人民共和国劳动法》（以下简称《劳动法》）进一步明确保护劳动者合法权益，确立了对劳动者职业伤害保障的基本制度和原则，例如，《劳动法》规定，用人单位必须建立、健全劳动安全卫生制度，减少职业危害；国家建立伤亡事故和职业病统计报告和处理制度；劳动者因工伤残或者患职业病依法享受社会保险待遇等。

近年来，国家为保障劳动者在职业伤害中的合法权益，加快了立法步伐，颁布了一系列重要的法律、法规和规章：(1) 安全生产方面主要有：《中华人民共和国安全生产法》（2002 年 6 月，目前正在修订过程中）、《中华人民共和国劳动法》（1994 年 10 月）、《中华人民共和国工会法》（1994 年 10 月）、《中华人民共和国矿山安全法》（1992 年 11 月）、《中华人民共和国矿山安全法实施条例》、《重大事故隐患管理规定》（1995 年 8 月）、《中华人民共和国煤炭法》（1996 年 12 月）《国务院关于特大安全事故行政责任追究的规定》（2001 年 4 月）、《危险化学品安全管理条例》（2002 年 1 月）、《使用有毒物品作业场所劳动保护条例》（2002 年 5 月）、《使用有毒物品作业场所劳动保护条例》（2004 年 10 月）、《中华人民共和国矿山安全法实施条例》（2004 年 10 月）、《关于预防煤矿生产安全事故的特别规定》（2005 年 9 月）、《建设工程安全生产管理条例》（2006 年 7 月）、《电力安全事故应急处置和调查处理条例》（2011 年 7 月）、《危险化学品安全管理条例》（2011 年 3 月）、《特种设备安全监察条例》（2009 年 2 月修订），以及铁路运输、消防、民用航空等特定领域安全生产方面的条例；(2) 职业病防治方面主要有《中华人民共和国职业病防治法》（2001 年 10 月，2011 年 12 月 31 日修订）、《国家职业病诊断鉴定章程》（卫生部，1997 年 11 月）、《尘肺病防治条例》（2004 年 10 月）等；(3) 工伤保险方面主要有《工伤保险条例》（2003 年 4 月，2010 年 12 月 20 日修订）、《职工工伤与职业病致残程度鉴定标准》（国家技术监督局，1996 年 3 月，2006 年 11 月 2 日颁布的新的《劳动能力鉴定 职工工伤与职业病致残等级》）等；(4)《中华人民共和国刑法》（1997 年 3 月修订的有关条文）等。

与此同时，各有关部门还颁布了一些配套的规章，各地方结合当地的实际情况制定了相应的地方性法规。这些法律、法规以及规章构成了我国职业伤害保障的法律体系的框架。可以看出，我国职业伤害保障的法律体系的基本框架是以《劳动法》为龙头，以《中华人民共和国安全生产法》、《中华人民共和国职业病防治法》、《工伤保险条例》为中心，以法律制裁的强制力为后盾，包括相关法律、法规、规章在内形成的事前预防、事中保护、事后补偿相辅相成的法律体系。

2.3.2　中国职业安全卫生法律制度框架

一、法律

(1)《中华人民共和国安全生产法》；

(2)《中华人民共和国职业病防治法》；

(3)《中华人民共和国矿山安全法》；

(4)《中华人民共和国消防法》；

(5)《中华人民共和国铁路法》；

(6)《中华人民共和国海上交通安全法》；

(7)《中华人民共和国民用航空法》；

(8)《中华人民共和国道路交通安全法》。

二、行政法规

(1)《安全生产许可证条例》；

(2)《危险化学品安全管理条例》；

(3)《特种设备安全监察条例》；

(4)《国务院关于预防煤矿生产安全事故的特别规定》；

(5)《建设工程安全生产管理条例》；

(6)《国务院关于特大安全事故行政责任追究的规定》；

(7)《使用有毒物品作业场所劳动保护条例》；

(8)《放射性同位素与射线装置安全和防护条例》；

(9)《劳动保障监察条例》；

(10)《禁止使用童工规定》。

三、部门规章、地方规章

(1)卫生部会同劳动和社会保障部颁布的《职业病目录》等；

(2)卫生部与公安部联合颁布的《放射事故管理规定》等；

(3)卫生部颁布的：《职业病危害因素分类目录》、《职业病危害项目申报管理办法》、《建设项目职业病危害分类管理办法》、《职业健康监护管理办法》、《职业病诊断与鉴定管理办法》、《职业病危害事故调查处理办法》、《国家职业卫生标准管理办法》、《建设项目职业病危害评价规范》、《职业卫生技术服务机构管理办法》、《放射工作卫生防护管理办法》、《放射防护器材与含放射性产品管理办法》、《放射工作人员健康管理规定》等；

（4）国家安全生产监督管理局会同国家煤矿安全监察局颁布的：《煤矿安全监察行政复议规定》、《煤矿安全监察员管理办法》、《煤矿安全监察行政处罚办法》、《煤矿建设项目安全设施监察规定》、《煤矿安全生产基本条件规定》、《煤矿安全监察罚款管理办法》、《煤矿企业安全生产许可证实施办法》、《国有煤矿瓦斯治理安全监察规定》、《国有煤矿瓦斯治理规定》；

（5）国家安全生产监督管理局颁布的关于非煤矿山及采石场的规章：《小型露天采石场安全生产暂行规定》、《非煤矿矿山建设项目安全设施设计审查与竣工验收办法》等；

（6）国家安全生产监督管理局颁布的关于其他行业安全生产的规章：《烟花爆竹生产企业安全生产许可证实施办法》、《危险化学品生产企业安全生产许可证实施办法》、《危险化学品生产储存建设项目安全审查办法》、《注册安全工程师注册管理办法》、《安全生产监督罚款管理暂行办法》、《安全生产行业标准管理规定》、《安全评价机构管理规定》、《安全生产培训管理办法》等；

（7）国家质量监督检验检疫总局针对特殊行业颁布的《气瓶安全监察规定》、《特种设备作业人员监督管理办法》等；

（8）国家电力监管委员会颁布的《电力安全生产监管办法》；

（9）建设部颁布的《建筑施工企业安全生产许可证管理规定》；

（10）劳动和社会保障部颁布的《关于实施〈劳动保障监察条例〉的若干规定》等；

（11）原化工部颁布的《搞好安全生产的必须和禁令》、《加强化工企业工业卫生和职业病防治工作的规定》、《化学工业安全卫生工作条例》、《关于"易燃"、"易爆"场所禁止穿戴化纤物的通知》；

（12）原航空部颁布的《关于试行危险点控制管理办法的通知》等；

（13）原核工业部颁布的《核工业部核设施安全分析报告审批管理规定》等。

四、职业安全卫生技术法规与标准

（1）国家标准中有关安全的技术标准和规范。包括安全生产专业基础标准、设备标准、防护用品标准、特种设备安全性能检验规范以及安全技术标准等。例如，安全标志、安全标志使用导则、爆炸性气体环境用电气设备通用要求、爆破安全规程等。

（2）部门标准中有关安全的技术标准和规范。国家安全生产监督管理局根据安全生产法的规定，颁布了一些新的安全技术标准，如《炼钢安全规程》、《炼铁安全规程》、《轧钢安全规程》、《地质勘探安全规程》、《金属非金属矿山排土场安全生产规则》、《汽车加油（气）站、轻质燃油和液化石油气汽车罐车用阻隔防爆储罐技术要求》等；同时还修订了一些原有的标准。

原劳动部还颁布了相当数量的有关安全的行业标准，如：体力劳动强度分级检测规程、矿用提升绞车安全技术监测规范、起重机械吊具与索具安全规程、劳动防护用品分类与代码等。

卫生部修订了原工业企业设计卫生标准（TJ36—79），发布了《工业企业设计卫生标准》（GBZ1—2002）和《工作场所有害因素职业接触限值》（GBZ2—2002），还发布了职业卫生专业基础标准、工作场所作业条件卫生标准、职业接触限值标准、职业照射放射防护标准、职业防护用品卫生标准、职业危害防护技术导则、职业病诊断标准等。

2.3.3　我国批准的国际公约

国际劳工组织的宗旨和原则得到了大多国家的认同，成为世界范围内关于解决劳工问题的核心理念，一些基本的公约也是全球对员工健康安全的管理最基础的共识。特别是国际劳工组织的立法，对各国的安全生产立法都起到了指导作用。我国是国际劳工组织的创始国之一，是国际劳工局常任理事国，并在1983年正式恢复了与国际劳工组织的关系。对于上述公约，在1984年我国承认了旧中国批准的14个公约，之后我国又陆续批准了9个公约，共23个条约（见表2—1），其他公约尚未批准认可，但一般还是要承担一定义务的。

表2—1　　　　　　　　　　　中国已经批准的23个国际劳工公约

序号	公约	公约号	批准时间
1	1920年（海上）最低年龄公约	第7号	1936年12月2日
2	1921年（农业）结社权利公约	第11号	1934年4月27日
3	1921年（工业）每周休息公约	第14号	1934年5月17日
4	1921年（扒碳工和司炉工）最低年龄公约	第15号	1936年12月2日
5	1921年（海上）青年人体检公约	第16号	1936年12月2日
6	1925年（事故赔偿）平等待遇公约	第19号	1934年4月27日
7	1926年海员协议条款公约	第22号	1936年12月2日
8	1926年海员遣返公约	第23号	1936年12月2日
9	1928年最低工资确认机制公约	第26号	1930年5月5日
10	1929年（船运包裹）标明重量公约	第27号	1931年6月24日
11	1932年（码头工人）事故防护公约（修订）	第32号	1935年11月30日
12	1935年（妇女）井下作业公约	第45号	1936年12月2日
13	1937年（工业）最低年龄公约（修订）	第59号	1940年2月21日
14	1946年最后条款修订公约	第80号	1947年8月4日
15	1951年同酬公约	第100号	1990年·11月2日
16	1976年（国际劳工标准）三方协商公约	第144号	1990年11月2日
17	1983年（残疾人）职业康复和就业公约	第159号	1988年2月2日
18	1990年化学品公约	第170号	1995年1月11日

续前表

序号	公约	公约号	批准时间
19	1964 年就业政策公约	第 122 号	1997 年 12 月 17 日
20	1973 年最低年龄公约	第 138 号	1999 年 4 月 28 日
21	1978 年劳动行政管理公约	第 150 号	2002 年 3 月 7 日
22	1988 年建筑业安全卫生公约	第 167 号	2002 年 3 月 7 日
23	1999 年最恶劣形式的童工劳动公约	第 182 号	2002 年 8 月 8 日

资料来源：http://www.ilo.org/public/chinese/region/asro/beijing/inchina.htm.

例如,《中华人民共和国矿山安全法》中第 29 条就是在第 45 号国际劳工组织公约《（妇女）井下作业公约》第 2 条的基础上制定的；又如《中华人民共和国安全生产法》第 40 条是在国际劳工组织第 155 号公约《职业安全卫生及工作环境公约》第 17 条的指导下制定的；《危险化学品管理条例》是参照国际劳工组织第 170 号公约《作业场所安全及工作环境公约》制定的；《建筑法》和《建筑工程安全管理条例》的参考依据都是国际劳工组织第 167 号公约《建筑业安全卫生公约》，最为重要的劳动标准法的《劳动法》中关于最低工作年龄、工作时间、妇女劳动保护、不得使用童工等基本劳动标准也是基于国际劳工组织的核心劳动标准制定的。[①]

另一方面，中国也积极与国际劳工组织合作，进一步宣传和接纳劳工标准，促进全球范围内更多的国家和地区提高员工的基本工作条件。2004 年 8 月 6 日国际劳工组织负责消除童工现象的官员罗塞拉尔斯向联合国华语广播表示，该组织感谢中国有关部门在亚洲杯足球赛上配合进行消除童工现象的宣传工作。国际劳工组织在 3 日北京工人体育场举行的亚洲杯足球赛中国队—伊朗队的半决赛上进行了一次独特的宣传活动：22 名儿童身穿特制的有比赛红牌设计的服装在中场休息时走上比赛草坪，并打出"雇用童工现象不可接受"的标语。现场的 10 万名球迷以及数亿电视观众看到了消除童工现象的标语。[②]

这样的例子还很多，这里不一一列举。可见，国际劳工组织在立法上为国际社会建立了一套为各国所普遍接受的安全生产、职业安全与卫生的共识体系，而这个体系恰恰是各国在相关立法上最重要的参考依据。

2.4　职业健康安全管理体系

随着生产的发展，职业安全卫生问题的不断突出，据国际劳工组织估计，到 2020 年全世界劳动疾病将翻一番，这种在物质生产过程中劳动者的职业安全卫生利益所付出的代价，将引起世界各国的极大重视和关注。此外，一种产品在生产过程中会向外部环境排放污染物，造成环境污染问题，也会带来职业

---

① 参见中国安全生产科学研究院：《中国职业安全卫生概况》，北京，中国劳动社会保障出版社，2005。

② 资料来源：职业卫生在线，[N] http://www.24b2b.com/occupation/gjdt.asp.

健康安全危害，因此职业健康安全管理与质量管理、环境管理、过程管理之间存在紧密的联系。在职业健康安全问题日益严重的背景下，世界发达国家对职业健康安全方面的法令规定日趋严格，日益强调对人员安全的保护；同时，一些跨国公司和大型企业出于增强自己的社会关注力的需要，开始建立自律性的职业安全健康与环境保护的管理制度，并逐步形成了比较完善的体系。20世纪90年代中期引入了第三方认证的原则。90年代以来，一些发达国家率先开展了建立职业安全卫生管理体系的活动。此外，在世界经济贸易活动中，企业的活动、产品或服务中所涉及的职业安全卫生问题受到普遍关注，需要统一的国际标准规范相关的职业安全卫生行为，特别是ISO9000、ISO14000标准在世界范围内的成功实施，促成了职业健康安全管理体系的产生。

职业健康安全管理体系（Occupational Health and Safety Management System，OHSMS）以保护人和物的安全为目的，以安全科学、安全技术和实践经验的综合成果为基础。职业健康安全管理体系有利于建立安全的劳动场所，创造安全舒适的劳动环境，促进劳动条件的改善，防止事故和职业病，保护劳动者的安全和健康。建立职业健康安全管理体系的出发点就是要建立最佳秩序，取得最佳效益，发挥最好的功能，产生最好的系统效应，达到理想的效果。[①]

OHSMS要求，职业健康安全的最终责任由最高管理者承担，组织（用人单位）应在最高管理者中指定一名成员（如某大型组织的董事会或执委会成员）作为管理者代表承担特定职责，以确保职业健康安全管理体系的正确实施，并在组织内所有岗位和运行范围内执行各项规定。组织的管理者代表应有明确的作用、职责和权限。职业健康安全方针统领和指导组织的一切职业健康安全管理活动。组织应该通过职业健康安全目标和管理方案使职业健康安全方针得到一一落实。职业健康安全方针包含组织遵守法规和其他方面的要求的承诺以及体现组织自身在危险源辨识、风险评价和风险控制方面的特点，并适合组织所面临的风险的性质和规模，同时还包括对组织持续改进安全健康方面的承诺。员工积极参与是职业健康安全体系运行的重要保证。企业在职业健康安全方面的目标、方针必须通过培训让员工和其他相关方获知，并获得员工和其他相关方的认同和支持，只有这样，才能使这些目标和方针得以顺利运行。也只有确保员工有职业健康安全意识和工作能力，才能使组织的职业健康安全活动变成员工的自觉活动，使组织在职业健康安全方面的方针政策落到实处。所以，组织为了确保与员工和其他相关方交流职业健康安全方面的信息，并获得员工和相关方的支持，就必须进行有效的协调和沟通；组织必须加强培训，提高员工职业安全健康意识和能力。采取纠正和预防措施，是职业健康安全管理体系运行和持续改进的重要手段。组织还要通过定期的企业的职业健康安全管

---

① 参见全国职业安全健康管理体系指导委员会：《中国职业安全健康管理体系 注册审核员国家培训教程》，北京，中国经济出版社，2002。

理体系进行绩效测量和监视，以此不断改进组织的职业健康安全管理绩效。管理评审是由组织的最高管理者主持的，以实现体系的持续改进。

随着国际社会对"安全、健康、环保"生产方式的追求，人们越来越认识到，经济发展的最终目的不是仅限于创造财富，而是使人类能够有高质量的生活，大力倡导职业安全卫生已经成为一种趋势。在知识经济时代，人力资本是企业生存和发展的最重要的资源，只有保障他们的健康和安全才能更好地促进企业的发展。职业健康安全管理体系能在更大的程度上降低企业风险，预防事故发生，保障企业的财产安全，提高工作效率。更为重要的是，职业安全管理体系的建立能保障企业员工的职业健康与生命安全。另一方面，改善与政府、员工、社区的公共关系，提高企业声誉，树立敢于承担企业社会责任的形象，也能对企业发展起到积极的作用。

附录　职业健康安全管理体系主要条款介绍

在职业健康安全管理体系中，共有 17 个要素，即事故（accident）、审核（audit）、持续改进（continual improvement）、危险源（hazard）、危险源辨识（hazard identification）、事件（incident）、相关方（interested parties）、不符合（non-conformance）、目标（objectives）、职业健康安全（occupational health and safety，OHS）、职业健康安全管理体系（occupational health and safety management system）、组织（organization）、绩效（performance）、风险（risk）、风险评价（risk assessment）、安全（safety）、可容许风险（tolerable risk），相互联系、相互作用，共同构成了职业健康安全管理体系这一有机整体。因此，只有从整个体系的整体出发，分析要素之间的关系以及它们相互作用的机理，才能真正理解各个要素在整个体系中的地位和作用，并把握它们的内涵和本质。

（一）对职业健康安全管理体系标准基本术语的理解

1. 事故（标准条款 3.1）

事故是指造成死亡、疾病、伤害、财产损失或其他损失的意外情况。

这里所称的事故是指主观上不希望发生的情况。事故所造成的结果是导致人员死亡、发生疾病（这里的疾病是指职业病及劳动者在生产劳动及其他职业活动中，接触职业性危害因素而引起的疾病）或伤害（一般指工伤伤害），以及财产损失或其他损失。对照来说，质量管理体系（QMS）关注的主要是预期的结果（产品），与之相反，职业健康安全管理体系（OHSMS）在主观上关注的是活动、过程的非预期结果，在客观上这些非预期结果的性质是负面的、不良的，甚至恶性的。

2. 审核（标准条款 3.2）

审核是指为获得证据和客观评价所确定的准则是否被满足的系统、独立和文件化的验证过程。

说明：内部审核，有时称第一方审核，用于内部目的，由组织自己或以组织的名义进行，可作为组织自我合格声明的基础。外部审核包括通常所说的"第二方审核"和"第三方审核"。第二方审核由组织的相关方（如顾客）或其他人员以相关方的名义进行。第三方审核由外部独立的组织进行。这类组织提供符合要求（如：GB/T 19001 和 GB/T 24001）的认证或注册。

审核是一个评价的过程，首先需要确定审核的准则、界定审核的范围，然后在审核范围内收集需要的信息，并对这些信息进行分析，再依据审核准则进行客观评价。审核的准则可以是组织的职业健康安全方针、目标以及职业健康安全管理体系各要素的各项要求或程序。[①]

审核主要是为了确定：（1）职业健康安全管理体系的运行活动和结果是否符合审核准则；（2）职业健康安全管理体系是否符合职业健康安全管理的策划安排，包括满足 GB/T 28001 的要求；（3）职业健康安全管理体系是否得到有效实施和保持。

审核还是一个系统的、独立的并形成文件的过程，由有能力和有独立性的人员按照审核方案和程序执行。

3. 持续改进（标准条款 3.3）

持续改进是指组织为改进其职业健康安全总体绩效，根据职业健康安全方针，组织强化职业健康安全体系的过程。

持续改进是职业健康安全管理体系非常重要的一个环节。它是组织对其职业健康安全管理体系进行不断完善的过程。持续改进活动将使组织的职业健康安全总体绩效得到改进，实现组织的职业健康安全方针和目标。持续改进活动可以针对整个组织体系，也可以针对其中一个或一部分过程和要素。也就是说，持续改进不需要同时在所有活动区域中进行。[②]

4. 危险源（标准条款 3.4）

危险源是指可能导致伤害或疾病、财产损失、工作环境破坏或这些情况组合的根源或状态。

上述危险源可以理解为导致人员伤亡或物质损失事故的潜在不安全因素或状态。根据《生产过程中的危险因素》，按导致事故发生的直接原因可以分为六类：物理性危险和有害因素、化学性危险和危害因素、生物性危险和危害因素、心理生理性危险和有害因素、行为性危险和危害因素、其他危险和危害因素。另外，也可以根据事故类别、职业病类别进行分类。

5. 危险源辨识（标准条款 3.5）

危险源辨识是指识别危险源的存在并确定其特性的过程。

危险源辨识是一个过程，包括确定危害的存在及其特性。即采用一些特定的方法和手段找出危险源所在，再对其进行分析确定其特性和类别。可见危害辨识是控制事故发生的第一步，只有识别出危险的存在、种类与分布、伤害的方式、途径及性质，找出可能导致事故发生的根源，才能采取有效措施控制事故的发生。[③] 危险源辨识是职业健康安全管理最基本的活动。[④]

危险源辨识方法多种多样，例如：询问和交谈、现场观察、工作任务分析、安全检查表（SCL）、危险与可操作性研究（HAZOP）、事件树分析（ETA）、故障树分析

---

①②③④　资料来源：《职业健康安全体系》，中国安全网，http：//www.safety.com.cn。

（FTA）等。

6. 事件（标准条款 3.6）

事件是指造成或可能导致事故的情况。

事件是引发事故，或可能引发事故的情况。事件包括事故和未遂过失。事件包括两种情况：一种是导致发生事故即造成人员伤亡和财产损失；另外一种情况是没有造成不良结果即未遂过失。这种情况也是应该引起注意的，一般是存在事故隐患的地方。

7. 相关方（标准条款 3.7）

相关方是指与组织的职业健康安全绩效有关的或受其职业健康安全绩效影响的个体或团体。

影响组织的职业健康安全绩效的因素有很多，其中主动或被动地与组织的职业健康安全绩效发生关系的个人和团体就是组织的职业健康安全的相关方。相关方的员工、员工家属、组织的股东、承包方、相关的政府部门等。相关方包含以下两类：（1）个人，可以包括：组织的员工、员工的亲属、组织的股东、顾客、访问者、临时工作人员、合同方人员等；（2）团体，主要包括：有借贷关系的银行、合同方、有关的政府部门等。从广义上说，整个社会都会从不同的渠道或多或少地与组织的职业健康安全绩效产生关联。但在实施职业健康安全管理体系的过程中，特别是进行职业健康安全管理体系认证的过程中，相关方的概念应用涉及组织的义务，应注意限定范围，不能无限扩大。

8. 不符合（标准条款 3.8）

不符合是指任何与工作标准、惯例、程序、法规、管理体系绩效等的偏离，其结果能够直接或间接导致伤害或疾病、财产损失、工作环境破坏或这些情况的组合。

组织依据职业健康安全管理体系标准 GB/T28001 建立管理体系，作业标准、惯例、程序、规章、管理体系绩效等构成了职业健康安全管理体系的基本内容。在职业健康安全管理体系的运行过形成中，可能会出现与上述内容的偏离，由此可能直接或间接地导致事故。这种偏离构成了与职业健康安全管理体系标准的不一致，即不符合。不符合是由以下任一种情况构成的：文件未遵照标准的要求，即文件规定不符合标准；体系现状未按体系文件执行，即现状不符合规定；体系运行结果未达到预定的目标，即效果不符合目标。

9. 目标（标准条款 3.9）

目标是指组织在职业健康安全绩效方面所要达到的目的。

目标应与组织的职业健康安全方针一致，可行时应予以量化，以便测量。组织在职业健康安全方面取得绩效实际上是通过实现其在各个具体的方面规定的目标来达到的，所以作为组织所要实现的职业健康安全方面的目标就应该是可以实现并且是可以量化、可以衡量、可以分解的，这样才会使各部门的职责更加明确和具体，各个部门才能更好地完成其任务。

10. 职业健康安全（标准条款 3.10）

职业健康安全是指影响工作场所内员工、临时工作人员、合同方人员、访问者和其他人员健康和安全的条件和因素。

也可以说，职业健康安全是防止劳动者在工作岗位上发生职业性伤害和健康伤害，保护劳动者在工作中的安全与健康。它是指一组影响特定人员的健康和安全的条件和因素。

这里的工作场所可以是组织内部的工作地点，也包括与组织的生产活动相关的临时、流动的工作场所。职业健康安全的受影响人员既包括工作场所内组织的正式员工、临时工、合同方人员，也包括进入工作场所的参观访问人员和其他人员，如推销员、顾客等。

11. 职业健康安全管理体系（标准条款 3.11）

职业健康安全管理体系是指总的管理体系的一个部分，便于组织对其业务相关的职业健康安全风险的管理。它包括为制定、实施、实现、评审和保持职业健康安全方针所需要的组织机构、策划活动、职责、惯例、程序、过程和资源。

职业健康安全管理体系的核心是职业健康安全方针。建立职业健康安全管理体系是为了便于管理职业健康安全风险，该体系由 5 个环节以及 17 个相互联系、相互作用的要素构成。

一个组织总的管理体系可包括若干不同的管理体系，如职业健康安全管理体系、质量管理体系、环境管理体系等。

12. 组织（标准条款 3.12）

组织是指具有自身职能和行政惯例的企业、事业单位或社团。

职业健康安全管理体系所涉及的组织概念包含的范围很广，形式也很丰富，可以是政府机构、企事业单位、公司等，它不一定要求是具有法人的单位或团体。只要具有自己自身的职能和行政管理能力已经运行能力就可以视为一个组织。

13. 绩效（标准条款 3.13）

绩效是指基于职业健康安全方针和目标，与组织的职业健康安全风险控制有关的，职业健康安全管理体系的可测量结果。绩效也称业绩。

职业健康安全绩效是组织通过建立和实施一个职业健康安全管理体系在职业健康安全风险控制方面所取得的实际业绩和成效的综合性描述。

绩效可以用组织的职业健康安全目标的达成程度来表示，也可以具体体现在某一或某类职业健康安全风险控制效果上。职业健康安全绩效是可以测量、可以评价的，如事故率减少多少、职业病的发病率下降多少等。

14. 风险（标准条款 3.14）

风险是指某一特定危险情况发生的可能性和后果的组合。

风险是某种可预见的危险情况发生的概率及其后果的严重程度这两项指标的总体反映，是对危险情况的一种综合性描述。因此，风险具有两个特性，即可能性和严重性。可能性是指危险发生的概率；严重性是指危险情况发生以后将造成的人员伤害和财产损失的大小和程度。这两个特性中的任何一个不存在都可以认为这种风险不存在。

15. 风险评价（标准条款 3.15）

风险评价是指评价风险大小以及确定风险是否在可容许的全过程。

评价风险程度需要研究分析危险源导致事故的可能性与事故后果的严重度。风险评价一般包括两个部分，其一是对风险发生的概率进行评估；其二是对事故发生后果的严重度进行评价。对风险发生的概率评价是通过在风险指标上采用合理的数学方法进行处理，最后得出一个综合指标来实现的；对于事故严重度的评价是通过工程学的方法获得的。确定风险是否可以接受，需根据相关的法律法规以及组织的具体情况加以确定，但是一般来说，这个标准或界限值不是一成不变的。

16. 安全（标准条款 3.16）

安全是指免除了不可接受的损害风险的状态。

不可接受的损害风险是指：（1）超出了法律法规的规定；（2）超出了组织所规定的相关条例和规定；（3）超出了人们在正常情况下所能接受的程度及人们在经济、身体、心理上所能承受的程度。事实上，安全状态是一个相对的状态，要对照风险的接受程度来判定，当条件（比如时间、空间）发生变化时所指的安全状态也会发生变化。随着科技的发展和人们对于可容许风险标准的提高，安全状态的相对程度也会相应地得到提高。

17. 可容许风险（标准条款 3.17）

可容许风险是指根据组织的法律义务和职业健康安全方针，已降至组织可接受程度的风险。

可容许风险是指经过组织的努力将原来较大的风险变成较小的、可以被组织接受的风险。如何判定风险是否可容许，主要依据风险评价的结果，对照职业健康安全法规和组织的职业健康安全方针的要求来确定。对于一个组织而言，是否可接受，主要是指是否符合职业健康安全法律和组织的职业健康安全方针的要求。

（二）各要素间的关系的理解[①]

职业健康管理体系（OHSMS）的提出是为了使组织（具有自身职能和行政管理的企业、事业单位或社团）能够控制其职业安全卫生危险，并持续改进职业安全卫生绩效（在控制和消除职业安全卫生方面所取得的成绩和达到的效果）。OHSMS 通过它的一些具体功能实现这些目标，它包括 5 个功能块，即职业健康安全方针、策划、实施与运行、检查与纠正措施、管理评审。每个功能块由若干要素组成，5 个功能块共有 17 个要素。体系的 5 个功能块和要素按 P（计划）、D（实施）、C（检查）、A（评审）的循环过程螺旋上升，使 OHSMS 体系得到持续改进，并适应组织内外的相应变化而不断进步（如图 A2—1 所示）。

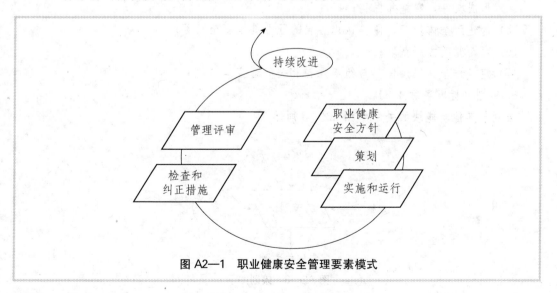

图 A2—1　职业健康安全管理要素模式

---

① 资料来源：《职业健康安全体系》，中国安全网，http：//www.safety.com.cn。

1. 总要求（标准条款4.1）

总要求是指组织应建立并保持职业健康安全管理体系。

组织应按照职业健康安全管理标准的全部要求，建立并保持职业健康安全管理体系。组织可以灵活地确定建立和实施的范围，管理体系的建立是从无到有的过程，是从决定开始到形成体系，包括体系的计划、设计和体系文件的编写以及组织机构的配置和人员、资源的安排等。体系的保持则是体系运转过程中对出现问题的改正，在新情况出现时的调整修订，以及必要的支持性活动等。

2. 职业健康安全管理体系方针（标准条款4.2）

职业应有一个经最高管理者批准的职业健康安全方针（如图A2—2所示），该方针应清楚阐明职业健康安全总目标和改进职业健康安全绩效的承诺。

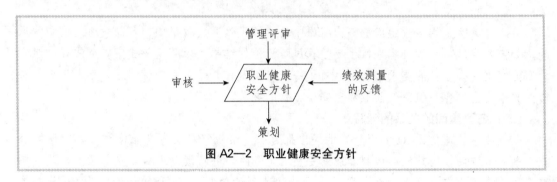

图 A2—2　职业健康安全方针

职业健康安全方针应：

（1）适合组织的职业健康安全风险的性质和规模；

（2）包括对持续改进的承诺；

（3）包括组织至少遵守现行职业健康安全法规和组织接受的其他要求的承诺；

（4）形成文件，实施并保持；

（5）传达到全体员工，使其认识各自的职业健康安全义务；

（6）可为相关方所获取；

（7）定期评审，以确保其与组织保持相关和适宜。

3. 策划（标准条款4.3）

策划与其他功能块的关系如图A2—3所示。

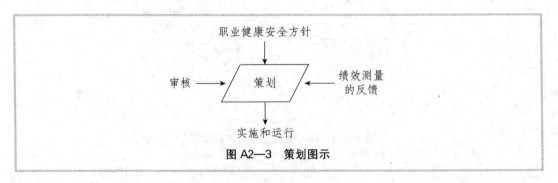

图 A2—3　策划图示

（1）对危险源辨识、风险评价和风险控制的策划（标准条款4.3.1）。组织对于危险源辨识、风险评价和风险控制的策划使组织对于其范围内的所有重大职业健康安全危险源有一个总的认识和评价，为其建立职业健康安全管理体系奠定基础，从而使其能持续地识别、评价和控制组织的职业健康安全风险。

为此，组织应建立并保持下面一些程序，以持续进行危险源辨识、风险评价和实施必要的控制措施，这些程序应包括：

1）常规或非常规的活动；

2）所有进入工作场所的人员（包括合同方人员和访问者）的活动；

3）工作场所的设施（无论由本组织还是由外界所提供）。

4）组织应确保在建立职业健康安全目标时，考虑这些风险评价的结果和控制的效果，将此信息形成文件并及时更新。

5）组织的危险源辨识和风险评价的方法应：

6）依据风险的范围、性质和时限性进行确定，以确保该方法是主动性的而不是被动性的；

7）规定风险分级，识别可通过 4.3.3 和 4.3.4 中所规定的措施来消除或控制的风险；

8）与运行经验和所采取的风险控制措施的能力相适应；

9）为确定设施要求、识别培训需求和（或）开展运行控制提供输入信息；

10）规定对所要求的活动进行监视，以确保其及时有效的实施。

（2）法律和其他要求。组织对于法规和其他要求的策划能促进组织认识和了解所应履行的法律义务并以此与员工进行沟通。遵守法规和其他要求是组织职业健康安全管理体系的基本要求，也是其不断改进职业健康安全管理体系的基础。

组织应及时更新有关法规和其他要求的信息，并将这些信息传达给员工和其他相关方。

（3）目标。组织应针对其内部各有关职能和层次，建立并保持形成文件的职业健康安全目标。组织建立职业健康安全的目标在于使职业健康安全方针能够真正落实，同时确保组织的每一个方面能够建立职业健康安全方针的可测量性目标。

组织在建立和评审职业健康安全目标时，除了应使目标符合职业健康安全方针，包括对持续改进的承诺外，还应考虑以下要求：

1）法规和其他要求；

2）职业健康安全危险源和风险；

3）可选择的技术方案；

4）财务、运行和经营要求；

5）相关方的意见。

（4）职业健康安全管理方案。组织策划职业健康安全管理方案是为了寻求实现职业健康安全方针和目标的途径和方法，同时，制定适宜的战略和行动计划，实现组织所确定的各项目标。也可以说，组织制定并保持职业健康安全管理方案，以实现其目标。职业健康安全管理方案应确定如下内容：

1）为实现目标所赋予组织有关职能和层次的职责和权限；

2）实现目标的方法和时间表。

同时定期并且在计划的时间间隔内对职业健康安全管理方案进行评审，必要时应针对组织的活动、产品、服务或运行条件的变化对职业健康安全管理方案进行修订。

4. 实施和运行

实施和运行与其他功能块的关系如图 A2—4 所示。

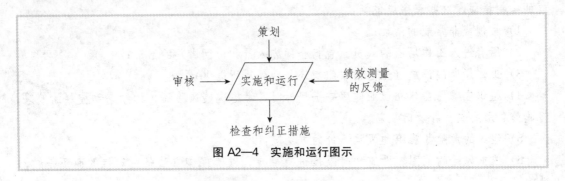

图 A2—4　实施和运行图示

（1）结构和职责。组织确定适宜的结构和职责就是确定职业健康安全管理体系实施和运行过程中的组织结构、人员作用、职责权限以及所需的资源。对组织的活动、设施和过程的职业健康安全风险有影响的从事管理、执行和验证工作的人员，应确定其作用、职责和权限，形成文件，并予以沟通，以便于职业健康安全管理。

职业健康安全的最终责任由最高管理者承担，组织应在最高管理者中指定一名成员（如在某大型组织的董事会或执委会成员）作为管理者代表承担特定职责，以确保职业健康安全管理体系的正确实施，并在组织内所有岗位和运行范围内执行各项规定。

组织的管理者代表应有明确的作用、职责和权限，以便：

1）确保本标准建立、实施和保持职业健康安全管理体系要求；

2）确保向最高管理者提交职业健康安全管理体系的绩效报告，以供评审，并为改进职业健康安全管理体系提供依据。

所有承担管理职责的人员，都应该表明其对职业健康安全绩效持续改进的承诺。

（2）培训、意识和能力（标准条款 4.4.2）。这项要素是为了使员工有职业健康安全意识，并确保员工有能力履行其相应的职责以及完成其工作任务。所以在培训过程中，组织应对其能力要求做出具体的规定。只有确保员工有职业健康安全意识和工作能力，才能使组织的职业健康安全活动变成员工的自觉活动，使组织在职业健康安全方面的方针政策落到实处。

所以，组织应确保处于各有关职能和层次的员工都意识到以下方面的要求：

1）符合职业健康安全方针、程序和职业健康安全管理体系要求的重要性；

2）在工作活动中实际的或潜在的职业健康安全后果，以及个人工作的改进所带来的职业健康安全效益；

3）在执行职业健康安全方针和程序，实现职业健康安全管理体系要求，包括应急准备和响应要求（见标准条款 4.4.7）方面的作用与职责；

4）偏离规定的运行程序的潜在后果。

（3）协商和沟通（标准条款 4.4.3）。组织为了确保与员工和其他相关方交流职业健安全方面的信息，并获得员工的相关方的支持，就必须进行有效的协调和沟通。

组织应将员工参与和协商的安排形成文件，并通报相关方。员工应：

1）参与风险管理方针和程序的制定和评审；

2）参与商讨影响工作场所职业健康安全的任何变化；

3）参与职业健康安全事务；

4）了解谁是职业健康安全的员工代表和和指定的管理者代表（见标准条款4.4.1）。

（4）文件（标准条款4.4.4）。形成文件是为了使组织的职业健康安全管理体系得到充分理解和有效运行。文件应包含以下内容：

1）描述管理体系核心要素及其相互作用；

2）提供查询相关文件的途径。

（5）文件和资料控制（标准条款4.4.5）。通过文件和资料控制可以识别和控制包含组织职业健康安全体系运行和职业健康安全活动绩效的关键信息和资料。组织在建立文件的过程中应符合如下要求：

1）文件和资料易于查找；

2）对文件和资料进行定期评审，必要时予以修订并由授权人员确认其适宜性；

3）凡对职业健康安全管理体系的有效运行具有关键作用的岗位，都可得到有关文件和资料的现行版本；

4）及时将失效文件和资料从所有发放和使用场所撤回，或采取其他措施防止误用；

5）对出于法规和（或）保留信息的需要而保存的档案文件和资料予以适当标识。

（6）运行控制（标准条款4.4.6）。根据职业健康安全方针和目标以及遵守的法规和其他要求的需要，通过制定计划安排，确保与风险有关的需要采取控制措施的运行和活动均处于有效的受控状态。组织应针对与风险有关的措施和活动（包括维护工作）进行策划，通过以下方式确保它们在规定的条件下执行：

1）对于因缺乏形成文件的程序而可能导致偏离职业健康安全方针、目标的运行情况，建立并保持形成文件的程序；

2）在程序中规定运行准则；

3）对于组织所购买和（或）使用的货物、设备和服务中已识别的职业健康安全风险，建立并保持程序，并将有关的程序和要求通报供方和合同方。

4）建立并保持程序，用于工作场所、过程、装置、机械、运行程序和工作组织的设计，包括考虑与人的能力相适应，以便从根本上消除或降低职业健康安全风险。

（7）应急准备和响应（标准条款4.4.7）。通过对潜在的事故或紧急情况进行评价并识别所需的应急需求，制定出应急准备和响应计划，以便预防和减少可能因其引发的疾病和伤害。

5. 检查和纠正措施

检查和纠正与其他功能块的关系如图A2—5所示。

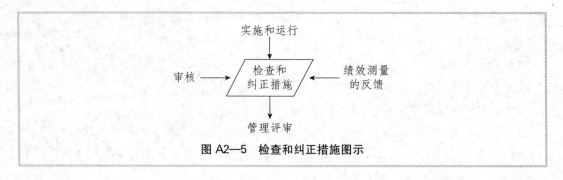

图 A2—5 检查和纠正措施图示

（1）绩效测量和监视（标准条款4.5.1）。通过测量和监视保证职业健康安全体系的有效运行。

组织应该对其职业健康安全目标的满足程度进行监视；进行主动性的绩效测量，即监视是否符合职业健康安全管理方案、运行准则和适用的法规要求；进行被动性的绩效测量，即监视事故、疾病、事件和其他不良职业健康安全绩效的历史数据；记录充分的监视和测量的数据和结果，以便于后面的纠正和预防措施的分析。

如果绩效测量和监视需要设备，组织应建立并保持程序，对此类设备进行校准和维护，并保存校准和维护活动及结果的记录。

（2）事故、事件、不符合、纠正和预防措施（标准条款4.5.2）。探测、分析和消除不符合的潜在根源，预防事故和不符合情况的进一步发生。

对于所有拟定的纠正和预防措施，在其实施前应先通过风险评价过程进行评审。为消除实际和潜在不符合原因而采取的任何纠正或预防措施，应与问题的严重性和面临的职业健康安全风险相适应。同时，组织应实施并记录因纠正和预防措施而引起的对形成文件的程序的任何更改。

（3）记录和记录管理（标准条款4.5.3）。通过记录标识、保存和处置职业健康安全记录以及审核和评审结果，以证实职业健康安全管理体系处于有效运行状态，并将管理体系和要求的符合性形成文件。

职业健康安全记录应该字迹清楚、标识明确，并可追溯相关的活动；职业健康安全记录的保存和管理应便于查阅，避免损坏、变质或遗失；应规定并记录保存期限；应按照适于体系和组织的方式保存记录，用于证实符合本标准的要求。

（4）审核（标准条款4.5.4）。审核是定期对组织的职业健康安全管理体系的有效性进行评审和持续评估，评价职业健康安全管理体系是否有效满足组织的职业健康安全目标，并向管理者提供审核结果的信息。

审核方案，包括日程安排，应基于组织活动的风险评价结果和以往审核的结果。审核程序应既包括审核的范围、频次、方法和能力，又包括实施审核和报告结果的职责与要求。

6. 管理评审（标准条款4.6）

管理评审与其他功能块的关系如图A2—6所示。

管理评审的工作有：评价职业健康安全管理体系是否完全实施以及是否保持并适宜实现组织所确立的职业健康安全方针和目标；评价职业健康安全是否继续合适并考虑所有职业健康安全管理体系是否需要改变；确定对形成文件的职业健康安全程序的符合程度。

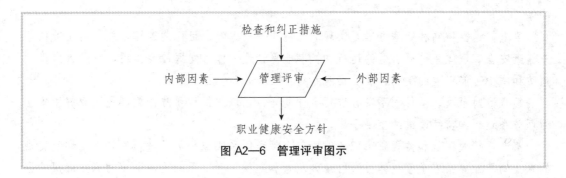

图 A2—6　管理评审图示

　　组织的最高管理者应按规定的时间间隔对职业健康安全管理体系进行评审，以确保体系的持续适宜性、充分性和有效性。管理评审过程应确保收集到必要的信息以供管理者进行评价。管理评审应形成文件。

　　管理评审应根据职业健康安全管理体系审核的结果、环境的变化和对持续改进的承诺，指出可能需要修改的职业健康安全管理体系方针、目标和其他要素。

（三）对职业健康安全管理体系各要素关系的理解

　　职业安全健康管理体系由各个要素组成一个有机整体，要把握每一个要素，就要从整体出发，分析各要素的关系，才能真正理解其本质和内涵。

　　第一，职业健康安全方针是职业健康安全管理体系的总方向和宗旨。职业健康安全方针包括组织遵守法规和其他方面的要求的承诺，体现组织自身在危险源辨识、风险评价和风险控制方面的特点，并适合组织所面临的风险的性质和规模。同时，还包括对组织持续改进安全健康方面的承诺。可见，职业健康安全方针统领和指导组织的一切职业健康安全管理活动。组织应该通过职业健康安全目标和管理方案，使职业健康安全方针得到一一落实。

　　第二，危险源辨识、风险评价和风险控制的策划是组织建立职业健康安全管理体系的主线，这一要素是组织建立职业健康安全管理体系的核心。危险源辨识、风险评价和风险控制的策划要求对组织范围内所有的人员、设施、过程的危险源进行识别、评价和控制，而且，要持续地进行识别、评价和控制，必要时对危险源列出清单，制定出管理方案，以达到职业健康安全管理目标。

　　第三，职业健康安全法规和其他要求是组织建立职业健康安全管理体系的最基本的要求，也是组织应履行的最基本的法定义务。整个职业健康安全管理体系的任何要素都要以职业健康安全法规和其他要求为基础实施和运营。

　　第四，职业健康安全目标是组织职业健康安全方针的具体化，目标具有可测量性。

　　第五，员工积极参与是职业健康安全体系运行的重要保证。企业在职业健康安全方面的目标、方针必须通过培训让员工和其他相关方获知，并获得员工和其他相关方的认同和支持，只有这样，才能使这些目标和方针得以顺利运行。

　　第六，文件资料和记录是职业健康安全管理体系的载体。文件资料是使组织在职业健康安全方面的方针、目标文件化，能让员工以及其他相关方更方便地获知这些内容；记录是对职业健康安全管理体系的证实，也是企业事故、事件和不符合调查和处理的重要载体。

第七，运行控制和管理方案是实现职业健康安全方针、目标的重要措施。对企业的职业健康安全管理体系进行有效的运行和控制能保证这一体系发挥最大作用，以最大限度地预防和减少可能引发的疾病、职业伤害和财产损失。

第八，对事故、事件和不符合进行合理处理，采取纠正和预防措施，是职业健康安全管理体系运行和持续改进的重要手段。

第九，绩效测量和监视贯穿职业健康安全管理体系实施和运行过程的始终。通过定期的企业的职业健康安全管理体系进行绩效测量和监视，可以不断改进企业的职业健康安全的实施计划以及方针、目标。

第十，定期开展职业健康安全管理体系审核，评审和评估组织的职业健康安全管理体系的有效性，以便不断改进组织的职业健康安全管理绩效。审核涉及整个体系的各个要素的评价和总结。

最后，管理评审是由组织的最高管理者主持的，以实现体系的持续改进。组织的职业健康安全管理体系的运行是一个动态循环并持续改进的过程，定期的管理评审可以确保职业健康安全管理体系实现持续适宜性、充分性和有效性，达到持续改进的目的。

□ 本章小结

员工安全健康管理法律对于管理过程本身、促进生产以及员工利益的维护等，都具有十分重要的意义。本章不仅介绍了国际劳工组织相关法律法规，而且介绍了英、美、德等国的职业安全卫生法律法规以及我国的职业安全卫生法律体系，包括法律、行政法规、标准。随着国际社会对"安全、健康、环保"生产方式的追求，人们越来越认识到，经济发展的最终目的不是仅限于创造财富，而是使人类能够有高质量的生活，大力倡导职业安全卫生已经成为一种趋势。职业健康安全管理体系已为许多国家所采用，现代企业建设必须像运用 ISO9000、ISO14000 标准一样建立并运用职业健康安全管理体系，勇于承担保障企业员工的职业健康与生命安全及保护环境的企业社会责任。

□ 思考题

1. 为什么要对员工安全健康管理立法？

2. 谈谈国际员工安全健康立法的趋势。

3. 我国安全健康法律法规及标准已经较为完善，但为何目前事故率与职业病发生率还是较高？你认为主要原因何在？

案 例

美国的几部相关法律

美国 1977 年的《安全代表和安全委员会法规》（Safety Representatives and Safety

Committees Regulations）规定，雇主有法律义务承认工会在企业内设立并授权的安全代表，同时他们拥有一系列明确的权力，从而取代的过去的以自愿调节为基础的机制。安全代表的权力和职能包括：调查工作中危险有害情形和工作中事故发生的原因，调查员工关于安全生产的抱怨，形式一些企业监察的功能，要求雇主设立安全委员会。同时一些后续相关法律继续完善了企业安全代表系统。1992 年的《工作健康安全管理条例》规定雇主必须为安全代表正常行使职能提供设备和协助，必须在适当的时间就各种安全问题咨询安全代表。而 1996 年的《劳动权利法》对那些按照法律程序所选出的或雇主所承认的安全代表提供了自我保护的权利，保证他们如果在特定情形下受到开除或其他损害时可以向劳动法庭提起申诉。

[讨论题]

对于上述几部美国法律，你有何看法？

第 3 章

国内外员工安全健康管理

✎➤ **我需要知道什么?**

阅读完本章之后,你应当能够了解:

- 国际劳工组织工作对全球员工安全健康发展的影响
- 一些发达国家在职业安全健康方面的经验
- 中国职业安全卫生发展概况
- 中国用人单位员工安全健康管理的基本情况

　　据 ILO 统计,如果把工伤事故和职业病加在一起,全世界每年与工作有关的死亡人数达到 100 万。第 87 届国际劳工大会制定的《国际重点计划——安全工作:通过工作中的安全卫生提高保障和生产率》中提出,要在全球范围内提高对工伤事故和疾病的影响面及其后果的认识,强调劳动监察人员的职责,重点放在有害职业上。该安全计划从两个方面开展工作:首先,通过开展活动,建立联盟和伙伴关系,以便国际劳工组织三方成员、非政府组织和人权组织发起倡导运动,并使政府采取积极的行动;其次,通过一致的直接技术援助计划,支持国家行动。在公司层面上,关键的社会保护问题是职业卫生与安全。ILO 在报告中还指出,近年来,出现了一些新的与工作有关的卫生问题,例如,由于工作紧张、"工作狂"和过度工作,特别是在高薪白领工人中过劳症的情况日益增多。

　　从企业的长远发展来看,最根本的决定因素是市场。开发市场的最主要条件就是资本、技术创新力、市场服务和企业的综合素质(品质),这构成了企业的能力和品质——一硬一软两个基本要素。社会参与、环保和职业安全健康就是反映企业品质的重要指标。一个现代化的企业除了需要具备经济实力和技术能力外,更重要的是保持强烈的社会关注力和责任感,具有优秀的环境保护业绩和保证职工安全与健康的良好记录。这三个方面的品质正是优秀的现代化企业与普通企业的主要差距之所在。

3.1　发达国家员工安全健康管理

在职业健康安全问题日益严重的背景下，发达国家对职业健康安全方面的法律规定日趋严格，强调对人员安全的保护。20 世纪 80 年代中期以来，西方许多发达国家针对传统公共行政僵化、等级森严、反应迟缓等问题，在公共管理部门发起了一系列的变革，主张建立弹性的、以市场为基础的，甚至"企业化"的政府，强调公共事务的民营化，注重发挥社区、社会中介组织和非营利组织的作用。

3.1.1　英国的员工安全健康管理

英国是西方最早实现工业化的国家。在长期的工业活动中，人们逐步认识到涉及危险物质的工业活动极有可能导致事故的发生。一些事故不仅对工人，而且对周边环境，甚至对远离事故现场的地方都会构成不同程度的危害。英国又是最早制定和颁布安全卫生法规的国家之一。时至今日，罗本斯的"员工参与对降低风险是关键因素"的观点，仍然是英国安全卫生系统的指导原则。自1974 年《劳动安全卫生法》颁布以来，经济和社会环境的变化逐渐拓宽了安全与卫生（健康）的概念。雇主不再认为大型行业协会或英国工业协会可以代表他们，只有不到 1/3 的工人加入工会。需要安全与健康委员会解决的问题已经变成了包括被动吸烟和工作压力在内的广泛的健康和生活方式方面的风险。

1974 年，一家化学厂发生爆炸事故，工厂被夷为平地，28 名工人死亡，工厂周围的设施遭到了极大的破坏。这起事故拉开了英国预防重大事故的序幕。安全卫生委员会指派重大事故预防专家全面调查事故发生的原因，并提出三项预防事故的策略：（1）确定危害作业场所；（2）为预防重大事故而采取控制措施；（3）为降低事故的破坏性而采取减缓措施。为了预防类似化工厂爆炸的重大事故的发生，英国于 1999 年制定了《重大事故危害控制》（COMAH）等一系列法规。这些法规都是针对企业制定的，内容既简单又实用。例如，《重大事故危害控制》列举了 170 种指定的危害物质，而且按照工艺和贮存方式进行了分类。重大事故危害控制分为两个水平控制标准——下限标准和上限标准。一个企业实行什么水平的控制标准，取决于该企业的有害物质数量。如果企业实行的是下限控制标准，则经营者必须在通报主管当局的同时，制定重大事故预防方针，这一职责反映了企业在事故预防中管理体系的核心作用。如果企业实行的是上限控制标准，则经营者必须根据法规提交书面安全报告，由地方政府负责建立和保障场外应急计划的安排，同时经营者必须向公众披露信息，主管当局则应在年鉴中向公众发布安全报告。

1999 年 4 月英国成立了一个跨部门督导小组，负责监督和协调工作。2000

年英国政府发布的《重振安全与健康战略声明》①规划了未来10年的战略目标，即减少人员伤亡的5项具体战略目标：（1）到2010年，使因工作致伤和患病的工作日损失减少30%；（2）死亡和重伤事故率减少10%；（3）因工作致病发生率减少20%；（4）到2004年，上述目标达到一半；（5）使由于工作导致健康受损的人数减少20%。同时还提出了促进就业的两项战略目标，即：（1）对目前受雇佣但是因为健康状况不佳或伤残而不能工作的人员，尽可能为其创造工作机会；（2）为由于身体健康状况差或伤残而未在职的人员提供就业机会。该战略特别强调健康的劳动力对经济和社会带来的好处。据专家预测，如果能够实现上述2010年的3个目标，社会效益（以现价计算）将达到86亿～218亿英镑。安全与健康委员会颁布的2010年战略，使员工参与的意识又向前迈进了一步。该战略认为，安全与健康委员会、安全与健康执行局和地方当局不能包揽所有的事情。战略强调了雇主、员工、工会、保险业者、职业安全专家、政府部门、媒体、公众和行业协会等在降低事故中的作用。

为了达到上述目标，职业安全与健康委员会（HSC）还规划了未来10年安全与健康系统的方向：修订职业安全与健康法规；实施安全与健康委员会制定的新的职业健康战略；除加强预防与工作有关的伤害外，还应致力于改善工作环境；在产品的设计过程中就关注到安全与健康问题（实现本质安全化）；调整赔偿、救济和保险系统；弘扬安全文化；强化各层次的安全与健康的技能和风险管理教育；促进小企业积极参与；促进工人参与安全与健康管理；提高公共部门在安全与健康管理方面的先锋榜样作用。安全与健康委员会还制定了职业安全与健康支持系统计划。该计划提供有效的职业健康支持和咨询，其核心是预防健康风险和因长期疾病导致的病假。目前正在测试其有效性，安全与健康委员会设想实施五个小项目，以确定在变化的条件下的最佳做法。

此外，英国政府和安全与健康委员会、苏格兰安全与健康执行局及威尔士议会还共同制定了行动计划，例如，利用经济激励的手段进行安全与健康宏观调控及地方保健计划中职业健康的政府协调行动；通过"小企业服务"建立补偿方案并更有效地约束小企业；从2000年开始调整苏格兰和威尔士的学校课程，加入职业风险教育的内容。

3.1.2　德国的员工安全健康管理

德国是发达国家中职业安全卫生水平较高的国家之一，在员工健康安全方面也有许多经验值得我们学习和借鉴。在德国，安全管理法规制度比较健全，为了确保职工的生命安全，德国制定了"劳动保护法规"，由政府部门对各行各业的安全生产、劳动保护、职工伤亡依法行使监察的职能；各行业根据行业

① Susan Cartwright and Roger F. Boyes, 2000. "Taking the pulse of executive health in the UK". *The Academy of Management Executive*. May 2000，pp. 16 - 24.

特点制定安全技术规范，实行行业管理，同时，这些标准、规范也是"劳动法院"判定诉讼当事人是否正确遵守行业行为的法定依据。各企业都有自己的具体安全规程，企业的各级负责人、各个岗位上的工作人员直接对自己所从事的工作负责，并承担相应的法律责任。为此，企业在培训工作中突出了"法制教育"：什么能做，什么不能做；有什么责任，负什么责任。

企业还聘请咨询公司对企业的各项"规程"、"制度"进行评估。评估结论要指出存在什么问题，会出什么事，这些事与公司有无关系，出了事公司会负什么法律责任。对人身事故、重大设备事故和环保事故的调查和处理完全依据国家和行业的有关法律和标准进行。在一般设备事故的调查处理上，采取了重对策、轻处罚的原则。主要观点是：人难免要犯错误；出了事故，大家共同分析原因，制定出防止今后再次发生事故的措施。如果是不称职者，则调离本岗位。通常认为在一般情况下，如果处罚太重，人们就不敢承担这类工作了。因此，对一般事故责任者的处理是比较"温和"的。

在德国，除政府有关部门根据法律对企业的安全生产进行监督外，一些中介机构也以不同的方式、从不同的角度介入企业的安全管理。在人身安全方面，企业职工的工伤保险是强制性的。以电力企业为例，该系统的职工按规定全部在工伤事故保险联合会精密机械和电气分部投保。该保险机构将定期或不定期地对电力企业进行检查，监督企业的负责人和员工是否遵守国家有关劳动保护和人身安全的法律。除此之外，该保险机构还根据精密机械和电气行业的特点，制定了一些安全标准和规范。电力企业必须遵守这些规范，并按规定接受该机构的监督和检查。一旦发生人身事故，该保险机构将直接参与调查和处理。如果是人身事故、重大设备事故和环保事故，当地政府的有关部门，如警察局、检察院、劳动局、技术监督公司都将参与事故调查，保险公司和企业有关人员也要参与。

从设备安全来说，德国有一个涉及各行各业的技术监督公司，专门从事设备的技术监督工作。该公司受政府的委托，定期对各企业（特别是核电厂）的各种设备及辐射情况进行检测，并进行安全评估。另外，也受企业委托对企业内的设备进行检测，并给出检测报告。

中介机构还受政府部门的指派或企业的邀请定期或不定期地对企业进行风险评估。这样做的好处是：（1）形成了企业内部的安全生产由政府、中介机构、企业自身三家共管的机制，使安全监督更加完善有效；（2）中介机构站在中间立场，能够公平、公正、客观地判断企业的安全行为以及外来施工、检修队伍工作质量是否符合国家和行业的有关标准，指出企业安全生产上和外包工程中存在的问题。[①]

---

① 参见谭文林：《德国电力行业安全管理介绍》，载《电力安全技术》，2002（3）。

　　德国职业安全健康研究院成立于 1996 年，直接由联邦劳动与社会部主管，是德国政府职业安全健康工作的参谋部。从事的主要工作包括：就所有劳动保护和劳动医学问题为联邦政府决策提供帮助；关注和分析劳动安全、健康状况和劳动条件以及劳动条件对员工身体健康的影响；从事安全技术、人类工程学、传染病学和劳动卫生等方面的研究；总结推广有关劳动条件构建、职业疾病防治和医学方面的先进经验；分析评价国内外劳动保护方面的科学发展情况；参与职业安全健康方面法律法规的制定；研究劳动保护培训和继续教育措施；发布劳动保护信息；负责化学制品的审批；管理和利用健康数据档案；等等。充分发挥科研单位和社会中介机构的作用，依靠科技进步更好地对从业人员的安全和健康进行保护，是德国政府职业安全健康管理的一个突出特点。

　　资料来源：国际健康产品协会：《对德国、芬兰职业安全健康学习考察情况》，http://cn.ihpca.org/index/view.asp? id=349，2006 年 4 月 12 日。

　　职业健康与安全服务机构（BAD）是德国一家专门为企业提供职业健康服务的机构，是一个非营利的民间组织，隶属于德国工伤保险联合会。从 1992 年起，BAD 的服务对象从德国扩展到整个欧洲，其下属机构及办事处达 170 多家，遍及德国、意大利、奥地利等国，拥有直接员工 1 700 余名。1994 年该机构经过改组，成为一家有限责任公司，加强研发工作，提供职业预防与恢复医疗服务及其相关服务。具体内容包括：职业医疗预防检测、工作场所评估、有毒物质检测和分析、向员工提供事故和健康风险信息、工作压力咨询等。此外，BAD 还就人类环境改造、危险化学品管理、工作场所安全提供建议和改进方案。作为德国事故保险同业公会所属的一家职业健康和安全服务的专业机构，该机构已经从提供基本的安全与健康服务转向为劳动者提供综合防范服务、根据客户需要提供职业医疗、健康和安全方面的个性化服务。[①]

　　德国的法定事故保险从一开始就与事故预防紧密结合。法律明确规定，同业公会是德国法定事故保险的承担机构，主要职责除了支付工伤保险补偿费之外，还包括对工伤预防、补偿和康复的综合系统管理，并明确其先后次序为预防—康复—补偿。

　　工伤保险的事故预防机制的经济手段主要表现在保险费的收与支两个方面：一方面，采用差别费率和浮动费率机制等方式，根据企业的风险和工伤事故发生情况，调整企业缴纳保险金的差别费率与浮动费率，从而激励和督促企业改善安全生产状况，减少工伤事故和职业危害的发生；另一方面，基于"损失控制"原理，从保险基金中专门支出一定比例的经费，有针对性、主动地为企业开展预防工伤事故与职业危害的服务工作，从而降低工伤事故和职业危害的发生率，减少工伤赔付，最终降低工伤保险费率。

---

　　① 资料来源：国际健康产品协会：《对德国、芬兰职业安全健康学习考察情况》。

3.1.3　芬兰的员工安全健康管理

在过去的 20 年中，芬兰的职业病发病总数有所下降，2001 年职业病新发病例 4 925 人，常见的是呼吸系统疾病和肌肉骨骼系统疾病（大约 1 500 例），由于噪声造成的听力损伤在 1 000 例左右，与皮肤病例数相同。职业病和意外事故带来的损失相当于芬兰国民生产总值的 3%，尤其是肌肉骨骼系统损伤带来的损失最大。意外事故造成的损失达 4.2 亿欧元。以上计算只包括疾病或意外事故造成的直接损失，包括歇工损失、工资损失、康复费用、卫生服务费用等。芬兰国家职业安全卫生策略于 1998 年重新修订，该策略主要有以下三个优先领域：预防职业相关的肌肉骨骼系统损伤；改善工人工作中的精神心理状态；提高工人的事故和职业病防范能力。在策略制定的优先领域中，重要行动原则包括提高并加强工作场所自身行动，同时加强安全卫生主管部门对此的支持、管理和帮助。该策略同时在国家地方及工作场所实施。同时，根据策略确定的优先领域职业安全卫生主管部门的活动也受到关注：为了使职业安全卫生及卫生主管部门的工作获得最大的成功和最有效的成果，职业安全卫生策略确定了行动的重要原则：促进并加强工作场所的自身行动及其主动性，提高工人工作中的良好状态，以及处理老年劳动者问题，支持引导帮助雇主和工人，他们是安全卫生主管部门最重要的客户。[①]

进入 21 世纪以后，芬兰又修订了职业安全卫生法，包括：《职业卫生服务法》（自 2002 年起实施）和《职业安全法》（自 2003 年 1 月 1 日起执行）。新的职业安全法与过去的法规不同，它采用了新的方法，即 3P 原则：除了传统的保护（protection）原则外，还包括预防（prevention）和促进（promotion）原则，其目的是扩大职业保护领域，促进工作场所安全卫生改善，并加强行动。新领域包括职业安全合作、工作中的良好状态、工作场所暴力、威吓、伤害等。

芬兰重新修订的职业安全卫生法包括《职业卫生服务法》和《职业安全法》，是该国整个职业安全卫生立法的基础。

3.1.4　美国的员工安全健康管理

在 20 世纪 70 年代以前，同后来的中国一样，美国也经历了一个生产事故的"快速上升时期"。每年有超过 1.4 万名工人死于各种安全事故，近 250 万人在事故中致残或受伤，约 30 万人患职业病。1970 年，美国国会通过了《职业安全与健康法案》，随后根据该法案成立了联邦职业安全与健康管理署（OS-

---

① 参见米克·赫梅莱纳：《芬兰：职业安全卫生立法与管理》，见：芬兰国家网站即欧洲安全卫生处（fi. osha. edu. int）网站。

HA），专门负责制定和实施职业安全与健康标准。从 OSHA 成立至今，美国因工死亡人数减少了 62%，因工致伤和致病人数减少了 42%。[①] 经过 40 年的努力，美国已建立起一个系统全面、功能完善的职业安全与健康法律体系。政府与政府之间，政府与企业之间，政府与协会等第三方机构之间，企业与企业之间，以及企业与第三方机构之间都建立了良好的协作机制，横向与纵向合作并举，使美国职业安全与健康管理机构能够充分有效地保护美国境内各企业及其他机构的员工的安全。

OSHA 在合作与国家项目部内专门设置了一个小规模商业处，负责管理全国的小规模企业。考虑到大部分小规模企业资金投入不足，小规模商业处专门设立基金资助小企业安全管理"安全与健康成就确认项目"（SHARP），基金直接划拨给各州政府，再由州政府将资金分配到所在区域中的小规模企业，用于职业场所安全与健康改进。

安全生产的思想遍布美国企业的各个角落。在美国高速公路上有时可见工厂房顶上和工作现场有"安全第一"的标牌。比如，美国太平洋天然气与电力公司制订了《安全誓言》，由公司总经理和主管安全的总经理签字后发给各部门。要求部门每一个员工在《安全誓言》上签字，制成镜框放在墙上。同时印成精致的小卡片发给每一位员工随身携带。《安全誓言》要求员工：永远将安全放在第一位。同时要求各个部门宣传"公司的利益就是安全第一"。美国田纳西流域管理局的"安全方针"明确指出：可接受的安全业绩是雇用的条件之一。

资料来源：《安全管理：有标语牌与无标语牌》，http：//www. people. com. cn/GB/paper2515/7883/749094. html.

每个公司都有一位副总经理主管企业安全生产工作，各部门负责人就是本部门的安全负责人，部门内还有一个人主管安全。奖金和是否有安全事故发生直接挂钩。一般情况下，企业在招聘员工时，都会对新进人员进行安全资质审查，同时定期对生产人员进行安全培训。政府和企业都会定期进行安全大检查，看有没有隐患，将查出的隐患记录下来，要求公司研究解决。在工作中，若发现有影响安全的因素存在就要停工，消除后再开工。

一旦企业发生事故，企业会将事故经过、事故原因等简要情况制成一个"信函"（类似"事故通报"）发给公司的每一位员工，以防再犯。在工作中，如果有员工违规，主管首先会向员工指出违规的地方，让员工知道存在什么样的问题，违规员工必须口头表示今后要"安全地工作"。如果安全上出了事，企业会出具书面通知，要求员工重视安全。指出有责任的员工已在《安全誓言》上签了字，承诺要注意安全，但是没有做到，应该反省。如果不安全事件再次发生，该员工就要停工一天，在家里认真考虑能不能做到安全生产，若告诉公司不能保证安全生产，那就该离开公司了。发生了重大安全事故，就要马

---

① 参见方黎明：《美国职业安全和健康管理署管理措施浅析》，载《安全生产》，2006（2）。

上开除有关员工。

克林顿政府提出"重塑政府运动"以来，OSHA 越来越重视与雇主、员工和工会等建立起自愿、合作的关系，力图调动组织和个人自身的积极性、主动性，以实现职业安全与健康。这些自愿性合作措施包括自愿防护计划、战略伙伴关系计划和联盟计划等。在合作措施中，OSHA 和相关组织处于平等的地位，它们相互合作，共享资源，共同为实现职业安全与健康而努力。

在过去的 20 年中，美国煤矿矿工接触的呼吸性粉尘含量已经减少了 70％以上，在被调查的矿工中，患尘肺病的矿工死亡人数也下降了 2/3。1994 年美国矿山安全与健康检查局提出将工作重点转向消灭煤肺病的建议，得到国会的支持。1995 年成立了消灭煤肺病顾问委员会，负责研究各方面对消灭煤肺病的建议。实施"现在，并且永远消灭煤肺病"计划，涉及采矿各部门。委员会也广泛征求各界意见，形成了一个包括 20 多条主要建议、100 多个具体实施步骤的研究报告。该报告的内容包括提高煤矿粉尘的控制标准；减少对二氧化硅粉尘的接触；对二氧化硅粉尘和煤矿粉尘制定独立的标准；如果矿工连续数周长时间工作，应调整标准；为使粉尘接触保持较低的极限，应该以控制环境为主要手段；等等。同时，该计划不计成本地为矿工提供 X 光胸部透视检查，以便早期发现煤矿工人的煤肺病，并详细规定了员工、矿主以及矿山安全与健康监察局应该承担的参与、培训、监察等职责，切实将计划落实到与消灭煤肺病密切相关的各个群体。[①]

2009 年，美国劳工联合会—产业工会联合会（AFL-CIO）发表专题报告，介绍美国工人职业安全健康现状，内容包括职业事故伤亡人数和职业病统计、工作场所安全监察次数、违规案件经济处罚、联邦政府财政拨款、安全监察员人数，以及美国《职业安全卫生法》的覆盖范围等。自 1970 年颁布实施《职业安全卫生法》以来，美国的职业事故死亡人数已减少 38.9 万人，但仍有许多工人处在职业安全风险中。2007 年美国每天平均事故死亡 15 人，事故伤害或患有职业病的人数超过 10 959 人。统计的这些数据不包括职业病死亡人数，每年约有 5 万～6 万名职业病患者提出经济索赔。

3.1.5　加拿大的员工安全健康管理

加拿大十分重视加强企业对员工健康安全的保护工作。主要做法如下。

1. 建立一个安全团队，共同努力保护员工的安全与健康

建立一个包括管理部门、全体员工、人力资源部门和质监部门等在内的安全团体来共同识别和重视安全问题。这一团体可以设立一个针对紧急情况的快速反应小组，该小组成员由防控危险经验丰富的人员组成。还可以考虑与当地

---

① 资料来源：董维武：《现在，并且永远消灭煤肺病》，载《中国煤炭》，2001（3）。

警方合作建立防暴力的工作联系。最后要为全体员工提供一些防护性的技巧知识。[①]

2. 明确安全责任，加强安全培训和加入雇主赔偿计划

为了把遭受工伤事故的风险降到最低，企业应明确各级管理者的安全责任，重新审定他们的健康与安全程序，加强构建企业的安全文化，确认每位员工都加入了工伤保险。关于如何为员工提供安全的培训，具体的指导方针是：第一，让员工了解安全培训的内容并安排他们有序地接受培训；第二，提供鲜活的例证来使员工深刻认识到安全的重要性；第三，培训应实事求是、真诚地进行，培训人员应从心理上真诚地对待员工的培训，联系自身情况进行安全教育而不是简单地照本宣科；第四，不要过多地停留在员工不在意的语法错误或者用词不当上；第五，培训人员要放松、镇静，问一些开放式的问题来激发员工参与讨论的热情；第六，问一些便于各抒己见的问题，使员工的建议得到充分表达；第七，建立学习小组对分类材料进行讨论；第八，合理计划培训时间，培训学习与休息相结合；第九，注重反馈。反馈信息可以用来改进培训内容；第十，使管理"显性"化。培训的结果和成效要反映到具体的图表和手册上，这是培训结果对管理的启示。[②]

3. 完善企业的安全文化

企业管理层对企业安全文化建设的支持至关重要。积极的安全文化是指"一个员工积极参与安全文化构建和有恰当有效的诸如培训和纪律的安全管理机制的企业文化"。为了构建安全文化，从企业管理角度应从以下几方面入手：第一，及时确定安全问题。管理者要及时发现存在的隐患，并采取措施予以消除，在这一过程中要保持与员工的沟通，使他们感受到企业保护其安全的努力；第二，管理者应真正关心员工的安全，而不能过分在意统计数字，这里的数字或案例只是作为加强安全工作重要性的一个证明；第三，加强针对安全的培训，如提供手把手的培训、雇佣专业人员进行特殊培训，等等；第四，鼓励员工之间以及员工与管理者之间就安全文化的构建进行公开的交流讨论。[③]

4. 利用激励措施来促进安全

史密斯（S. L. Smith）曾提出七步骤建立成功的安全激励计划。第一步，检查本企业的安全隐患并审查激励计划对改变本企业员工的行为方式是否有效，在引入激励计划之前是否存在基本的安全计划。第二步，说服管理者，他们的积极参与对激励计划的成功至关重要。第三步，做好基础工作。即研究工伤统计数字和员工人数统计数字，以此来决定计划的目标、预算、期限和提供者等内容。第四步，选择目标。如减少多少百分比的工伤损失时间等。第五步，选择奖励方式。奖励有多种形式与规模，如从汽车到钥匙链，从休闲时间

---

① Joanne P. Sheehan，"Protect your staff from workplace violence"，*Nursing Management*，Mar 2000；31，3；ABI/INFORM Global，p. 24.

②③ Josh Wiaaiams，"Optimizing the safety culture"，Occupational Hazards，May 2008，p. 45.

到金钱等，因此必须决定什么奖励最适合你的员工。第六步，建立一个对员工来说有趣且有效的计划。如通过游戏卡片、安全小测验、互动会议或对行为积极改变的及时奖励等措施来发挥员工的主动性，增强他们对激励计划的兴趣。第七步，交流。与员工积极交流，使他们了解公司为了达到安全运行所做出的努力，经常提醒员工有关激励计划，增强他们的安全意识，减少工伤事故的发生。[1] 此外，这些安全激励计划还应与安全教育和培训、安全意识的培养以及相关安全规章一起达到保护职员健康与安全的目的。

5. 对职业安全与卫生管理规定实施效果的评估

保罗·拉努伊（Paul Lanoie）在魁北克省 1983—1987 年的职业安全卫生管理对工作场所事故风险影响的研究中，试图解释魁北克职业安全卫生管理委员会所实施的政策在提高工作场所安全与卫生中的总体效用。这项研究考虑到了政府对职业安全卫生的所有重要的干预方面（如事故预防、经验率和赔偿率等）的情况。通过分析对魁北克职业安全卫生管理委员会在 1983—1987 年间所采取的一些措施对降低工伤事故发生率和严重程度的影响，研究人员发现，从最理想的一面来说，一些措施在此期间确实降低了一些工伤事故的发生率。加拿大采取了四项不同于美国的加强安全的措施。这四项措施分别是：拒绝执行危险任务的权利；建立一个共同的工作场所安全委员会；对预防措施的要求以及有权要求保护性的工作安排。其中后两项措施仅在魁北克省执行。[2]

政府在职业安全卫生管理中采取的干预措施（如采取预防措施、控制经验费率和控制赔偿金率等）对事故风险的影响可以通过一个理论模型来分析，这一模型中风险的发生率受雇主和员工的影响。在上述三项干预措施中，如果提高其中任意一项的比率，在其他条件不变时，会使雇主由于成本的增加而加大对安全的投入，从而降低风险。如果提高比率的结果是使雇主加大对风险的投入，工人则放松安全意识，那么结果就难以预料了。

昆萨姆煤矿努力改进安全状况

昆萨姆煤矿是位于加拿大不列颠哥伦比亚省温哥华岛东岸的一座井工煤矿。该矿生产低硫动力煤，供应国内外市场，是目前加拿大唯一的井工煤矿。1993—1997 年，该矿安全状况不佳，造成工时损失的受伤数很大，还发生过三次死亡事故。为了改进安全状况，该矿采取了一系列措施，主要内容如下：

1. 树立安全为先的理念

1998 年该矿通过机构改革带来了安全的变化。新机构认识到，要减少工伤事故，必须将安全工作列为重点，树立安全为先的理念。煤矿所属公司的总裁和煤矿总经理提

---

[1]　Smith，S. L. "Safety incentives：A program guide" Occupational Hazards；Jun 1995；57，6；ABI/INFORM Global，pg. 5.

[2]　Lanoie，Paul，"The Impact of Occupational Safety and Health Regulation on the Risk of Workplace Accidents Quebec，1983—87"，*The Journal of Human Resources*；Fall 1992；27，4；ABI/INFORM Global，p. 643.

出：安全第一，产量来自安全，任何时候都要想到安全。其承诺如下：要做到安全第一；使任何在本矿工作的人了解其职责，并得到适当的培训；遵守法律、规程和政策；每天开始工作之前，工作小组中的每个人都应全面了解应完成什么工作以及如何完成这项工作；不允许发生损害安全的行为，一旦发现这种行为，应立即报告；不能将工作效率置于安全之上；各级人员应有良好的沟通；每名人员应做好当天工作的充分准备；管理部门应尽一切可能，通过培训人员和分配资源，确保煤矿安全。

2. 成立安全与健康委员会

该矿由两名管理人员代表和三名工人代表组成职业安全与健康委员会，负责有关安全的工作。该委员会每月进行一次安全检查，召集会议，提出检查发现的问题。该委员会对事故、事件和危险情况进行全面调查，提出改进的建议。该委员会还负责制定安全规程，经煤矿经理审批后生效。

职业安全与健康委员会与各管理部门都有联系，并被授予安全管理方面的权力，如果有关管理部门不配合工作，委员会可直接与经理交涉。由于该委员会的努力，使得该矿的工人和管理人员之间建立了信任关系，从而在改进安全方面发挥了积极作用。

3. 建立奖励制度

仅靠安全法规不能保证不发生事故，因此，公司决定，当安全达到一定指标时，予以奖励。如果一年内不发生损失工作时间的事故，每年全体职工有3～4天的带薪休假。发生一次事故，则扣除一天休假。

为了改善安全，该矿还制定了轻工作计划。根据该计划，矿工可因伤病而做办公室、仓库管理等工作，鼓励工人随时向急救处报告所受的伤病。比如矿工由于背痛，可承担较轻的工作，协助研究背痛的问题，找出原因和预防办法，并准备安全会议的报告。

4. 组织安全培训

安全培训计划是该矿的主要计划之一。技术服务部门负责制定和实施有关采矿等课堂和现场的培训计划。工程师或职业安全与健康委员会人员可以进入生产现场，召集矿工，进行关于地下条件、顶板岩层的现场培训；组织安全教育会，内容包括：安全报告；观看矿山安全监察局提供的录像；就监察局公布的事故进行详细的讨论；等等。将会议讨论的结果贯彻到生产过程中，及时消除安全隐患。管理部门不厌其烦地告知矿工，在其生命处于危险状态时，不要操作设备或试图做任何工作。

由于加大了对安全问题的强调力度，该矿的安全状况明显好转，2000年、2001年和2003年均未发生损失工时的受伤事故事件。该矿因安全业绩良好，在过去的4年中连续获得了多种安全奖项。

资料来源：方昭编译：《昆萨姆煤矿努力改进安全状况》，载《现代职业安全》，2004（11）。

3.1.6 日本的员工安全健康管理

日本十分重视员工健康安全管理，但一些资金实力弱、经营不稳定以及工作环境差的小企业，在员工健康安全管理方面面临诸多困难。依照世界卫生组织和国际劳工局的建议，日本小企业之间合作共同进行职业安全健康管理十分有效，日本小企业的职业安全健康状况发生了明显的改变。

第一，日本接受国际劳工组织所认可的职业安全健康管理体系，鼓励雇主建立体系，开展持续的职业安全健康活动。第二，开展中、小型健康促进项目。一方面，开展对中小型企业雇主的教育和培训，目的是通过接受健康评估以及健康指导，使其了解工作场所健康促进项目的必要性和有效性。另一方面，在中小型企业中实施健康促进项目，需要与健康促进认证组织合作。同时还发布了关于推行工作场所禁止吸烟措施的教育计划，认为行政部门有责任为企业创造一个良好的工作环境，并将工作场所禁止吸烟措施的执行状况划分等级，以供雇主和负责公司实施内部控烟政策的行政人员使用。第三，根据健康检查结果实施具体措施的指南，对于连续六个月以上、每个月四次以上，从晚上 10 点到早晨 5 点上夜班的工人，允许他们向雇主提交由本人自愿接受的健康检查结果以证明他们的身体状况。雇主必须按照医生的意见采取措施，包括工作场所的变换、工作性质的改变、工作时间的减少、上夜班频率的下降。采纳该指南用来预防由于工业结构的变化和技术的发展导致的工作压力而造成的"过劳死"。第四，颁布预防由化学物质造成健康损伤所采取措施的指南。第五，颁布企业员工精神健康护理指南。第六，日本政府还促成了一些关于机器管理的指南的发布。[①]

日本自 1928 年开始推行国家安全周以来，到 2002 年已进行了 74 年，是加强预防职业灾害发生的志愿性活动，由于长期性的努力，职业灾害已逐渐下降，灾害控制颇有成效。另外，日本厚生劳动省（劳委会）已于 1999 年 4 月 30 日正式公布 OHSAS 18000（职业安全卫生管理系统 18000），将其列为劳工安全卫生法规的一部分，在全国积极推广，并已见成效。[②]

3.1.7　澳大利亚的员工安全健康管理

1999 年，委员会提出改善国家职业卫生与安全的框架计划，目标锁定所有政府、雇主、工会及相关的专业机构，鼓励他们为达到一定的目标工作，利用通用原则提高职业卫生与安全水平。此后，每年委员会都需向澳大利亚各政府机构组成的部门理事会做工作报告。各部长对所在州或特区的职业卫生与安全工作负责报告需详细描述政府、雇主、工会及其他相关机构在改善职业卫生与安全方面应采取的行动计划，国家的五个优先领域不论在短期还是长期内都将发挥作用。这五个优先领域将在社区和工作场所进一步提高人们的职业卫生与安全意识。

---

① 资料来源：郝秀清编译：《日本小型企业的职业安全健康新措施》，载《中国职业安全卫生管理体系认证》，2004（3）。

② 资料来源：《国外安全生产信息参考》，安全文化网，2009 年 1 月 12 日。

1. 国家策略、国家远景和两个国家目标

国家策略将在未来 10 年内得以实施，包括国家远景、国家目标、国家优先领域和成功指标。通过三方的广泛磋商，以上内容都将得到进一步发展。国家远景：工作场所不再有死亡、伤害和疾病。委员会认识到要达到这一目标相当困难，但是实现不再有因职业而导致的各种级别的伤害或疾病是可能的。国家目标：一是明显地、持续地减少与工作相关的死亡，5 年内减少 10％，10 年内全面减少 20％；二是关于职业伤害，5 年内减少此类伤害 20％，10 年内全面减少 40％。

在国家策略中，确定目标是关键。目标的确定有利于培养责任心。目标是可以测量的，因此也有助于对策略的有效性进行评估。目标在帮助委员会确定国家优先领域方面也发挥了重要作用。委员会认为国家策略中确定的这些目标将有助于企业建立自己的目标，并通过这种方法提高它们的绩效。

国家的五个优先领域包括：

(1) 降低风险。第一个优先领域是降低职业伤害和职业病风险。据澳大利亚最新资料，国家职业卫生与安全委员会已开始对三种最常见的风险（肌肉骨骼疾病，坠落、滑倒和绊倒，以及被物体砸伤或撞击到移动物体上）和七个职业卫生与安全状况记录不良的行业予以关注。

(2) 提高职业卫生与安全管理水平。第二个优先领域是提高企业经营者及工人在职业卫生与安全方面的管理能力，目的是帮助管理者和工人更好地理解如何预防职业伤害和职业病，并在此方面达成共识，包括更为完善的培训、更好地使用工作场所中的安全管理系统以及为解决职业安全与卫生问题提供更多的实用指南。

(3) 更有效地预防职业病。第三个优先领域是更有效地预防职业病。应当更多地重视预防方法，例如，如何减少工作场所中危险化学物质的暴露等。应该对管理者和工人进行更多的培训，使他们学会如何减少危险并控制风险。尤其应注意满足中小型企业在这方面的需求。

(4) 安全设计。第四个优先领域是在设计阶段减少危险。减少危险、控制风险应当从源头抓起的原则已被广泛接受。初始责任与制造商、设计者、建设者和设备供应商有关，应该对这些人就如何保护职业卫生与安全进行培训。

(5) 强化政府对职业卫生与安全绩效的影响力。第五个优先领域是增强政府影响力，更好地改善职业卫生与安全状况。在这方面政府扮演着重要角色，如制定政策、保证法律实施、充当雇主、购买商品和服务等。政府的每个角色或多或少会对职业卫生与安全产生影响。确定这个优先领域的目的是增强政府在每个角色上的影响力。在这方面澳大利亚各州都有职业安全健康法律法规，因此各州政府将密切协作，共享信息。

2. 国家支持策略所采取的行动

为了支持国家优先领域工作的开展，确定了国家行动的九个领域：(1) 数据；(2) 研究；(3) 保证澳大利亚管辖范围内有关职业卫生与安全方面规章制度的一致性；（4）更好地实施职业卫生与安全方面的法律；（5）改善有效的激励机制；（6）对如何遵守职业卫生与安全法律提供更多的指南；（7）对如何处理职业卫生与安全问题提供更多的实用性指导；（8）提高社区对工作和工作场所安全的关注；（9）更有针对性地对工人、管理者和设计者进行培训，包括他们的责任以及如何对安全工作和工作场所做出贡献。[①]

3.2　中国员工安全健康管理的宏观环境

国民经济恢复时期，伴随着对旧企业的改造和生产的恢复，职业安全卫生工作亦翻开了新的一页。针对当时忽视安全的单纯任务观念，根据毛泽东对中央劳动部做的"安全与生产是不可分的统一体的关系"的指示，在全国范围内开展了劳动保护政策宣传活动，不仅有力地保障了劳动者的基本权益，而且有利于理顺建国初期多种所有制形式并存状态下的劳动关系。

进入计划经济建设时期后，职业安全卫生工作的任务是"进一步改善企业中劳动保护设施，努力地避免发生人身和设备的事故"。国家制订并颁布了一些劳动安全卫生法规，例如：《工厂安全卫生规程》、《建筑安装工程安全技术规程》、《工人职员伤亡事故报告规程》、《防止沥青中毒办法》、《劳动部关于装卸搬运作业劳动条件的规定》等，同时，随着社会主义改造工作的深入，我国工业企业中逐渐形成了以公有经济为主的局面，职业安全卫生在企业人力资源管理中的地位有所加强。但从 1958 年"大跃进"开始，出现了盲目冒进的苗头，许多规章制度被弃置不顾，造成了新中国成立以来伤亡事故的第一个高峰。

1961 年开始三年调整期，职业安全卫生工作也转入正轨，企业普遍进行了设备检修，并开展了一些安全活动。1963 年，国务院发布了《关于加强企业生产中安全工作的几项规定》，要求各级领导从加强安全生产责任制、改善生产条件、开展安全生产教育、开展安全检查和严肃处理伤亡事故五个方面加强劳动保护工作，取得了很大的成效。在此期间还颁布了《防止矽尘危害工作管理办法》等规定，职工在劳动过程中的安全与卫生权益得到进一步的保障。

经过三年调整刚刚好转的局面被 1966 年开始的"文化大革命"葬送了。无政府主义泛滥，企业管理混乱，出现了伤亡事故的又一次高峰，广大职工基本的职业安全卫生权益受到侵害。

20 世纪 80 年代，我国职业安全卫生法规进入发展时期，进一步加大了员工安全健康保障力度。《锅炉压力容器安全监察暂行条例》、《矿山安全条例》、《矿山安全监察条例》、《关于加强安全生产和劳动安全监察工作的报告》、《女职工劳动保护规定》以及《中华人民共和国尘肺病防治条例》、《企业职工伤亡

事故分类标准》等法规先后颁布。1994 年《中华人民共和国劳动法》的颁布对于保障劳动者的基本权益起到了极大的作用，与此同时，在职业安全卫生方面的立法工作也加快了步伐，颁布了一系列法律、规定，有力地推动了劳动安全卫生工作。

改革开放以来，我国各类型经济体制的企业竞相发展，尤其是非公有制经济的突飞猛进，为我国的经济腾飞做出了巨大的贡献。随着体制改革的不断深入，经济成分、经营方式、用工形式和生活方式都呈现多元化，私营、个体企业大量涌现，大批农民工进城务工，使安全管理及其监督监察的难度和复杂性加大。而经济增长速度加快和产业结构调整、工业规模扩张，工业就业人数急剧增加，给生产安全带来了许多新情况、新问题，与此同时，国家整体的生产安全基础显然很薄弱，因而事故隐患和危害日益严重。新兴产业的发展和技术的引进，亦使新的职业危害因素急剧增加。此外，城市建筑密度越来越大，人口密度越来越高，城市灾害事故的严重程度也在增加。但是，长期以来相关法律法规都是针对国有企业和县以上集体所有制企业的，原有法规已不能适应新形势的需要，员工安全健康管理工作也出现了不少问题。

除上述原因外，国家关于职业健康安全管理的基本方针、原则、监督管理制度和措施未能法制化、规范化，而有关责任追究的法律规定不具体或者处罚过轻。在经济利益挂帅的背景下，一些企业无视国家的有关规定，不配置必要的职业防护设施，不提供劳动保护用品，甚至恣意侵犯劳动者的职业健康权益。一些地方的领导片面追求当地的经济增长，追求"政绩"，对职业健康安全工作不重视，工作不到位，对企业存在的职业危害视而不见，放弃了"三同时"等监督的职责，放松了对企业的监督和对劳动者健康的保护。有的官员甚至与企业相互勾结，搞权钱交易，徇私枉法，为不具备职业健康安全管理条件的企业违法生产经营大开绿灯。

从全国安全生产形势看，2003 年以前，事故起数和死亡的总人数是上升的。例如，1995、1996 两年中，工矿企业因工伤事故死亡 390 099 人。1996 年矿山发生死亡 10 人以上重大事故 84 起，到 1997 年增至 102 起，相当于每 3 天发生一起死亡 10 人以上的重大事故，死亡总数达到 11 087 人。

2003 年开始，事故率略有下降。此间，国家颁布了一系列职业安全卫生相关法律法规，对扭转事故多发的严峻局面起到了极大的作用。这些法律法规包括：《中华人民共和国职业病防治法》（2002 年 5 月 1 日起实施）、《中华人民共和国安全生产法》（2002 年 11 月 1 日起施行）、《使用有毒物品作业场所劳动保护条例》等以及部门发布的规章和政策文件。

我国从新中国成立之初就对职业病防治工作十分重视。几十年来，我国职业安全卫生工作及法规建设从无到有，取得了很大的成绩。尤其是全民所有制的大中型工业企业，劳动条件得到了很大的改善；经济发达地区的部分乡镇企业，劳动条件有了不同程度的改善；一些管理规范的外资企业也把先进的职业安全健康管理理念带到了中国。劳动者的职业病防控在许多方面有了长足的进步，劳动者的健康水平有了很大的提高，其生产积极性也得到了很大的发挥。然而，与发达国家相比，我国的劳动卫生状况依然堪忧。例如，2005 年的不完全统计显示，当年我国的 25 个省级行政区报告新增职业病 5 247 例，有害作业厂矿职工总人数更是达到 15 727 021 人，其中接触有害作业人员 5 086 611 人。由此可见，我国的职业卫生现状依然十分严峻，职业病防治工作任重道远。一些劳动者，特别是刚刚从农民转为工人的劳动者，由于对职业危害的无知，缺乏自我保护意识。所有这些因素，直接导致了这一阶段我国职业病发病率的攀升。

我国安全生产资源保障水平较低。在活劳动的投入方面，科技部立项，中国职业安全健康协会主持，中国地质大学（北京）安全研究中心等单位承担的"安全小康社会发展战略目标研究"课题揭示，我国目前各级政府安全监察人员的万人（职工）配备率是 0.2，这一数字仅为美国的 1/10，英国的 1/7，日本的 1/6，德国的 1/16，意大利的 1/6。这种状况使得很多不符合安全生产条件的生产经营企业的安全生产监督不能到位。

近年来，党中央、国务院高度重视并不断加强职业安全卫生工作，进一步理顺了职业卫生监督管理体制，逐步健全和完善了职业卫生法规标准体系，加大了职业卫生投入，强化了职业安全卫生监督执法和职业危害事故查处工作，使广大劳动者的生产、工作、生活环境得到了改善，生命健康权益受到了更加充分的关注和保护。总的来说，我国职业安全卫生工作的整体水平明显提高，职业伤害的程度正在得到有效控制，劳动者的健康状况有了一定的好转。但随着经济的快速发展，当前我国的职业安全卫生形势还相当严峻。

3.3　中国企业员工安全健康管理

企业是社会大家庭的一个成员，同时又是生产的基本单位，因此，企业的安全生产是与国家的经济发展及职业安全卫生宏观管理紧密相连的。企业在搞好员工安全健康管理的同时，必须严格遵守国家的各项职业安全卫生法律法规。这些都是企业人力资源管理的主要任务。

我国职业安全卫生管理逐步形成了"国家监督—行业管理—企业负责—群众监督"体系。在安全生产管理体制中，企业负责是管理体制的基础，也是安全生产管理工作的出发点和落脚点。企业负责是对其本身的安全负责，是一种自我约束。企业内部的自我管理机制主要由法定代表人、安全管理机构、生产经营机构、职工代表大会或工会以及职工组成，但法定代表人在企业经营管理中起着决定性的作用。企业除建立内部安全生产管理规章制度并定期进行检查之外，还要接受主管部门的行业管理、安全生产部门的国家监察、工会及其他组织的群众监督，形成一个互相作用，互为补充的有机整体。

1953 年由中财委提出，1954 年由劳动部颁布的《关于厂矿企业编制安全技术劳动保护措施计划的通知》，把改善劳动条件的工作纳入国家和企业的生产建设计划中，使企业劳动条件的改善逐步走向计划化和制度化。1963 年 3 月 30 日国务院发布《关于加强企业中安全生产工作的几项规定》，规定了"五同时制度"[①]、安全生产责任制制度（规定企业单位各有关职能部门的安全生产责任、单位中劳动保护机构或专职人员的责任，并规定企业单位各生产小组应设置不脱产安全员）、安全教育制度（规定企业单位应该对职工进行劳动保护方针政策和专业安全技术知识教育，职工应自觉遵守安全生产规章制度）以及安全生产检查制度。各级管理人员和广大职工群众在安全生产的实践中亦总结和创建了许多好的管理经验。

随着市场经济体制的逐步建立，非公有制企业如雨后春笋般迅速崛起。非公有制经济由于其自身的局限性和对利润的盲目追求，造成了对工伤事故预防的忽视。与国有企业相比，相当多的私营企业、集体企业、合伙企业和股份制企业不具备基本的安全生产条件，在劳动保护方面往往缺乏严格的规章制度。例如，2005 年非公有制企业发生安全生产事故 6 313 起，死亡 8 064 人。而当年 68 起死亡人数超过 10 人的重特大事故中，发生在非公有制企业的有 47 起，占重特大事故总数的 70%。[②]

在不少私营企业中，老板为了能够赚到更多的钱，对于安全措施的投入少之又少，根本就没有什么安全保证的措施，工人在极度恶劣的环境中工作，安全得不到一点保障。而国有企业的情况也是良莠不齐，具体表现为有些大型的国有企业由于资金实力雄厚、观念比较领先，因此在安全保障措施方面做得很不错，但是有些中小型企业的安全保障设施早已过时，无法起到应有的保护作用。

与发达国家相比，我国小型工业企业数量及其工人数量占总数的比例都很高。在这些小型工矿企业中，实施职业安全卫生规程是极端困难的。工人对于一些劳动安全的法律法规及相关的法律知识知之甚少，自我保护意识很薄弱，也不知道自己在劳动关系中的权利，许多工人在不幸受到劳动伤害以后，不知道也没有能力拿起法律的武器去争取自己的权利，很多人直接与老板"私了"。

一些来华投资办厂的外资企业在使用中国廉价劳动力的同时，忽视员工的职业危害，如广东，福建等地曾经存在的制鞋厂、家具厂、玩具厂等"三来一补"工厂，劳动条件恶劣，劳动保护设施几乎全无，也不进行安全培训，很多年轻的民工每天被关在车间里工作 10 多个小时，他们的生命健康毫无保障。

企业职业健康安全管理责任制不健全或者不落实。许多企业安全技术装备老化、落后、带病运转，安全性能下降，抗灾能力差，不能及时有效地预防和

---

① "五同时制度"是指：企业单位各级领导人员在管理生产的同时，必须负责管理安全工作，认真贯彻执行国家有关劳动保护的法令和制度，在计划、布置、检查、总结、评比生产的同时，计划、布置、检查、总结、评比安全工作。

② 数据来源于国家安全生产监督管理总局副局长王德学在 2006 年非公有制中小企业安全监管工作会议上的讲话。

抵御事故灾害。经营者的成本观念与单纯追逐效益的不合理认识，使许多企业生产安全条件很差，生产工艺落后，安全设施和装置标准低，安全检测和监控技术水平低。与此同时，高危行业在我国GDP结构中所占比重偏大，如建筑业、采掘业、石油化工等高风险行业所占的比例均较大。由于银行贷款制度僵化以及利益驱使，很多中小型企业资金严重短缺，贷款困难，连维持再生产过程都很困难，因而很难在职业安全卫生（OSH）管理上增加更多的投入。此外，由于职业安全卫生投入未必都能立竿见影，其带来的无形收益和长远收益也很难为那些急功近利和短视的企业家所顾及。

企业是市场经济中的一个经济实体，其主要任务是为社会生产产品，然后从社会获得利润回报。但是，随着社会政治经济的发展，一方面，现代企业所承担的社会责任越来越大；另一方面，企业为了更好地获利，也需要更加关注员工。企业必须负起搞好安全生产的重任，在经营自主权扩大的同时，安全生产的责任也相应加重。各企业应建立安全生产责任制，在管生产的同时，必须搞好安全工作，这样才能达到责权利的相互统一。安全生产作为企业经营管理的重要组成部分，发挥着极其重要的保障作用。企业应自觉贯彻"安全第一，预防为主"的方针，做到四个必须：必须遵守安全生产的法律、法规和标准，根据国家有关规定，制定本企业安全生产规章制度；必须设置安全机构，配备安全管理人员对安全工作进行有效管理；必须提供符合国家安全生产要求的工作场所、生产设施，加强有毒有害、易燃易爆等危险品的管理；必须对特种作业进行安全资格考核，持证上岗等等。建立并强化有关人员安全管理制度，如安全活动制度、安全教育培训制度、安全奖惩制度、劳动组织制度等，加强对人员作业过程的监督管理。

根据《中华人民共和国安全生产法》，生产经营单位的主要负责人对本单位安全生产工作负有下列职责：建立、健全本单位安全生产责任制；组织制定本单位安全生产规章制度和操作规程；保证本单位安全生产投入的有效实施；督促、检查本单位的安全生产工作，及时消除生产安全事故隐患；组织制定并实施本单位的生产安全事故应急救援预案；及时、如实报告生产安全事故。

企业必须提供符合国家安全生产要求的工作场所、生产设施，加强有毒有害、易燃易爆等危险品的管理；《中华人民共和国职业病防治法》规定，用人单位应当设置或者指定职业卫生管理机构或者组织，配备专职或者兼职的职业卫生专业人员，负责本单位的职业病防治工作；制定职业病防治计划和实施方案；建立、健全职业卫生管理制度和操作规程。

员工安全健康管理的主要内容有以下方面：

（1）应用安全生产技术。科技创新、改革工艺流程，不仅可以大大提高生产效率及产品质量，从而提高企业经济效益，而且可以减轻员工劳动强度（生理的与心理的），促进安全生产。《中华人民共和国安全生产法》明确规定，生产经营单位应当具备的安全生产条件所必需的资金投入，由生产经营单位的决策机构、主要负责人或者个人经营的投资人予以保证，并对由于安全生产所必需的资金投入不足导致的后果承担责任。

（2）合理规定劳动时间。企业的生产时间安排应该更为科学合理，除了必要的加班外，管理者应严格遵守国家相关规定，充分利用生产和工作时间进行积极的、创造性的劳动活动。严禁加班加点，同时，规定一定的工间休息，不仅可以很好地保护员工的身心健康，而且可以预防职业病和工伤事故的发生，使企业有计划地生产。

（3）工作场所符合国家安全卫生标准。《中华人民共和国安全生产法》、《中华人民共和国职业病防治法》及其他国家标准或者行业标准都给出了保障员工安全健康的工作场所职业安全卫生的标准，用人单位必须严格遵守。例如：工作地布局，化学危险品的存放、保管、使用、运输等，都应遵守相关规定。涉及生命安全、危险性较大的特种设备，以及危险物品的容器、运输工具，必须按照国家有关规定，必须由专业生产单位生产，由取得专业资质的检测检验机构检测、检验合格，取得安全使用证或者安全标志，方可投入使用。对产生严重职业病危害的作业岗位，应当在其醒目位置，设置警示标识和中文警示说明。警示说明应当载明产生职业病危害的种类、后果、预防以及应急救治措施等内容。对可能发生急性职业损伤的有毒、有害工作场所，用人单位应当设置报警装置，配置现场急救用品、冲洗设备、应急撤离通道和必要的泄险区。

（4）制定严格的安全健康管理制度。员工安全健康管理最终需要员工来落实。因此，企业需要建立严格的安全健康管理制度，建立、健全职业卫生档案和劳动者健康监护档案；建立、健全工作场所职业病危害因素监测及评价制度；建立、健全职业病危害事故应急救援预案。有职业病目录所列职业病危害项目的，应当及时、如实向卫生行政部门申报，接受监督。对产生严重职业病危害的作业岗位，应当在其醒目位置，设置警示标识和中文警示说明。警示说明应当载明产生职业病危害的种类、后果、预防以及应急救治措施等内容。进行定期检测、评估、监控，并制定应急预案，告知员工危险及危害物风险。企业和员工均应遵守并享受国家法律法规规定的义务与权利。必须采用有效的职业病防护设施，并为劳动者提供个人使用的职业病防护用品。企业应定期为员工进行体检，为劳动者建立职业健康监护档案。

我国自 20 世纪 50 年代就已形成的企业安全管理制度还是卓有成效的，多数企业不仅仍在实行，而且根据国家新的法律法规做了进一步的改进：

1）安全生产责任制度。这是企业岗位责任制的组成部分，是企业中最基本的一项安全制度，也是企业安全健康管理制度的核心之一。建立和贯彻安全生产责任制，应首先提高用人单位各级领导人员的安全生产意识，正确理解安全与生产、安全与经济效益的关系。

2）劳动保护措施计划制度。亦称安全技术措施计划，是企业生产财务计划的组成部分，是企业有计划地改善生产劳动条件，防止工伤事故和职业病，保障员工健康安全的一项重要措施。企业一般应该在每年第三季度开始编制下年度的劳动保护措施计划。

3）宣传教育制度。这是员工安全健康管理制度的一项重要内容。《中华人民共和国安全生产法》规定，生产经营单位的主要负责人和安全生产管理人员必须具备与本单位所从事的生产经营活动相应的安全生产知识和管理能力。《中华人民共和国职业病防治法》亦规定，用人单位的负责人应当接受职业卫生培训，遵守职业病防治法律、法规，依法组织本单位的职业病防治工作。

相关法律法规还明确规定，生产经营单位应当对从业人员进行安全生产教育和培训，保证从业人员具备必要的安全生产知识，熟悉有关的安全生产规章制度和安全操作规程，掌握本岗位的安全操作技能。未经安全生产教育和培训合格的从业人员，不得上岗作业。宣传教育的内容包括：思想政治教育（员工安全意识和劳动纪律教育）、国家安全生产方针政策教育、一般生产安全技术知识和专业安全技术知识教育、安全技能培训以及典型经验和事故教训的教育。宣传教育的形式可以包括：三级教育、经常性教育、特种作业人员专门培训、劳动保护教育室展览等。

4）安全生产检查制度。这也是员工安全健康管理制度的一项重要内容。它既包括企业本身对生产活动中的安全卫生工作进行经常性的检查，也包括各级相关部门的定期性检查。

5）伤亡事故报告与统计制度。《中华人民共和国职业病防治法》规定，发生或者可能发生急性职业病危害事故时，用人单位应当立即采取应急救援和控制措施，并及时报告所在地卫生行政部门和有关部门。卫生行政部门接到报告后，应当及时会同有关部门组织调查处理；必要时，可以采取临时控制措施。《中华人民共和国安全生产法》亦规定，生产经营单位发生生产安全事故后，事故现场有关人员应当立即报告本单位负责人。单位负责人接到事故报告后，应当迅速采取有效措施，组织抢救，防止事故扩大，减少人员伤亡和财产损失，并按照国家有关规定立即如实报告当地负有安全生产监督管理职责的部门，不得隐瞒不报、谎报或者拖延不报，不得故意破坏事故现场、毁灭有关证据。

6）个体防护措施。为保障员工健康安全，除上述措施外，生产经营单位还应根据法律规定为危险及危害作业场所工作人员提供个体防护用品。如《中华人民共和国安全生产法》规定，生产经营单位必须为从业人员提供符合国家标准或者行业标准的劳动防护用品，并监督、教育从业人员按照使用规则佩戴、使用。《中华人民共和国职业病防治法》亦规定，用人单位必须采用有效的职业病防护设施，并为劳动者提供符合防治职业病要求的个体防护用品。

附录 3—1　澳大利亚 AS1470—1986《职业卫生与安全——原则与实践》

该标准由"澳大利亚标准协会"工业安全委员会制订，最初于 1954 年颁布，1973 年以 AS1470—1973《工业安全总则法》出版，1986 年以 AS1470—1986《职业安全卫生——原则与实践》再版后实施至今。该标准之所以在 AS1470—1973《工业安全总则法》

的基础上再版，是由于自1973年以来，安全管理中出现了许多新的发展态势，如：管理职能在导致个人长期伤害的环境（强噪声等）的控制、生产安全、车辆安全、减轻工业生产对环境的影响、火灾预防和控制等方面的扩大。安全管理作用和职能的最新发展，要求相关人员具有人机工程学、工业卫生学、系统安全以及损失控制等专业的有关知识。与英国标准BS8800不同的是，该澳大利亚标准全面考虑了为确保工作中的卫生与安全所必须达到的各个方面的要求。标准中提供的并不是西方管理的PDCA模式，而是在具体的职业安全卫生管理中所应做的所有工作。

该标准的性质是建议性的，其目的是提供确保从业人员卫生和安全的工作环境。标准中把安全卫生视为整体工作的组成部分，使所有工作任务都能在没有人身危害或财产损坏的情况下准时、高效地完成，并反映了与职业安全卫生有关的三个主要方面，即伦理和道德、法律、经济等。该标准主要包含以下内容：

1. 责任

雇主、员工、政府、行业协会和工会都对建立、改善和保持卫生、安全的工作环境起着重要的作用。雇主应通过制定OHS政策、提供防护服等必要的防护措施、就职能和能力对各级员工提供培训、紧急救援和定期检查等措施，为员工提供和保持安全而卫生的工作环境；员工应在完成雇主任务的过程中，遵守已制定的安全卫生规定、程序等；政府应为促进工作场所的工作环境质量提高及保证工人的安全卫生制定相应的法律、法规，并通过完善监察制度有效地付诸实施；工会有责任与政府、雇主和行业协会合作，帮助其制定职业安全与卫生预防策略。此外，设计方、制造方、进口方和供应方及行业协会都对确保工作场所中的安全与卫生负有责任。

2. 原则与技术

安全卫生工作的主要目的是避免人身与财产损害，促进工作场所中人们的卫生、安全与健康。良好的职业安全卫生状况只有通过企业内各部门的通力合作方能达到。为此，通常采用的技术包括：有关部门中有关信息的收集，根据以往经验对人身与财产损害的预报，确定工作中要解决的重点问题及可能造成事故的因素，因素变化时的调整过程，信息沟通的渠道及因素变化时对变化结果的测定等。

3. 管理策略

一个企业职业安全与卫生工作的成功，需要企业所有成员齐心协力。企业可以采取制定减少危险源的预防措施，规定一线管理者的有关职责，并寻求企业外部有关专家的咨询等策略。

4. 组织安排

每个企业都应该制定职业安全卫生政策，使各级管理者知道其在保持工作场所安全卫生中应负的责任，就定期检查、工作分析、安全措施与程序等方面制定活动计划。在每个工作场所成立安全委员会，还应从员工中选择和任命安全代表。企业内部要建立通畅的、包括正式活动和非正式活动等方式的信息沟通渠道，制定工作标准和目标紧急计划等。

5. 人事安排

企业应根据工作任务规定各类人员的工作能力标准，并施以相应的培训，以确保其工作任务的完成。

6. 职业卫生服务

企业有义务根据雇佣的人数及工作方式组织所必需的职业卫生服务。提供服务的人员可以是职业医生、职业卫生专家、职业理疗专家、人机工程学家等有关人员，但必须具备相应的能力。在大型企业中，服务还须包括对全体人员的职业健康、职业卫生、职业护理及人机工程学方面的三级正规培训。

7. 工作场所与工作环境

雇主应按标准规定提供机器设备及安全的工作方法。由于很多工人的生活大部分是在工作环境中度过的，因此，雇主需努力创造并维持安全且卫生的工作环境。为做到这一点，通常需要考虑环境的影响因素及为工作人员提供必要的个人福利设施等。

8. 机器、设备和装置

雇主应尽可能保证正确使用机器、设备和装置时是安全的、没有危险的，这就需要在机器设备的设计与采购、安装、交工试运转及验收、操作、维修等过程中进行危险分析。

9. 材料的存储与搬运

要在材料的存储、堆放、搬运等过程中，做到安全操作。

10. 有害化学物质控制

化学物质广泛应用于现代工业生产，因此要了解各种化学物质的毒性，并在生产、使用、存放化学物质场所的选址、建筑物设计等环节考虑到职业安全卫生问题。

11. 火灾与爆炸

要了解一些引起火灾与爆炸的因素，识别有关危害，制定预防措施，设置消防设备并拟定紧急疏散程序。

12. 车辆操作

要把工作场所的车辆管理纳入计划，以最大限度地减少因此造成的人员伤害和财产损失。按照制定管理政策、选择合格的驾驶员、施以相应培训、记录车辆维修情况、记录行车事故等程序，实施车辆操作。

13. 个体防护用品

雇主应为员工选择并配备适当的个体防护用品，并指导员工正确使用。雇主还应设置应急防护用品，以便发生紧急情况时使用。

附录 3—2　《中华人民共和国矿山安全法》中关于用人单位职责义务的规定

第三条　矿山企业必须具有保障安全生产的设施，建立、健全安全管理制度，采取有效措施改善职工劳动条件，加强矿山安全管理工作，保证安全生产。

第七条　矿山建设工程的安全设施必须和主体工程同时设计、同时施工、同时投入生产和使用。

第八条　矿山建设工程的设计文件，必须符合矿山安全规程和行业技术规范，并按照国家规定经管理矿山企业的主管部门批准；不符合矿山安全规程和行业技术规范的，不得批准。

矿山建设工程安全设施的设计必须有劳动行政主管部门参加审查。

矿山安全规程和行业技术规范，由国务院管理矿山企业的主管部门制定。

第九条 矿山设计下列项目必须符合矿山安全规程和行业技术规范：

（一）矿井的通风系统和供风量、风质、风速；

（二）露天矿的边坡角和台阶的宽度、高度；

（三）供电系统；

（四）提升、运输系统；

（五）防水、排水系统和防火、灭火系统；

（六）防瓦斯系统和防尘系统；

（七）有关矿山安全的其他项目。

第十条 每个矿井必须有两个以上能行人的安全出口，出口之间的直线水平距离必须符合矿山安全规程和行业技术规范。

第十一条 矿山必须有与外界相通的、符合安全要求的运输和通讯设施。

第十二条 矿山建设工程必须按照管理矿山企业的主管部门批准的设计文件施工。

矿山建设工程安全设施竣工后，由管理矿山企业的主管部门验收，并须有劳动行政主管部门参加；不符合矿山安全规程和行业技术规范的，不得验收，不得投入生产。

第十三条 矿山开采必须具备保障安全生产的条件，执行开采不同矿种的矿山安全规程和行业技术规范。

第十四条 矿山设计规定保留的矿柱、岩柱，在规定的期限内，应当予以保护，不得开采或者毁坏。

第十五条 矿山使用的有特殊安全要求的设备、器材、防护用品和安全检测仪器，必须符合国家安全标准或者行业安全标准；不符合国家安全标准或者行业安全标准的，不得使用。

第十六条 矿山企业必须对机电设备及其防护装置、安全检测仪器，定期检查、维修，保证使用安全。

第十七条 矿山企业必须对作业场所中的有毒有害物质和井下空气含氧量进行检测，保证符合安全要求。

第十八条 矿山企业必须对下列危害安全的事故隐患采取预防措施：

（一）冒顶、片帮、边坡滑落和地表塌陷；

（二）瓦斯爆炸、煤尘爆炸；

（三）冲击地压、瓦斯突出、井喷；

（四）地面和井下的火灾、水害；

（五）爆破器材和爆破作业发生的危害；

（六）粉尘、有毒有害气体、放射性物质和其他有害物质引起的危害；

（七）其他危害。

第十九条 矿山企业对使用机械、电气设备，排土场、矸石山、尾矿库和矿山闭坑后可能引起的危害，应当采取预防措施。

第二十条 矿山企业必须建立、健全安全生产责任制。

矿长对本企业的安全生产工作负责。

第二十一条　矿长应当定期向职工代表大会或者职工大会报告安全生产工作，发挥职工代表大会的监督作用。

第二十二条　矿山企业职工必须遵守有关矿山安全的法律、法规和企业规章制度。

矿山企业职工有权对危害安全的行为，提出批评、检举和控告。

第二十三条　矿山企业工会依法维护职工生产安全的合法权益，组织职工对矿山安全工作进行监督。

第二十四条　矿山企业违反有关安全的法律、法规，工会有权要求企业行政方面或者有关部门认真处理。

矿山企业召开讨论有关安全生产的会议，应当有工会代表参加，工会有权提出意见和建议。

第二十五条　矿山企业工会发现企业行政方面违章指挥、强令工人冒险作业或者生产过程中发现明显重大事故隐患和职业危害，有权提出解决的建议；发现危及职工生命安全的情况时，有权向矿山企业行政方面建议组织职工撤离危险现场，矿山企业行政方面必须及时作出处理决定。

第二十六条　矿山企业必须对职工进行安全教育、培训；未经安全教育、培训的，不得上岗作业。

矿山企业安全生产的特种作业人员必须接受专门培训，经考核合格取得操作资格证书的，方可上岗作业。

第二十七条　矿长必须经过考核，具备安全专业知识，具有领导安全生产和处理矿山事故的能力。

矿山企业安全工作人员必须具备必要的安全专业知识和矿山安全工作经验。

第二十八条　矿山企业必须向职工发放保障安全生产所需的劳动防护用品。

第二十九条　矿山企业不得录用未成年人从事矿山井下劳动。

矿山企业对女职工按照国家规定实行特殊劳动保护，不得分配女职工从事矿山井下劳动。

第三十条　矿山企业必须制定矿山事故防范措施，并组织落实。

第三十一条　矿山企业应当建立由专职或者兼职人员组成的救护和医疗急救组织，配备必要的装备、器材和药物。

第三十二条　矿山企业必须从矿产品销售额中按照国家规定提取安全技术措施专项费用。安全技术措施专项费用必须全部用于改善矿山安全生产条件，不得挪作他用。

第三十六条　发生矿山事故，矿山企业必须立即组织抢救，防止事故扩大，减少人员伤亡和财产损失，对伤亡事故必须立即如实报告劳动行政主管部门和管理矿山企业的主管部门。

第三十八条　矿山企业对矿山事故中伤亡的职工按照国家规定给予抚恤或者补偿。

第三十九条　矿山事故发生后，应当尽快消除现场危险，查明事故原因，提出防范措施。现场危险消除后，方可恢复生产。

附录3—3 《工伤保险条例》中关于用人单位职责义务的规定

第二条 中华人民共和国境内的企业、事业单位、社会团体、民办非企业单位、基金会、律师事务所、会计师事务所等组织和有雇工的个体工商户（以下称用人单位）应当依照本条例规定参加工伤保险，为本单位全部职工或者雇工（以下称职工）缴纳工伤保险费。

中华人民共和国境内的企业、事业单位、社会团体、民办非企业单位、基金会、律师事务所、会计师事务所等组织的职工和个体工商户的雇工，均有依照本条例的规定享受工伤保险待遇的权利。

第四条 用人单位应当将参加工伤保险的有关情况在本单位内公示。

用人单位和职工应当遵守有关安全生产和职业病防治的法律法规，执行安全卫生规程和标准，预防工伤事故发生，避免和减少职业病危害。

职工发生工伤时，用人单位应当采取措施使工伤职工得到及时救治。

第七条 工伤保险基金由用人单位缴纳的工伤保险费、工伤保险基金的利息和依法纳入工伤保险基金的其他资金构成。

第十条 用人单位应当按时缴纳工伤保险费。职工个人不缴纳工伤保险费。

用人单位缴纳工伤保险费的数额为本单位职工工资总额乘以单位缴费费率之积。

对难以按照工资总额缴纳工伤保险费的行业，其缴纳工伤保险费的具体方式，由国务院社会保险行政部门规定。

第十七条 职工发生事故伤害或者按照职业病防治法规定被诊断、鉴定为职业病，所在单位应当自事故伤害发生之日或者被诊断、鉴定为职业病之日起30日内，向统筹地区社会保险行政部门提出工伤认定申请。遇有特殊情况，经报社会保险行政部门同意，申请时限可以适当延长。

用人单位未按前款规定提出工伤认定申请的，工伤职工或者其近亲属、工会组织在事故伤害发生之日或者被诊断、鉴定为职业病之日起一年内，可以直接向用人单位所在地统筹地区社会保险行政部门提出工伤认定申请。

按照本条第一款规定应当由省级社会保险行政部门进行工伤认定的事项，根据属地原则由用人单位所在地的设区的市级社会保险行政部门办理。

用人单位未在本条第一款规定的时限内提交工伤认定申请，在此期间发生符合本条例规定的工伤待遇等有关费用由该用人单位负担。

第二十三条 劳动能力鉴定由用人单位、工伤职工或者其近亲属向设区的市级劳动能力鉴定委员会提出申请，并提供工伤认定决定和职工工伤医疗的有关资料。

□ 本章小结

在职业健康安全问题日益严重的背景下，发达国家对职业健康安全方面的法律规定日趋严格，强调对人员安全的保护。本章分别介绍了一些国家在控制和减少事故，保障员工安全健康方面的做法，同时也介绍了一些企业的具体手段，其中有很多是可借鉴的。

新中国成立 60 多年来，在党中央和国务院的关怀和领导下，我国的职业安全卫生立法工作发展迅速，取得了很大的成绩，但也经历了风雨。本章在介绍中国的情况时，从宏观角度介绍了一些职业安全卫生法律法规，同时亦从微观的角度讨论介绍了我国企业员工安全健康管理的现状，包括控制和减少事故，保障员工安全健康管理的手段以及一些企业的具体做法。

□ **思考题**

1. 你认为发达国家员工安全健康管理经验中有哪些值得借鉴？
2. 请简要介绍并分析我国员工安全健康管理的宏观环境。
3. 你认为我国企业员工安全健康管理存在的主要问题是什么？

案　例

案例 3—1　美国加利福尼亚州高温疾病预防措施

加利福尼亚州是美国拥有联邦通过并认可的职业安全与健康（Occupational Safety and Health，OSHA）计划的 26 个州或地区之一。加州职业安全与健康（Cal/OSHA）项目最初于 1973 年 4 月由联邦 OSHA 通过，并于 1977 年 8 月获得联邦认证完成所有发展步骤。Cal/OSHA 是美国拥有州层级工作场所安全与健康标准的三个州项目之一，其标准在反映联邦项目标准变化的同时对联邦规定保护水平加以扩大。

为了对原本的高温疾病预防标准（T8 CCR 3395）进行完善，加州职业安全与健康标准委员会（Occupational Safety and Health Standards Board，OSHSB）于 2006 年 4 月 20 日召开公众听证会，听取来自各方的意见，该委员会在加州产业关系部（The Department of Industrial Relations，DIR 亦称 Cal/OSHA）的要求下于 2010 年修正高温疾病预防标准，用于保护劳动者免于高温疾病风险。加州高温疾病预防法规中对该标准的适用范围，高温疾病的定义，提供饮水、提供遮荫，发现高温疾病后的处理方式，以及培训等方面作出了详细的规定。其中，该标准适用范围包括农业、建筑业、环卫、炼油业、交通或农产品、建筑材料及其他大型材料（如家具、木材、橱柜及其他工业材料）的运输业，但是不包括有空调工作环境的情况，也不包括装卸工。

除了监督执行各类法律、法规外，Cal/OSHA 的一大主要职能是进行培训。Cal/OSHA 依照现行标准的规定对雇主及员工分别开发了培训项目。包括饮水、遮荫、天气监测以及高温疾病的处理手段等。[①]

[讨论题]

你从上述案例中学到了什么？

---

① 毛艾琳：《让高温作业人员不再"受伤"——美国加州职业安全与健康部对高温疾病的防护措施》，载《现代职业安全》，2012（3）。

案例 3—2 中国××公司员工健康与安全相关规定

1. 员工健康与安全

1.1 公司遵守有关法律法规，为你提供安全的工作环境。

1.2 工作期间请遵守劳动纪律，认真执行安全生产规章制度和操作规程，服从管理，正确佩戴和使用劳动防护用品，阻止他人违章作业。

1.3 你需要学习必要的急救知识，接受必要的安全生产教育和培训，掌握本职工作所需的安全生产知识，提高安全生产技能，增强事故预防和应急处理能力，对安全生产工作提出合理化建议。

1.4 你有权拒绝接受上司的违章指挥和强令冒险作业，但应及时向更上一级管理者反映。

1.5 如发现直接危及人身安全的紧急情况时，你有权停止工作或者在采取可能的应急措施后撤离工作场所，但在停止工作或安全撤离后应立即向直接上司汇报。

1.6 公司不主张你以牺牲个人健康为代价承担超出你个人能力之外的工作。如果你感觉力不从心，请及时与你的上司沟通，共同商讨解决之策。

2. 灾害天气安全措施

2.1 出现台风警报时，根据××市政府有关规定，公司将采取以下安全措施：

(1) 职员若在上班时间之前接到当地媒体发布的黑色暴雨信号、红色台风信号或黑色台风信号，请及时与集团人力资源部或本单位办公室联系，也可以直接拨打所在单位公布的抗灾应急热线电话，在获得批准后，可以不用上班。如在下午 1 时前黑色暴雨信号取消、红色台风信号取消或降为黄色台风信号，请立即返回工作岗位。

(2) 职员在工作时间内接到黑色暴雨信号、红色台风信号或黑色台风信号时，应停留在室内或安全场所避险。正在从事外勤工作的职员应立即前往安全地带。

(3) 在灾害气象条件下坚守工作岗位的职员，在人身安全面临危险时，应撤离至安全地带。保管公司财产的职员，在接到预警信号后应立即采取有效措施保护公司财产的安全；但当人身安全面临危险时，应首先确保人身安全。

(4) 在正常办公时间之前（或时间内）显示黑色暴雨信号、红色台风信号或黑色台风信号时，公司抗灾应急指挥小组应提前 1 小时到达指挥位置，及时下达有关注意事项及处置紧急情况。

2.2 各地公司可根据当地实际情况及政府有关规定，参照制定应对台风、暴雨、地震、高温、暴风雪等灾害的安全措施。

资料来源：http://www.vanke.com/main/ygsc/jiankanganquan.htm，2009 年 8 月 21 日。

[讨论题]

该公司的这些规定是否可以很好地保障并促进员工安全健康？请试着做一个新的安全健康管理规定。

第 **4** 章
员工安全管理

➤ **我需要知道什么？**

阅读完本章之后，你应当能够了解：

- 生产作业安全风险
- 风险管理理论
- 事故预防与控制

国际劳工组织 2002 年 5 月发表的公告称：全球每年发生工伤事故 2.7 亿起，其中造成人员死亡的有 36 万起，大约有 1.2 万名童工在这些事故中丧生。职业伤害给职工本人、家庭、企业和社会造成了巨大的经济损失。仅计算用于受伤职工本人的缺勤补偿、治疗费用、残疾的护理及康复费用、抚恤费用，就占到国内生产总值（GDP）的 0.4%～0.6%。在发展中国家，工伤死亡率相对更高。美国对工伤受害者的流行病学分析表明，绝大多数工伤是可预防的。因此，许多国家都是政府、用人单位与劳动者携手合作，为减少或消除事故、保障劳动者安全与健康而共同努力。

目前我国还是制造业大国，尽管我国正在进行新一轮的产业结构调整，但仍有相当数量的企业属于以机械生产为主的第二产业，故本章介绍这类企业的安全管理，而针对白领或第三产业、第四产业的安全健康管理，则另章处理。

4.1 生产作业安全风险

安全管理中首先要研究危及安全的各类危险源，即研究潜在的能导致人身伤害或有损健康以及财产损失的事物或状态，也包括有潜在破坏性的能量；然后根据风险控制理论与技术研究如何加强安全管理。本节主要从动力作业事故风险、电气安全以及建筑、煤矿等高危产业事故风险以及涉及人机系统中的事故风险进行分析。

4.1.1 动力作业安全风险

企业的动力设备一般包括各类泵、风机、真空泵、空调、制冷设备、空气压缩设备、柴油发电机组、锅炉等,这些设备是现代化企业生产经营活动中的重要技术装备,构成了企业生产经营活动的必要条件。同时,由于动力系统具有危险性大、连续性强、影响面宽和一旦发生事故损失严重的特点,给企业和员工带来了一些不安全因素,甚至导致人员伤亡和财产损失。加强生产设备的安全管理,确保其安全可靠,不仅可克服物的不安全状态,而且可以保障职工的安全和健康,使企业的财产免受损失,从而提高企业的经济效益。因此,提高动力设备的安全性,防止或减少动力设备伤害事故,已经成为当今世界各国的人们共同关心的问题。

1. 冷加工伤害事故的风险类别

冷加工伤害事故包括:刺割伤;物体打击;绞伤、轧伤等伤害事故;划伤、烫伤事故;操作者与机床相碰撞引起的碰伤、撞伤等事故;工作地不符合卫生标准所致的滑倒或跌倒事故以及其他事故,例如切削液对皮肤的损害;噪声、振动、粉尘等对人体的危害;电绝缘不良引起的触电事故;等等。

2. 热加工伤害事故的风险类别

热加工伤害事故包括:烫冻伤;喷溅伤;砸碰伤;冲刺剪伤以及眼障碍等。此外,还可能由于生产环境中有害物理因素或化学因素等而造成火灾、爆炸或产生某些职业病,主要包括火灾、爆炸、工业中毒、放射线、热辐射、噪声、振动、触电事故、静电放电、空气污染以及水质污染等。

违章操作害死人

事故概况

2002 年 2 月 27 日,在上海某基础公司总承包的轨道交通某车站工程工地上,分承包单位进行桩基旋喷加固施工。上午 5 时 30 分左右,1 号桩机(井架式旋喷桩机)机操工王某,辅助工冯某、孙某三人在 C8 号旋喷桩桩基施工时,辅助工孙某发现桩机框架上部 6 米处油管接头漏油,在未停机的情况下,由地面爬至框架上部去排除油管漏油故障(桩机框架内径 650mm×350mm)。由于天雨湿滑,孙某爬上机架后不慎身体滑落框架内档,被正在提升的内压铁挤压受伤,事故发生后,地面施工人员立即爬上桩架将孙某救下,并送往医院急救。经抢救无效,孙某于当日 7 时死亡。

原因分析

1. 直接原因

辅助工孙某在未停机的状态下，擅自爬上机架排除油管漏油故障，因天雨湿滑，身体滑落井架式桩机框架内档，被正在提升的内头压铁挤压致死。孙某违章操作，是造成本次事故的直接原因。

2. 间接原因

(1) 机操工王某，作为 C8 号旋喷桩机的机长，未能及时发现异常情况并采取相应措施。

(2) 总承包单位对分承包单位日常安全监控不力，安全教育深度不够，并且对分承包单位施工超时作业未及时制止，对分承包队伍现场监督管理存在薄弱环节。

3. 主要原因

分承包项目部对现场安全管理落实不力，对职工安全教育不力，安全交底和安全操作规程未落到实处；施工人员工作时间长（24 小时分两班工作）造成施工人员身心疲劳、反应迟缓，是造成本次事故的主要原因。

资料来源：宜宾市建设工程质量安全监督网，http://www.yibin.gov.cn/。

4.1.2 电气安全风险

生产的大型化、机械化使得生产过程中的用电几率大大增高，电气事故也有增多的可能性。电气事故包括电流、电磁场对人体的伤害，电气火灾，爆炸，雷击及异常停电等事故，如人体接触裸露的临时线或接触带电设备的金属外壳，触摸漏电的手持电动工具，以及触电后坠落和雷击等事故。此外，还包括某些电路故障造成的建筑设施、电气设备的损坏及人员伤亡，以及由此引起的火灾及爆炸。随着科学技术的飞速发展，静电造成的危害也日益引起人们的重视。

电力作业违章受伤残

事故经过

2011 年 8 月 3 日 17 时许，某公司炼钢厂天车车间电工王某，在炼钢厂东耐火库距地面约 7 米高的电动葫芦端梁上检修拖缆线时，不慎触电后失去平衡坠落，造成其右腿骨折。

原因分析

1. 电工王某在高空进行电气检修作业时未系安全带，是导致本起事故发生的直接原因。

2. 王某在无人监护的情况下带电作业，是导致本起事故发生的主要原因。

3. 工段长对本单位员工的安全疏于管理，安全"五同时"执行不到位，违反电工操作规程，在明知王某一人进行电气检修作业的情况下未进行互联互保提醒，是造成事故的又一原因。

4. 单位领导对员工安全教育不够，平时对员工安全管理不到位，致使员工违章作业，是造成本起事故的主要管理原因。

4.1.3 起重设备安全风险

起重机械是用来对物料进行起重、运输、装卸和安装等作业以及对人员进行垂直输送的机械设备的总称。起重机械以间歇、重复的工作方式，通过起重吊钩或其他吊具起升、下降或升降与运移重物。起重事故指从事起重作业时引起的伤害事故。如在起重作业中，脱钩砸人，移动吊物撞人，钢丝绳断裂，安装或使用过程中倾覆事故以及起重设备本身有缺陷等。起重机械在我国国民经济各部门发挥着巨大作用，而且随着经济建设的不断发展，起重机械的应用也越来越广泛，尤其是冶金、建筑、航运等部门对起重机械的需求量很大。起重机械属于特种设备的范畴，由于它具有一定的起升高度、跨度、幅度和较大的荷载，而且靠钢丝绳和取物装置进行吊挂，人—机—环境系统较为复杂，客观上存在许多不安全因素。目前，在我国的大中城市中，起重事故死亡人数占全部生产事故死亡人数的 $5\%\sim10\%$，有的部门和地方高达 20%，甚至更高。

起重机械设备事故

事故经过

2001 年 7 月 17 日，在某造船工地，由某建筑工程公司等单位承担安装的 600 吨龙门起重机在吊装主梁过程中发生倒塌事故，造成 36 人死亡，3 人受伤，直接经济损失达 8 000 多万元。

事故原因

刚性腿在缆风绳调整过程中受力失衡是事故的直接原因；施工作业中违规指挥是事故的主要原因；吊装工程方案不完善、审批把关不严是事故的重要原因；施工现场缺乏统一严格的管理，安全措施不落实是事故伤亡扩大的原因。

事故教训

工程施工必须坚持科学的态度，严格按章办事，坚决杜绝有章不循、违章指挥、凭经验办事和侥幸心理；必须落实建设项目各方的安全责任，强化建设工程中外来施工队伍的管理；要重视和规范高等院校参加工程施工时的安全管理，使产、学、研的结合走上健康发展的轨道。

4.1.4　焊接安全风险

焊接是指用不同的方法，通过加热、加压或两者兼施，使两块金属的连接表面变成塑性态或液态，从而结合在一起。焊接操作属于特殊工种。焊接有采用加热方法的，如铝热焊、气焊、电弧焊、气电焊、等离子焊等；有采用加压方法的，如冷压焊、爆炸焊等；还有采用加压同时加热方法的，如锻焊、接触焊、摩擦焊、气体压焊等。

在焊接过程中，如果焊接设备不完善或违反操作规程，就可能造成爆炸和火灾事故，并且存在触电危险。火星、溶珠和铁渣四处飞溅，也很容易造成灼烫事故。

目前广泛应用于生产的各种焊接方法，在操作过程中都会产生某些有害因素，通常包括：电焊烟尘可导致焊工尘肺、锰中毒、焊工金属热（焊工金属烟热）；弧光辐射可致电光性眼炎、红外线白内障，还可对皮肤造成一定的损害，如引起皮炎、红斑等；焊接的有害气体（如臭氧、氮氧化物、一氧化碳、氟化氢以及其他化学性有毒气体），均可引起支气管炎和肺水肿等疾病以及眼、鼻及呼吸道粘膜充血、溃疡，还可造成焊工中毒。焊接作业中，还会遇到其他有害因素，如高频电磁场、噪声、射线等，可危害焊工健康，引起神经衰弱、植物神经功能紊乱、听觉器官中枢神经系统的损害以及造血器官和消化系统疾病，甚至发生放射病。

氧气挪作他用，发生严重烧伤事故

1995 年夏天，某电厂一名参加工作不久、经考核刚取得电力 Ⅲ 类证的焊工，参加机组大修时在冷灰斗内同时放置了电焊工具（电焊线）和火焰切割工具（氧气乙炔胶管），当时天气炎热，工间休息时该焊工在冷灰斗内打开割枪的高压氧阀门，用高速流出的氧气来降温，之后关掉割枪阀门，爬出冷灰斗休息。当再次进入冷灰斗内开始电焊工作时，电焊钳上的电焊条刚一接触起弧，就发生了爆炸着火，造成焊工背部大面积烧伤。

烧伤事故的直接原因是，在容器狭小的空间内，由于直接打开割枪的氧气高压阀门释放了氧气，使氧气和空气的混合比例达到了爆炸极限，电焊接触起弧产生的明火直接引爆了混合气体。

资料来源：机电之家，http：//www.jdzj.com/diangong/article/2010-12-7/23203-1.htm。

4.1.5　锅炉及压力容器安全风险

锅炉是一种利用燃料燃烧或电能把水加热产生蒸汽或热水以供外界使用的机械设备。锅炉的使用极为广泛。锅炉部件承受一定的温度和压力，接触腐蚀性介质，易于损坏并发生事故。如锅炉爆炸，它指固定或承压锅炉发生物理性爆炸事故，锅炉爆炸往往造成灾难性的后果。由于锅炉的设计、制造、使用的问题，在运行中会发生各类事故。大致可分三大类：爆炸事故、重大事故（包括缺水事故、满水事故、炉膛爆炸及水击事故等）和一般事故。

美国锅炉与压力容器事故

美国锅炉、压力容器事故统计是从 1991 年开始进行的。美国国家锅炉压力容器检查协会（NB）在每年的夏季公报上公布上一年度事故统计报告。这些数据是 NB 从各成员单位的监管机构以及制造检查机构填报的锅炉、压力容器事故报告中统计整理得到的。根据事故产生的原因，从设计、制造、安装、修理、使用、维护保养各环节到设备的安全阀、控制装置、锅炉燃烧器等主要附件原因进行分类。

1992—2002 年的 11 年间，锅炉、压力容器事故总计发生了 25 001 起。平均每年大约 2 273 起。锅炉、压力容器事故中的死亡人数共 132 人，平均每年 12 人；受伤人数共 739 人，平均每年大约 67 人。这 11 年的事故统计中，2002 年是事故最少的，共死亡 5 人，受伤 22 人，发生事故 1 663 起。发生锅炉、压力容器事故起数最多的是 2000 年，共发生锅炉、压力容器事故 2 686 起。锅炉、压力容器事故中死亡人数最多的是 1999 年，死亡 21 人；受伤人数最多的是 1993 年，受伤 102 人。在 1991—2001 年锅炉、压力容器的 23 338 宗事故中，83% 是由人为疏忽和缺乏有关知识（如低水位、不适当的安装、修理和维护）造成的。人为疏忽和缺乏有关知识也与其中 69% 的受伤事故和 60% 的死亡事故有关。低水位、操作失误和缺乏维护是造成锅炉事故最多的因素，其中低水位最为突出。

资料来源：http://www.lawtime.cn/info/shengchan/sbaqgl/2011090725715_2.html.

4.1.6 建筑安全风险

建筑业从广义讲，即建筑工程和土木工程行业，包括建造、保养、修理和拆除种类繁多、用途各异的永久性、临时性的大、中、小型建筑物。所用的材料无所不包，所需的技术范围也十分广泛，既有简单的手工操作，也有借助计算机程序控制的大功率的机器设备。建筑业是国民经济中的一个重要产业部门，由于建筑业的特点，事故发生率一直比较高。

建筑施工的特点主要包括：产品固定、体积大、生产周期长，在有限的场地上集中了大量的工人和建筑材料、设备、零部件等进行作业；流动性大；高空、露天作业，作业条件极差。气候环境也给建筑施工造成了很大的困难，带来了很多不安全因素；手工操作，繁重劳动多，体力消耗大，人员流动性大而且分散，经常加班加点抢季节、赶进度。由于上述特点，容易形成临时观念，因此，事故发生率较高。此外，建筑施工是一项较复杂的生产任务，需要组织多单位、多工种协同作战，要保证高质量、高速度的施工进度，要使用最少的能源，获得最满意的成果，因此管理工作难度很大。

我国建筑业的伤亡事故类型主要有高处坠落、坍塌、物体打击、机具伤害、触电等。2005 年，这些类型事故的死亡人数分别占全部事故死亡人数的 45.52%、18.61%、11.82%、5.87%、6.54%，总计占建筑业全部事故死亡人数的 88.36%，其中又以高处坠落事故为主，占 45.52%。

4.1.7 煤矿安全风险

与其他经济部门相比，采矿发生的事故较多，职业病发生率也较高。因此，被认为是最危险的职业之一。国外同类行业伤亡事故率也是很高的。而我国由于是世界上采煤工作面最多，使用顶板支护设备数量最多，井下作业最多，高瓦斯矿最多的国家，另外由于技术条件及管理等因素，百万吨死亡率还要高许多。以煤矿生产为例，采矿（露天挖掘和地下开采）的死亡事故率比其他行业高出几倍甚至几十倍。

煤矿主要事故及灾害风险包括：（1）瓦斯爆炸。瓦斯存在于煤层及周围岩层中，是井下有害气体的总称，学名煤层气，主要成分为甲烷，具有易燃易爆的特性。爆炸会产生大量有害气体，如有煤尘参与爆炸，一氧化碳（CO）产生量更大，这是造成人员伤亡的主要原因。我国是瓦斯灾害最严重的国家。据有关统计，我国的煤矿事故中有 80% 是瓦斯事故，其中造成的伤亡人数占到特大事故伤亡人数的九成。[①]（2）煤矿爆炸。通常，煤炭只能燃烧不会爆炸，但形成微粒的煤尘因表面积增大，吸附氧气多，受热时能迅速放出大量的可燃气体，因而亦能够爆炸。煤尘爆炸可发生连续爆炸，破坏性很大。爆炸时会产生大量 CO，因而，事故受害者中有 70%～80% 的人是 CO 中毒。（3）煤矿火灾。指矿山企业范围内发生的火灾，即煤与矸石自然发火和外因火灾造成的事故，包括地面火灾（企业广场内的设施、设备发生的火灾）及井下火灾。（4）煤矿水灾。是指地表水、老空水、地质水、工业用水造成的事故及透黄泥、流沙导致的事故。在建井和生产过程中，涌入矿井的水统称为矿井水。持续稳定涌入矿井的水量统称正常涌水量，这些水由矿井排水设备排出井外。煤矿突然涌水超过正常排水能力造成的灾害，称为矿井水灾。煤矿水灾可危及井下工作人员的生命安全，并可能引起冒顶与坠井事故。（5）顶板事故。一般指冒顶、片帮、顶板掉矸、顶板支护垮倒、冲击地压、露天煤矿边坡滑移垮塌等，底板事故亦视为顶板事故。我国的煤层地质条件特别复杂，顶板支护设备受到很大的限制，有 20% 的工作面可采用综采支护设备，很少发生顶板事故；另有 80% 的工作面使用的是单体支护设备，常常发生顶板事故。

近年我国煤矿伤亡人数见表 4—1。

---

① 资料来源：中国煤炭网，http://www.sxcoal.com/cn/。

表 4—1 　　　　　　　　　　　近年来中国煤矿伤亡人数一览表

年份	2000	2001	2002	2003	2004	2005	2006	2007	2008	2009	2010
伤亡事故（起）	2 863	3 082	4 344	—	3 853	3 341	—	—	—	1 616	1 403
死亡人数（人）	5 798	5 670	6 995	7 539	6 009	5 986	4 746	3 786	3 215	2 631	2 433

资料来源：国家安全生产监督管理总局各年度事故报告、事故统计、事故分析。

2004—2008 年我国煤矿特大事故

1. 2004 年 10 月 22 日　郑州大平矿难，死亡 148 人（突出引起进风区瓦斯爆炸）；

2. 2004 年 11 月 27 日　铜川陈家山矿难，死亡 166 人（下隅角强制放顶瓦斯爆炸）；

3. 2005 年 2 月 14 日　阜新孙家湾矿难，死亡 214 人（冲击地压引起原低瓦斯风道瓦斯爆炸）；

4. 2005 年 7 月 4 日　梅州大兴水灾，死亡 123 人

5. 2005 年 11 月 27 日　七台河东风矿瓦斯爆炸，死亡 171 人（煤仓放炮引起煤尘爆炸）；

6. 2005 年 12 月 7 日　唐山刘官屯矿瓦斯爆炸，死亡 108 人（低瓦斯矿井）；

7. 2007 年 8 月 17 日　山东新汶华源矿水灾，死亡 181 人；

8. 2007 年 12 月 5 日　山西洪洞瑞之源煤矿瓦斯爆炸死亡 108 人（低瓦斯矿井）；

9. 2008 年 9 月 8 日　山西省临汾市襄汾县新塔矿业公司发生特别重大溃坝事故，271 人遇难（这是迄今为止全世界最大的尾矿库事故）。

2002 年统计，全国累计有尘肺患者 55 万人，其中 49% 左右在煤矿。

资料来源：根据国家安全生产监督总局统计报告汇总。

4.1.8　火灾及爆炸风险

在我国的工伤事故分类中，火灾、爆炸均列于其中。火灾和爆炸事故往往会造成人员伤亡、经济损失，甚至酿成巨大灾害。在生产过程中，存在很多火灾、爆炸危险因素。其中，危险性较大的场所、设施包括：锅炉、受压容器，油库、油罐、油池，煤气站，氧气站，氢气站，乙炔站，化学危险品库房，焊接作业场所，喷漆与烘燥作业场所，蓄电池充电室，爆炸危险场所电气设备及其他易燃易爆危险场所。在工业生产中，火灾产生的后果很严重，导致事故的原因也很复杂。

违章作业造成火灾事故

事故经过

2007 年 6 月 17 日 9 时许，河北省安装公司二公司气焊工邱永刚，在未办理动火审批、无任何防护措施的情况下，在聚合二期厂房北侧管廊擅自动火违章作业，造成焊花下落，引燃动火点下面堆放的保温材料，引发火灾。保卫部接到调度室火灾报警后，立即通知了集团消防队，并赶赴火灾现场组织扑救，9 时 22 分，火灾被彻底扑灭。

事故原因

河北省安装公司二公司气焊工邱永刚在未办理动火审批、没有任何防护措施的情况下，擅自动火，是火灾的主要原因。动火监管不力是火灾的次要原因。

事故损失

本次火灾共烧毁各类电缆 15 000 米（按规定防爆区域电缆不允许有接头，需更换整条电缆），损失约 75 万元；烧毁不锈钢管线 14 条，损失约 1 万元；烧毁保温材料 500 立方米，损失约 1 万元；烧毁电缆桥架 30 米，损失约 15 000 元；火灾扑救费 1 600 元；损失合计 78.66 万元。

资料来源：http://www.safehoo.com/Case/Case/Blaze/201108/196616.shtml.

　　爆炸是指物质在瞬间以机械功的形式释放出大量气体和能量的现象。爆炸时，压力骤升并产生巨大的声响。按爆炸反应的物相，可分为三类：（1）气相爆炸，如可燃性气体和助燃性气体混合物的爆炸、可燃粉尘的爆炸等；（2）液相爆炸，如聚合爆炸、蒸发爆炸以及由不同液体混合引起的爆炸等；（3）固相爆炸，包括爆炸性化合物及其他爆炸性物质的爆炸。按照国家标准，在我国，这类事故包括火灾、放炮、火药爆炸和其他爆炸等不同类别。

福建南平市南山村鞭炮厂爆炸事故

事故概况及经过

1993 年 8 月 29 日 9 时 45 分，福建省南市南山镇南山村鞭炮厂电光炮编织车间发生了一起爆炸事故，造成 27 人死亡，2 人重伤，直接经济损失近 50 万元。

事故发生后，福建省委省政府、南山市委市政府采取一系列果断措施，开展抢救工作。同时，省、地、市的劳动、安办、工会、乡镇企业局、公安、检察、监察等有关部门的负责人组成事故调查组，展开事故调查工作。

南平市南山镇南山村鞭炮厂是一家村办企业，建于 1979 年，现有职工 110 多人。是日，该厂电光炮编织车间第三工作间第二工作台女工张某在车间里使用铁剪刀剪切引线时，产生火花引燃引线，引起鞭炮爆炸，瞬间将电光炮车间 4 个工作间夷为平地，炸毁厂房面积 112 平方米，当场炸伤 29 人，虽经全力抢救，仍有 27 人先后死亡。

事故原因分析

1. 女工张某在进行编织鞭炮操作时违章使用铁剪刀剪切鞭炮引线，产生火花，引起堆放在工作台上和留存在车间内的近 600 盘半成品鞭炮爆炸。

2. 鞭炮用药配制成分中的氯酸钾、硫磺、铝银粉的比例超过规定的标准，并使用了严禁作为药物配伍的雄黄，致使鞭炮的危险性加大。

3. 按规定，在车间内生产鞭炮时每人只能存放 5~10 盘半成品鞭炮，而该车间每人平均存放的半成品鞭炮量在 300 盘左右。

4. 按规定，鞭炮编织和剪切引线这两道工序应严格分开，异地单独操作，而女工张某将两道工序混合在同一车间内操作。

5. 该厂不重视安全教育和培训，工人未经培训就上岗操作，而且管理混乱，致使未成年人进入车间。

综上所述，这次事故是镇、村领导干部管理不力，违反危险物品管理规定导致的重大责任事故。

对事故责任者的处理

南山村鞭炮厂厂长吴某、副厂长魏某、车间主任吴某等人，身为企业主要管理人员，忽视安全生产工作，有章不循，构成违反危险物品管理规定的重大事故罪，由司法部门依法分别追究刑事责任。

南山镇、南山村领导对上级有关部门关于烟花爆竹安全管理的有关法规贯彻不力，负有领导和管理责任，有关部门给予有关人员行政处罚。

资料来源：湖北安全生产信息网，2006 年 12 月 28 日。

4.1.9 人—机系统安全风险

人—机工程学（man-machine engineering）也称工效学（ergonomics），是把职业活动中的"人"、"机"（机器、设备、工具等）、"环境"作为一个整体，系统地进行分析、研究，研究它们之间的信息传递、信息加工和信息控制，协调这三大要素的关系，确保员工在工作中的安全、健康、舒适，并使整个系统获得最高的效率。

作业场所（设计）工效学研究的主要内容包括：工作研究（工作时间和动作研究）；人机匹配设计安排；工作中微小环境对人体影响；工作组织设计（例如单调、轮班等）；工作设计中的生物力学及人体生理学、职业心理学等（这些将在下一章中论述）。

现代职业活动，是在某些特定环境条件下，"人"（员工）与"机"相结合的活动，人机功能匹配是否合理不仅会影响生产效率，而且对员工健康安全有着直接的影响，因而，工效学（人机工程学）又被认为主要是为人设计工作任务。

在进行人机功能匹配时，既要考虑人的基本极限，如准确度极限、体力极限、反应速度极限及知觉能力极限等，又要考虑机械的基本界限，如机械的性能维护能力界限、机械的正常动作界限、机械的判断能力界限和费用界限等，以达到系统的最佳配合与最优效率。

在了解了人机各自的功能之后，如何使二者合理匹配，则主要是人—机界面设计工作。上一节介绍了人与机械设备直接接触（即人操纵机器）的作业中可能发生的风险以及对员工可能造成的伤害。现代化大生产中，生产大型化、自动化及机械化程度越来越高，很多情况下人不再与"机器"直接接触，而是通过程控作业。因而，人—机信息交接面越抽象，设计是否合理就显得越重要。这里主要是显示器及控制器的设计，二者设计与人体生理特性不相符，不仅会影响生产效率，而且更为严重的是，可能会影响到员工的身体健康，甚至导致事故的发生。

　　显示器是显示机械设备性质状态的，用途最广的是视觉显示器、用于报警的听觉显示器及触觉显示器。显示器应能够准确、简明地将信息传递给操作者，充分考虑人体各类感觉系统的接受能力，如果负担过重，则不仅会导致操作者感觉器官疲劳、心理疲劳，而且还会由于误判断而导致操作失误。[1]

　　控制器是将人的信息传输给机器，使机器改变状态的装置或部件，目前更多地是通过四肢活动控制机器，如手控的按钮、开关、操纵杆等以及脚踏的蹬板等。控制—显示关系的简单化和灵活化是矛盾的，处理不好，会由于判断失误而导致差错，进而发生事故，或者对员工造成心理压力。

　　坐姿操作、显示器数量较多时，设计成高台式控制台，显示器、控制器应分区域配置。在图 4—1 中，（a）为坐姿低台式控制台；（b）为坐姿高台式控制台；（c）为电子化办公台人体尺度。首先在视水平线上下 10°的范围内配置最重要的显示器；其次在视水平线 10°~45°的范围内设置次要显示器。

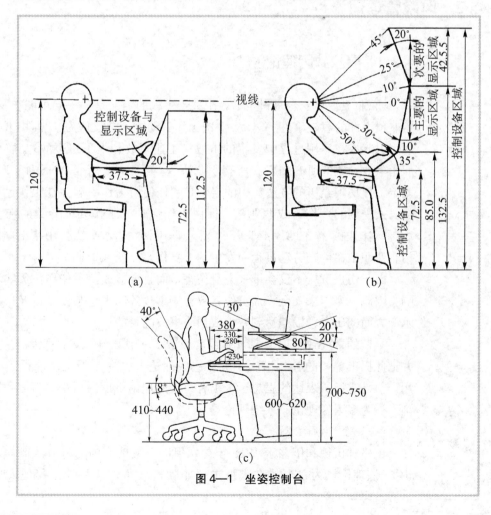

图 4—1　坐姿控制台

①　参见朱祖祥主编：《人类工效学》，648~651 页，杭州，浙江教育出版社，1994。

在现代生产中，特别是随着第三、第四产业的迅速发展，体力劳动的成分不断减少，在用人单位中更多地会面临人—机系统安全风险，因此，管理部门应给予更多的关注。例如，工位布置既要使员工舒适，又要尽量减少不必要的"辅助时间"，以提高工效。当器物（物料、工具等）数量少时，容易做到把器物安置在各自最佳位置上，但当需要布置的器物较多，或者有多个器物需要有相同的最佳位置时，就会出现两个需要考虑的问题：一个是最佳位置优先数；另一个是哪些器物应靠近布置。一般应遵循以下原则：重要性原则；使用频次原则；功能原则（同类功能在空间上组放在一起）；使用顺序原则和连接次序原则（连接频次高的器件尽可能地靠近放置）。[①]

如果不符合以上设计原则，人的操作和观测就会不舒服，进而影响到操作和观测的准确性。

4.2 风险管理理论

4.2.1 事故致因理论

《职业卫生与安全百科全书》中关于事故的定义是"一起可能涉及伤害的，但非预谋性的意外事件"[②]。第 13 次国际劳动统计会议认为，"雇用事故是指由雇用引起或在雇用过程中发生的事故（工业事故和上下班事故）。雇用伤害指雇用事故导致的所有伤害和所有职业病"。美国国家标准 ANSII16.1《记录与测定工作伤害经历的方法》中的定义是"任何由工作引起并在工作过程中发生的（人受到的）伤害或职业病，即由工作活动或工作环境导致的伤害或职业病"。我国国家标准 GB6441—86《企业职工伤亡事故分类》中指出，伤亡事故指企业职工在生产劳动过程中发生的人身伤害、急性中毒。

由于伤亡事故不仅会带来人身伤害，而且会造成严重的经济影响和社会影响，因此，多年来安全管理工作者致力于事故致因理论与模型以及事故预测技术等方面的研究，以期达到减少或预防事故的目的。

早期的事故致因理论多为单因素理论，一般只确认事故原因的一个侧面，并据此提出单一的补救措施。虽然这些理论大多在今天很少能得到明确的应用，但是它们所表达的思想至今仍有一定的理论价值。后来，事故致因理论逐渐发展为多因素理论、系统理论等。

（一）事故倾向理论

由格林伍德和伍兹于 1919 年首先提出，又被称为"有事故倾向的工人理论"。该理论认为，事故在人群中并非随机分布，某些人比其他人更容易发

---

① 参见丁玉兰编著：《人机工程学》，3 版，北京，北京理工大学出版社，2005。
② ILO 编：《职业卫生与安全百科全书》，1362 页，北京，中国大百科全书出版社，1987。

生事故，因此一定有某种方法可以将这类人区分出来。这个理论的重要假设是，具有事故倾向是某些人的稳定的、固定的特征。也就是说，一个有事故倾向的人具有较高的事故率，而与其工作任务、生活环境及经历等无关。1951 年，阿布斯和克利克的研究指出，个别人的事故率具有较明显的不确定性，对具有事故倾向的个性类型研究中的量度界限的确定难度很大，这些都极大地阻碍了确定某个人是否具有事故倾向组的准确判断，这也是该理论的致命弱点。

（二）心理动力理论

这一理论源于心理学家弗洛伊德的个性动力理论，认为受伤害工人的刺激心是事故的原因。这一理论的假设是：事故是一种无意识的希望或愿望的结果，这种希望或愿望通过事故象征性地得到满足。也就是说，在某种意义上，事故是受伤害者所希望的。因而，要避免事故，就要改变人的愿望满足的方式，或者通过心理分析完全消除那种破坏性的愿望。然而，这种理论在实际上也是不可行的，因为它无法提供某种手段去证实某个特定的动机会引起某个特定的事故。

（三）科尔的社会—环境模型

1957 年科尔提出了社会—环境模型，认为一个具有工作灵活性的工人在工作中将更为机警，从而避免事故的发生；而缺乏工作的灵活性将会导致低质量的工作效能并产生事故，因而一个适宜的工作环境能增进安全。科尔进而认为，来自社会和环境的压力会分散工人的注意力，进而导致事故。减轻这些方面的压力，可以减少事故的发生。

（四）多米诺模型及其变种

1931 年海因利希在其《工业事故预防》一书中指出，人的不安全行为是大多数工业事故产生的原因，比物的不安全状态导致的事故多得多。这一观点成为当时安全理论的起点，为其后的安全管理工作奠定了基础。他的"多米诺模型"（亦称事故连锁理论，见图 4—2）是基于"一个伤害事件的发生往往都是由于一系列有顺序的因素引起的"的观点，这些因素包括：（1）社会的和环境的因素；（2）人的失误；（3）一个不安全行动或一种物理的或机械的危险；（4）事故事件；（5）人体伤害。其中，伤害是最后一个因素。把五个因素按因果关系从左到右顺次排列成等距离竖立的"骨牌"，一旦左边的第一个"骨牌"（即社会的和环境的因素）倒下，则其右边的"骨牌"会接连倒下，也就是说，这五个因素中排在前面的因素一旦发生，就会导致其后的因素连锁发生，并最终导致伤亡事故的发生。但是如果消除其中一个因素，就相当于移掉了其中一个骨牌，则连锁效应中断，事故就不会发生。这一理论后来几经修正，并衍生出不少相关的修正模型。它有助于在事故调查过程中查明因果关系，在构造安全管理系统方面也有一定的价值。

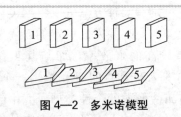

图4—2　多米诺模型

（五）升级的"多米诺"序列

伯德和罗夫特斯于1976年对海因利希的多米诺理论加以扩展，增加了管理因素：（1）缺乏管理部门的控制和许可；（2）基本的原因（个人因素或工作因素）导致；（3）直接原因（不规则操作—失误），最接近原因导致；（4）事故导致；（5）损失（较小的、严重的或灾难性的）。

（六）1：29：300 理论

1931年海因利希根据大量事故统计得出结论：所有事故中只有不足10％的事故会导致人身伤害。他认为，每一件致残的伤害事故往往伴随着29起轻伤事故和300起无伤害事故（或"未遂事件"），这就是1：29：300理论。该理论的初始数据是基于"同类事故，包括发生在同一人身上的事件"。1：29：300这一比例并不意味着适用于全部情况，例如，在"坠落事故"中，建筑工人与办公室文职人员或其他作业人员就不会有相同的比率。该理论可以使我们得出两个新的结论：一是，事故总是"孕育"在未遂事故之中的，控制风险就可以消灭或减少事故；二是，产生严重事故的环境与产生小事故的环境是不同的。

（七）博德-海因利希的"三角理论"

博德运用海因利希的"1：29：300"理论进一步研究了美国许多大公司的各个领域的事故报告，于1969年得出"博德事故比率三角形"（见图4—3），清楚地表明，如果我们仅仅把精力放在概率较小、后果严重的事故事件上，是十分不明智的，因为由海因利希的理论可知，330次财产损失或者无损失的事件（未遂事故）将提供一个更大的、更加有效控制事故总体损失的基础信息，从而可以避免亡羊补牢甚至更为严重的手忙脚乱的"消防员"现象。[1]

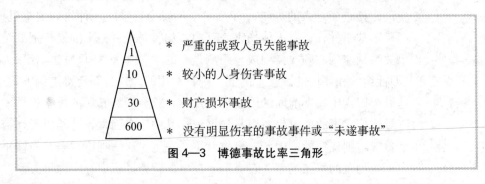

图4—3　博德事故比率三角形

---

[1]　Bird，F. E.（Jr.）and Germaine，G. L.，Damage Control，New York：American Management Association 1969.

（八）系统理论方法

系统模型可以反映人—机—环境之间的作用、反馈和调整，并能指出促成事故的一系列事件，包括 1969 年瑟利提出的一个事故模型，又称人类工程方法。它包括两组问题，即危险的构成和危险的显现。每组包含三个心理—生理成分：对事件的感知（刺激）、对事件的理解（内部响应、认识活动）以及生理行为响应（输出）。三个心理—生理成分共有六个问题，按感觉（S）→认识（O）→行为响应（R）的顺序排列。故此模型又叫"S—O—R 人的因素模型"。

1978 年安德森等人扩展了瑟利模型，亦称"瑟利-安德森模型"或"操作过程与（S-O-R）人的因素综合模型"。他们在瑟利模型的基础上增加了一组问题，从而使瑟利模型的应用更为广泛。这组问题是：有关危险的来源及察觉性，运动系统内部的波动，以及控制和减少这些波动使其和人的行为波动相一致的潜力。

（九）能量转移理论

1966 年美国运输部国家安全局局长哈登扩展了 1961 年吉布森提出的"生物体（人）受到伤害的原因只能是某种能量的转移"的观点，并提出了"根据有关能量对伤亡事故加以分类"的方法。哈登所扩展的这一事故致因理论的基本观点是：不希望的或异常的能量转移是伤亡事故的致因。

哈登将伤害分为两类：一类是由于施加了超过局部或全身性损伤阈限的能量引起的，又称原发性伤害；另一类是由于影响了局部或全身性能量交换引起的。哈登认为，在一定条件下，某种形式的能量能否产生伤害，造成人员伤亡事故，取决于人接触能量的大小，接触时间和频率，力的集中程度，以及屏障设置的早晚。哈登总结了 12 种类型的防护能量逆流于人体的典型系统。该理论简明客观；对同一形式的能量，可找出共性的规律；按不同形式的能量划分建立的事故模型可用来分析事故；对能量转移的分析可用来预测事故；能量产生和释放的机理能提高人们对事故致因的敏感性和警惕性；全面考虑了各类能量的产生及转化。但该模型也有一定的缺点，即：大部分工业事故都是由于机械能的意外释放导致的，因而这种分类不利于区分伤害的特性。

（十）人文主义的方法

1978 年彼德森将人文主义的管理方法应用于当时的安全领域，认为传统的事故致因不能适应 20 世纪 60 年代以后企业管理风格的变化和影响，强调在安全管理时需要确定安全目标并且希望员工为符合目标的要求尽职尽责；认为监督者在管理中仍有很重要的作用。该方法修改了海因利希理论。[1]

事故致因理论还有很多，并且仍在不断修改、补充、增加，对于事故预防以及事故管理起到了极大的作用。

---

[1]　以上理论摘自迈克尔·哈维为加拿大阿尔伯特省工人健康、安全和赔偿局职业安全卫生部所写的报告，见孙树菡：《劳动安全卫生》，96～105 页，北京，中国劳动出版社，1994；并参考了杰夫·泰勒等：《职业安全与健康》，8～12 页，北京，化学工业出版社，2008。

4.2.2 风险管理

随着对影响到人身安全、社会稳定及环境的风险因素及其控制的研究的不断深入，风险管理越来越受到各国政府及企业界的重视，例如：针对自然灾害风险和恐怖活动等风险的危机管理；针对经营决策失误的经营风险管理；针对产品缺陷风险的责任风险管理；针对市场风险、信用风险的金融风险管理；等等。针对职业伤害风险的职业安全卫生管理也已在企业管理中得到了推广和应用。

职业伤害风险管理是一个计划、组织、领导、控制活动的过程。通过辨识、评价和控制组织内部所有的风险，用最经济、最合理的办法来处置风险，以实现最大安全保障的活动，并达到减少组织财产的损耗以及人员伤害的目的。风险管理认为，80%的事故是由20%的活动引起的，因而，根据成本—效益原则，针对这20%最危险的活动来预防事故的发生是最佳方案。

（一）作业伤害事故的主要原因

一般而言，事故原因常分为直接原因和间接原因。直接原因又称一次原因，是在时间上最接近事故发生的原因。直接原因通常又进一步分为两类：物的原因和人的原因。物的原因是指设备、物料、环境等的不安全状态，人的原因是指人的不安全行为。间接原因是来自事故本源的基础原因的二次、三次至多层次继发。间接原因大致分为六类：

（1）技术的原因。包括：主要机械设备的设计、安装、保养等技术方面不完善，作业场所存储空间过于狭小，工艺过程和防护设备存在技术缺陷。

（2）教育的原因。包括：对职工安全知识教育不足，培训不够，也包括学校的安全知识教育不彻底，缺乏全民安全意识等。

（3）身体的原因。指操作者身体有缺陷，视力或听力有障碍以及睡眠不足等，劳动强度过大也是原因之一。

（4）精神的原因。指焦躁、紧张、心不在焉等精神状态以及心理障碍等。

（5）管理的原因。包括：企业领导安全责任心不强，规程标准及检查制度不完备，决策失误，工序时间安排不当，人机设计不合理，单调重复的活动，没有制定安全操作规程或员工不遵守操作规程等。

（6）社会或历史的原因。涉及体制、政策、条块关系、机构和产业发展历史过程等。

以动力设备伤害事故原因为例。金属切削机床包括车窗、钻床、铣床、刨床、磨床等。这些机床在操作过程中，运动件、切削刀具、被加工件等在与人接触处防护不当均可造成伤人，切削、润滑冷却液也可伤人。从人—机—环境系统的角度分析如下：

（1）人的不安全行为：工作时操作人员注意力不集中、精神过于紧张或者操作人员对机器结构及所加工工件的性能缺乏了解，操作不熟练及操作时不遵守安全操作规程，不正确使用个人防护用品和设备的安全防护装置，等等，都会导致发生伤害事故。

（2）物的不安全状态：设备设计不符合卫生标准，启动及停止装置不符合要求，危险部位缺少防护装置，设备带病运行或漏电等工艺规程不符合要求，或采用新工艺时缺乏安全措施，等等，都会导致发生伤害事故。

（3）环境的不安全因素：工作场地照明不良，温度或湿度不适宜，噪声过大，设备布局不合理，备件摆放零乱，等等，都容易造成事故。工作地布置不符合安全标准，设备布局不合理，材料堆放不合理，等等，也会导致发生伤害事故。

以冲压事故为例。冲压事故是指压力机在冲压作业过程中，使人员受到冲头的挤压、剪刀伤害的事件。冲压机械加工的特点是供需简单、速度快、生产效率高，其操作特点属于直线往复运动。很多冲压机械是脚踏开关、手工上下料，由于操作重复、烦琐，易引起操作者心理疲劳，并发生误动作，造成人身设备事故；由于其生产效率高，手工上下料体力消耗较大，也很容易产生生理疲劳，致使动作失调而发生事故；大型冲压机械一般由人操作，配合不默契也易发生事故。此外，冲压机械上所使用的螺栓、销钉等若发生松动，弹簧的破损及脱落等，均可造成滑块意外动作。在我国，机械制造等行业中，冲压加工事故发生率比较高、后果严重，是压力加工中最严重的机械伤害，而且占的比例也较大，有些地区甚至出现"断指之乡"等现象。

"断指之乡"再调查

永康市是浙江省金华市的一个县级市，距杭州市仅 3 小时车程。自从 2001 年年中这里首度爆出"断指工伤事故特别多"的新闻后，这里又多了两个新的别称："断指之乡"和"工伤之乡"。

五金工业是永康的支柱产业，其产值占到永康市经济总量的 90%。五金业普遍使用冲床、压床、剪板机、整平机等机械设备，极易造成手外伤事故。永康市五金机械企业有 1 万余家，绝大多数为私人企业和家庭作坊，其中很多没有进行工商登记，从业者达 20 多万人，大多数是来自贵州、江西等贫困地区的农民工。由于生产条件简陋、误操作、疲劳操作等原因，那时当地五金行业从业者工伤事故频繁发生，重者断手断掌，终身残疾。

在 1998 年的保温杯生产热潮中，断手断指事件开始出现并大幅上升，这种现象当时就引起了政府的注意，并开展过一次整治，但是成效不大。直到 2002 年，媒体开始大量报道永康的断指事件后，政府感受到很大的压力，才大张旗鼓地开始了专项整治工作。

资料来源：中青在线，http://zqb.cyol.com/gb/special/2004-06/01/content_880440.html，记者：万兴亚。

（二）风险管理要素

风险管理要素包括：

● 危险性辨识：通过技术手段以及本单位或同类行业相关信息来源辨识危

险源。

- 风险评价：由用人单位高层管理者（或 HR 经理）、OSH 管理者及技术人员以及员工代表共同对危险源通过系统可靠性分析及"物质系数法"等方法进行风险等级评价，据以采取措施。
- 风险控制（损失控制）：降低损失发生频率和严重性。包括损失预防和损失抑制，可以通过工程手段进行。
- 检测风险控制的效果。
- 风险保留：对于无法避免或减少的风险，则保留之并由组织承担相应费用。
- 风险转移：通过合同或价格等多种途径将风险转移到能更好地控制风险的组织，如保险。[①]

（三）风险控制原则

在进行危险性辨识以及风险评价定级后，应该采取预防措施控制风险，以减少损失。在消除和控制危险、预防事故方面，可参考以下几项原则：

（1）消除原则。采取有效措施消除一切危险与有害因素，用安全的设计实现本质安全化。

（2）预防原则。当系统中的某些危险与有害因素一时不能全部彻底消除时，可在系统运行前采取一切可以采取的预防措施，防患于未然。

（3）减弱原则。在无法消除和预防危险与有害因素作用的情况下，可采取减少危害的措施。如，最小能量消耗的设计（将阀门安装在便于维修的高度，将能耗降至最低）；用低毒或无毒物质替代；对剧烈振动的设备采取减振措施等。

（4）隔离原则。在无法消除、预防、减弱的情况下；将人员与危险和有害因素隔离开。

（5）连锁原则。当人员误操作或设备处于危险状态时，应保证设备不能启动或通过联锁装置立即停止危险的运行。

（6）薄弱环节原则。为保证系统安全，而在某一子系统或元件上设置"薄弱环节"，以局部损坏换得整体安全。如压力设备上配置的爆破膜等。

（7）减少暴露时间原则。对职业危害严重的岗位，采取限制人员作业时间的措施。如我国早在 1980 年颁布的《工业企业噪声卫生标准》（试运行）中就已规定，当噪声达到 91dB（A）时，员工每个工作日接触时间限制为 2 小时，当达到 94dB（A）时，每个工作日接触时间限制为 1 小时。

（8）合理布局原则。科学合理布局设置，防止设备相互干扰而发生的危险。

（9）加强原则。系统设计时，对安全至关重要的子系统、元件采取加大安全系数的措施。

（10）加强员工安全管理原则。选择、训练、激励、监督员工。

---

① 参见乔治·E·瑞达：《风险管理与保险原理》（第 8 版），14～17 页，52～70 页，北京，中国人民大学出版社，2006。

（11）警告原则。利用安全标识等发出提醒、指令、警告信息，唤起人们对危险状态的警觉。

（12）人体防护原则。利用个体防护用品、设置防止系统危险性造成人员伤亡或职业病的最后一道防线。[①]

其中，（1）～（9）是设计及工作场所、设备管理方面的措施，（10）～（12）是人员管理方面的措施。

（四）危险性辨识技术

工作场所的危险和风险管理过程是全员参与的过程，目前各国采取了多种技术手段，以下是我国通常采用的几种方法。

1. 安全检查表

安全检查表（safety check list，SCL 或 SL），是最常用、最简单易行的工具，可以帮助区分诸如工作场所设计、原料、设备和工作环境等的标准是否可接受。通常由熟悉检查对象的工程技术人员、安全技术人员和工人，以系统安全工程的观点及方法，事先编制出检查提纲，以问答方式列成表，以便在例行检查中应用（见表 4—2）。

表 4—2　　　　　　　　　　　　　安全检查表的一般格式

序号	检查项目	是或否	所依据的法规、标准	建议改进措施
需记录的事项				
检查人：		负责人：		检查日期：

2. 鱼刺图（分支事件链）

通过鱼刺图（见图 4—4），员工可以很好地、形象直观地了解危险及可能的致因。

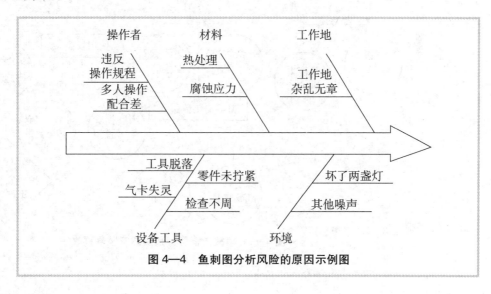

图 4—4　鱼刺图分析风险的原因示例图

---

① 参见孙树菡：《劳动安全卫生》，145～146 页，336 页。

步骤：

（1）把要解决的问题（可能的风险、必须控制的风险）放在大箭头顶端（鱼头）；

（2）运用头脑风暴方式分析危险的可能致因；

（3）把可能的原因，包括人、物、环境、设备、管理、政策等分类列出（鱼刺）；

（4）可结合采用数据，进一步分析深层次原因；

（5）据此鱼刺图制订出改进措施。

3. 事故树分析（fault tree analysis，FTA）

FTA 是安全系统工程重要的安全分析方法之一，是对事故进行预测和分析的一种科学方法。它把各种故障（失效）模式用逻辑或逻辑积的关系绘制成一个树枝形的关系图，然后进行定性和定量的分析，找出发生事故的主要原因并计算出事故发生的概率（见图 4—5）。目前这种方法在国内外应用的实例比较多，在许多国家均已形成标准化的分析方法。例如，1974 年美国原子能委员会对商用核电站风险评价中曾用此方法；杜邦公司则于 1961 年率先将 FTA 应用于工业领域。

事件树具有应用范围广、简明、形象等特点，又体现了以系统分析方法研究安全问题的系统性、准确性和可预测性。[①]

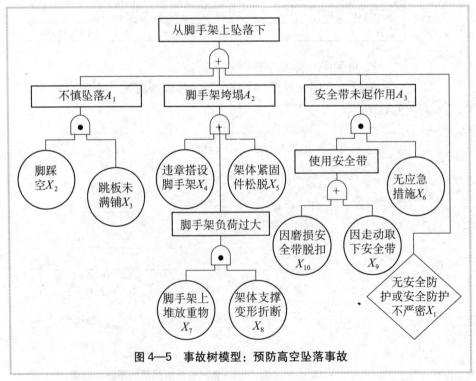

图 4—5　事故树模型：预防高空坠落事故

资料来源：http：//www.RiskMW.com，2010 年 11 月 27 日。

---

① 参见孙树菡：《劳动安全卫生》，159 页。

4.3　事故预防与控制

工伤事故预防和控制的目的是消除或减少工伤事故的发生，消除或减少残疾和死亡，消除或减少工伤事故造成的经济损失和社会负担。

4.3.1　预防策略

1. 三级预防

就员工安全健康管理而言，事故一级预防是指在工伤发生前采取各种措施，使工伤事故不发生；二级预防是指由于种种原因，一级预防未能达到目标，工伤发生时，积极采取自救互救、院前医护、院内抢救和治疗等方式，最大限度地降低工伤死亡率和致残率；三级预防则是指尽最大可能使工伤者恢复正常功能，早日康复以及使伤残人士得到良好的医治和照顾。

2. 用人单位负责制

我国工伤预防与控制的方针是"安全第一，预防为主"，工作体制是"用人单位负责、政府监察、行业管理、群众监督"。其中，"用人单位负责"是最重要的一环，包括行政责任（企业法人为第一责任人，企业中各级领导及职能部门负相应的安全生产行政责任）；技术责任（坚持"三同时"原则[①]、严格按照国家法律法规制定本单位的安全生产技术与管理制度）；组织责任（坚持"五同时"原则[②]，组织机构设置及劳动保护措施经费等）。

4.3.2　工伤事故控制策略

很多国家都实施"5E 干预措施"，我国也有很多企业实施该干预措施。其主要内容是：教育措施（educational intervention）；经济措施（economics intervention），如工伤保险差别费率和浮动费率，主要是用经济手段来影响人们的安全行为；强制措施（enforcement intervention），用法律法规和标准来规范及影响人们的工作劳动行为；工程措施（engineering intervention），即建立一套检查、监督、维修保养制度，机械设备及传动带等施压部分和危险部分安装防护装置；紧急救护措施（emergency care and first aid intervention）。

---

① "三同时"原则是指新建、扩建、改建工程项目的劳动保护设施应与主体工程同时设计、同时施工、同时投产。

② "五同时"原则是指在计划、布置、检查、总结、评比生产的同时，计划、布置、检查、总结、评比安全工作。

4.3.3　生产安全管理

（一）动力设备安全管理

为消除和减少动力设备事故的发生，应加强员工安全管理，包括技术的与管理的，特别是对员工的保护。

各种机床布置方式应保证不使零件或切削屑甩出伤人；车间通道应保证行人及车辆顺利通过；机床布局应避免上重下轻，便于操作者装卸工件、观察加工过程、排屑及使用润滑冷却液等。机床应根据需要，配备不同的防护装置，如防护罩、防护挡板、防护栏杆等；在危险性很高的部位，防护装置应设计成顺序连锁结构，当取下或打开防护装置时，机床的动力源即被切断。机床还应配备各种保险装置，如过载保险装置、行程限位保险装置、制动装置、顺序动作连锁装置、意外事故连锁保险装置等，确保操作者的肢体完全退出危险区后，方可启动工作。多人同时操作时，应设置双手按钮式保护装置。此外，还可安装各种安全防护装置及安全保险装置。车间内应有良好的作业环境，温度、通风、亮度和噪声等条件应符合劳动卫生要求。

员工生产时必须佩戴防护眼镜，以避免毛刺、火星等损伤眼睛。热加工应佩戴防护眼镜。车间处于生产状态时，凡进入车间的人员必须戴安全帽。生产时应穿防护衣、工作鞋。当生产环境噪声超过规定限度时，必须使用护耳器（耳塞或耳罩）。操作人员应将工作服整理就绪（上衣塞入裤内，袖口扎紧，头发拢入帽内）方可上岗，必须严格遵守操作规程，集中精力操作。

（二）电气安全管理

造成触电事故的主要原因是：缺乏电气安全知识，违反操作规程，设备不合格或保管不善以及其他一些偶然性因素（如大风刮断电线偶落人体）。故而，应加强电气安全管理。

安全电压是制定电气安全规划和一系列电气安全技术措施的基础数据，它取决于人体电阻和人体允许通过的电流。世界各国对安全电压值的规定各异，采用 50V 和 25V 的居多，也有规定 40V、36V 或 24V 的。我国确定的安全电压的标准是 42V、36V、24V、12V、6V。当电气设备采用了超过 24V 的安全电压时，必须采取防止直接接触带电体的保护措施。此外，应该在绝缘、屏护、间距、接地与接零等各方面严格按照国家规定采取防护措施。电气安装标志也是保证用电安全的一个重要因素。标志可分为颜色标志和图形标志。主要内容包括：禁止标志（如"禁止启动"、"高压危险、禁止入内"等）、警告标志（如"当心跨步电动"等）、指令标志（如"必须穿防静电服"等）及提示标志等。

电工是特殊工种，须经过专门的培训并取得资格证。为防止静电伤害，应采取技术措施，从工艺上限制或避免静电的产生和积聚，也可采取泄漏法和中和法消散静电。应加强员工个体防护，如，人体在行走、穿脱衣服时，均可由于衣服等固体物质的接触和分离及静电感应等原因，使人体产生静电。人体与其他物体之间放电时，其放电火花足以引燃石油蒸汽及多种气体。因而，在易燃易爆环境中，必须穿着用导电纤维制成的防静电工作服和用导电橡胶制成的防静电鞋。

应对员工进行触电急救教育与培训。触电时，触电者往往继续处于与带电部分接触的状态，而且不能独自脱离这种状态，以致大大加重了触电伤害的严重程度。为了使触电者摆脱电流，应首先迅速切断他所接触的那部分电气设备的电源，如果触电者位于高处，还应采取预防坠落或保证其安全的措施。

（三）起重设备安全管理

（1）加强宏观控制。首先应加强起重设备的运行、使用环节的管理，明确岗位责任制，健全安全操作规程并建立监督保证体系；加强起重机械安全教育环节的管理，严格对现场作业人员的安全技术培训及考核制度，加强安全监督检查。

（2）提高设备安全程度。配置安全防护装置，定期检查、维修、保养，可及早发现并消除隐患。修理后应有监察，还应坚持日常检查。

（3）加强施工组织和现场操作管理。做好吊装施工方案。包括人员配置、吊装技术方法、运行路线、施工安全技术措施等。严格执行安全技术操作规程。清除吊装施工现场环境因素的不利影响，如电气线路的危害（必须保证吊具和作业人员与高压线之间的安全距离），风力的危害（在设备上装设防风预警系统及锚定装置），场地地面及环境的不利影响，等等。

（四）焊接安全管理

焊接工属于特殊工种，必须坚决贯彻执行有关劳动安全卫生规程及技术标准；加强通风，消除焊接尘毒的危害，改善劳动条件；焊接动火制度应由企业总工程师和保卫部门负责执行并监督检查；加强焊接工作场所的安全管理；应有专职人员负责并监督检查焊接安全防护装置的设置和合理使用，以及工作时的合理组织和安全操作规章制度的实施；操作人员必须遵守焊接动火制度及各种安全要求，严禁违章操作；注意个人防护。防护用具包括工作服，皮、布拼制成的手套，绝缘鞋及绝缘垫板等，戴隔音耳塞及装有特制护目镜片的面罩或头盔。

（五）锅炉及压力容器安全管理

锅炉及压力容器属于特殊设备，操作者也属于特殊工种。必须严格执行有关安全卫生规定；定期进行锅炉安全检查，包括内部检查和外部检查；建立健全压力容器设备档案；建立健全压力容器操作管理制度，应有专人专职负责对锅炉及压力容器操作工进行技术培训，经地方劳动部门锅炉压力容器监察部门考试合格者，方可持证上岗操作。

（六）建筑安全管理

建筑业属于高危行业，应严格遵守、执行国家有关安全卫生规程（如"三大规程"中的《建筑安装工程技术规程》、"五项规定"及城乡环境保护部颁布的《国营建筑企业生产工作条例》、《关于加强集体所有制建筑企业安全生产暂行规定》、《建筑机械使用安全技术规程》等）。建立安全生产管理制度；编制施工组织设计；运用事故树、事件树等方法，进行预先危险性分析，以便采取安全措施，防患于未然。在各种工程施工中有不同的施工安全技术，如土方工程、爆破工程、基础工程、脚手架工程、混凝土工程、装修工程、屋面工程等，都应结合本单位及此次施工具体制定施工安全技术措施。在采用新结构、新材料、新工艺时，还应制定相应的施工安全技术措施以及施工现场安全规则（如水、电管网布置，警示标志，高处作业的安全网，机械工具的安全措施等）。施工现场除应经常进行安全生产检查外，还要组织定期检查，企业每季度、工区每月、施工队每半月应组织一次检查。

现场施工人员及临时来参观、办公的人员，均应严格遵守现场安全管理制度，进入施工区必须戴好安全帽；从事高处作业要挂好安全带，不准穿拖鞋、高跟鞋或赤脚进场作业；每天班前，班组长应在向工人布置任务时交代当天施工中应注意的安全问题；6级以上强风或大雨、雪、雾天禁止从事露天高处作业；从事高处作业人员要定期体检。

（七）煤矿安全

在我国，很多煤矿都属于高瓦斯矿，而且，随着矿井的深挖，瓦斯涌出量会相应增加。为防止矿井瓦斯爆炸，最关键的是防止沼气积聚：合理选择最佳通风系统，采用机械通风，加强通风管理，保证供风，坚持"先采后抽"；掘进中应推广使用湿式煤电钻、湿式凿岩机等；在运输、爆破等工序中，可采用喷雾洒水等方法，以减少煤尘。此外，应采用类似于防止沼气引燃的措施，防止煤尘引燃。还应采用岩粉棚、水棚、水幕等方法预防和隔绝煤尘爆炸；对于煤矿火灾，应制定并严格遵守煤矿防火措施，预防外因火灾的发生；防止煤矿井下自燃发火。

造成水灾的水源分为地面水（江、河、湖、渠、塘、洼、大气降水、山洪等）和地下水（断层水、小窑和采空区积水等）。对于地面水的防治措施主要是：实现查清矿区及其附近的地面水系汇水情况、疏水能力及有关水利工程情况。对于井下水灾的防治措施主要是：做好水文观测工作及地面调查工作；留设隔离煤柱；超前探水；利用水闸墙门等截水；排除积水；保持良好通风，严禁明火；积极修复巷道，此时应防止冒顶或坠井事故的发生。为防止发生冒顶事故，应采取积极的措施，根据顶板岩层性质及活动状态，合理选择支护形式，加强支护管理。

煤矿企业还应对工人进行自救教育，以使其在发生上述各项事故时，能够通过自救得以安全避难。井下应设置避难室，供矿工在遇到事故无法撤退时躲避等待救援用；矿工应熟悉各种灾害事故的预兆，判断事故性质、地点和规模，熟悉井下避灾路线和安全出口；熟悉掌握避灾撤退原则。每名下井工人配置一台自救器，并有5%～10%的备用量，经常检查自救器，并学会使用。矿区应配有专业救护队。

（八）防火防爆安全管理

企业应加强防火防爆措施，平时应加强对职工的防火灭火教育与培训，以防发生火灾时惊慌失措，贻误最佳扑救时间，并造成不必要的伤亡；同时加强对各类人员的有关爆炸知识的教育与防范措施的训练。

4.3.4　安全人机工程

安全人机工程把生产中的"人"、"机"、"环境"作为一个整体系统进行研究，研究它们之间的信息传递、信息加工和信息控制，协调这三大要素的关系，确保工作人员在操作中的安全、健康。安全人机工程学的主要研究内容是：人机之间功能匹配与信息传递；安全装置及环境控制和生命保证系统的设计要求；人体差异及差错分析；物的不安全状态分析以及人机系统可靠性分析；等等。

（一）减少人为失误

1. 人为失误的分类

在人—机系统可靠性分析中，我们可以认为，随着科学技术的进步，"机"的可靠性逐年提高，人们在追求机械设备"本质安全化"的同时，进行了大量的人体差错分析，如 HIF 分类法（human initiated failure）、PSTE 分类法（personnel subsystem test and evaluation）等。后者即人员子系统的试验和评价法，将人为失误划分为：操作失误（按错误的或不充分的信息进行操作、信息不明确所致误操作、显示器或控制器失误、环境中有害因素所致操作安全性降低以及过度紧张等）；发生故障后，维修过程中发生的失误及时间上的延误；处理和搬运失误造成时间损失、人员伤害或装置损伤；保管程序失误以及系统计划的失误致使系统的可靠性降低。

也有学者将人为失误分为疏忽、失误、大的过错。前二者是指员工通过正确方法可完成任务，但由于技巧的或规划的错误而未能采用正确方法；后者则是指企业在计划中的缺陷，且即使得到纠正也不能达到目标（Reason，J.，1991）。

2. 人的内在状态

日本大学的桥本邦卫教授将人的大脑意识水平分为五个等级（见表 4—3），表示人的内在状态。

表 4—3　　　　　　　　意识状态的分类

等级	意识状态	生理状态
0	无意识、失神状态	瞌睡等
I	意识模糊状态（不注意）	疲劳、困倦（单调作业可致）、醉酒
II	平静状态（静心思考）	正常作业
III	清醒状态（积极思考）	积极活动（有兴趣的作业）
IV	过度紧张状态（注意力偏执）	感情激发（恐慌状态、紧急防卫时的反应）

表中 0 级为无意识状态，此时如果正在开车，易发生撞车事故，如果正在操作机床，亦可能发生人身伤害事故；Ⅰ级为意识模糊状态；Ⅳ级为意识的过度紧张状态，二者都是最容易引起操作失误的状态；Ⅱ级指平静状态，是绝大多数正常作业时的状态；Ⅲ级状态最好，效率最高，在进行检查、急救等非正常作业时，必须处于这种意识状态。但如果强迫员工长时间维持此状态，则可能由于疲劳反而会降到Ⅰ级。[①]

此外，人的性格、情绪等均与人为失误有一定的关系，因而应通过职业适应性检查，以根据人的特性进行合理的工作分工（本书另章详述）。

（二）建立作业环境中的合理秩序

公司中人—机—环境系统的合理分工和有机配合，可以保持作业环境中的合理秩序，在条件许可的范围内，以最少的"能量"取得最大的效果，并使最后的状态稳定，这是最佳的效果。

（1）人机系统总体系统设计。通过原理设计、初步设计、人机工程学设计、结构设计、造型设计、施工图设计和试制设计等几个阶段，并画出流程图。在人机界面设计中，既要考虑人体测量学及人体生物力学数据，又要符合人的习惯定型，某些违反习惯的定型设计，如圆形控制器人们习惯于按顺时针方向转动，若设计成按逆时针方向转动，尽管通过训练可以适应，但一旦遇到意外，员工又会退化到原来的定型中去，因而易出现差错。

（2）工序作业设计。按照设计说明书的要求，在保证规定生产质量、数量和速度的同时，根据动作—经济原则，结合工作地布局合理规划设计，达到安全、高效的目的。

（3）流水作业系统设计。设计前提是各工序的作业内容在技术上、质量上已趋于稳定，通常采用实际作业时间测量来判断。多人作业的流水线为不影响进度，往往采取集中休息的方式，并取平均富余率为 15%～20%。随着流水线作业的完善，以及生产线均衡技术的应用，富余率可有所降低。但在关注提高生产效率、减少事故的同时，还应注意流水线作业的单调带来的心理问题。

（4）工作场所设计。设计原则是考虑对员工的作业要求、员工的安全、舒适与工作效率、空间环境特点及机械设备的特点，同时考虑员工的生理、心理因素。

（5）岗位设计。包括对从事该岗位员工的工作能力及适应性甄选、对其操作技巧的培训考核反馈以及员工参与设计的积极性。

（6）环境设计。包括物理环境和社会环境的设计（将在下一章中论述）。

（三）安全与适合性检查

安全适合性检查只是去发现有可能在本职本岗上引起事故的人，即发现并排除"事故多发者"（将另外安排工作）。但即使是通过测验的人也未必不发生事故，因此，不能单纯依靠安全适合性检查来解决公司的安全问题（详见第 7 章）。

[①] 参见马秉衡、戎诚兴：《人机学》，北京，冶金工业出版社，1990。

4.3.5　员工安全管理制度化

员工安全管理制度化，就是将国家及行业有关安全管理的方针政策标准与组织结构及生产程序等进行最优化合理安排，确保安全生产长效化，以实现组织经营可持续发展和员工健康发展。

（一）员工安全健康管理组织结构

企业安全管理模式概括起来有几种："经验的安全管理模式"主要依靠个人经验进行管理，员工缺乏参与的意识；"以人为中心的管理模式"主要把控制人的误操作、纠正人的不安全行为作为安全管理的重点，但忽略了对危险源的管理；"过程安全管理模式"实行目标管理和过程控制，依据安全管理基本理论解决运行中的实际问题，但缺乏系统的决策分析。现代安全管理需要全员参与，建立职业健康安全管理体系（occupational health and safety administration，OHSAS），通过系统化的预防管理机制，推动企业尽快进入自我约束阶段，最大限度地降低事故发生率。

员工参与安全管理不仅是在安全管理各个环节提到员工，而且要让员工真正融入安全管理，感受到自己与企业安全生产的联系，从而心甘情愿地努力投入其中。事实上，很多企业让员工参与安全管理都是走走过场。员工参与安全管理工作的范围局限于细枝末节的小事，或者只是对企业高层决策进行参与，这样的误解都会阻碍员工参与的顺利推进。员工参与安全管理主要包括：员工参与安全决策、参与监督、参与安全文化活动等。随着员工素质的提高和参与意识的增强，管理机制的不断改进，最终员工会自觉参与安全管理工作，形成良好的企业安全文化，对安全管理有所贡献。

新加坡的"安全创新队伍"体制

20 世纪 80 年代末，新加坡在各工厂开展了"安全创新队伍"的运动。1995 年制定了第一部国家《安全创新队伍条例》。到目前为止，许多工厂已经建立了"安全创新队伍"体系。为了推动工人们的积极参与，新加坡政府要求安全委员会中至少有一半成员是工人代表，这样有助于增强管理层和工人们之间的职业安全健康意识。

第一届"安全创新队伍"大会于 1995 年召开。那时，只有 16 家公司建了"安全创新队伍"。到 1998 年，"安全创新队伍"的数量增至 103 个，2004 年则达到 347 个，6 年内有了 2 倍的增长。参加"安全创新队伍"对工人们来说是学习安全问题的好途径。作为"安全创新队伍"的成员，工人们可参与鉴别安全问题，观察隐患的细节，提出更好的解决方案。工人们发现自己提出的解决方案得到实施后，会以更大的热情参与问题的讨论。"安全创新队伍"同样有助于促进团体合作和作为一个团队去解决问题。令人振奋的是，每年所交付的工程的质量正在变得越来越好。到目前为止，新加坡的工人在选择、考虑和完成工程时完全掌握了保证安全生产的手段和技术。

资料来源：安全文化网，2005 年 9 月 5 日。

员工安全健康组织结构中应包括高层管理人员、人力资源部门人员、安全健康管理人员、职能部门人员以及员工代表（见图4—6）。

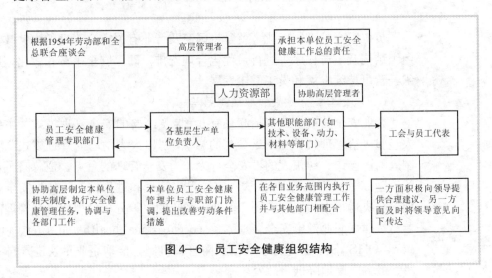

图4—6　员工安全健康组织结构

（二）我国的员工安全管理制度

早在1963年3月30日，国务院就发布了《关于加强企业生产中安全工作的几项规定》，包括安全生产责任制、安全技术措施计划、安全生产教育、安全生产定期检查及伤亡事故调查和处理五项规定，力图促使企业安全管理制度化。

（1）安全生产责任制。企业各级领导、职能部门以及员工都应承担起员工安全健康组织结构中规定的各自在生产过程中应负的安全管理责任。

（2）安全技术措施计划制度。在体制转轨期间，这项被实践证明行之有效的规定在不少原国企中"消失"了，而在其他所有制企业中又没有建立。企业应在制订来年财务计划的同时，合理分配经费，编制安全技术措施计划并督促实施。

（3）安全生产教育制度。员工安全教育不仅有过去一直实行的"三级教育"（新工人入厂教育、车间或工段教育及岗位教育），还可有短期培训、不定期培训，巡回讲座，岗位比武练兵，安全知识竞赛以及经验交流会等形式。对于特殊工种员工，则应有专门的培训并经相关部门考试合格后方可持证上岗。各类教育、培训后应有反馈，即考核评估。每一位员工都应有一个培训记录本，记录其参加培训的时间、内容、培训师姓名、考核成绩及评语，并且有本人签名的证实（见表4—4）。有关培训的详细内容请见第6章第3节。

表4—4　　　　　　　　　　　员工培训记录表

序号	培训起止时间	员工姓名	培训内容	考核成绩	评语（评价）	员工自评	培训师签名	员工签名

（4）安全生产检查制度。这种单位内部安全卫生检查可以是定期的（如每年 2～3 次）和不定期的（抽查，或发现隐患后及时大检查）。应有专门的检查组，领导全员进行。

只有建立安全生产长效机制，并使安全管理制度化，才能确保员工安全健康，确保企业可持续发展。

美国杜邦公司的安全管理

美国杜邦公司是世界知名企业，在《福布斯》世界 500 强企业排行榜上一直位居前列。杜邦公司以化工生产为主，因此特别注重安全管理和各类事故的防范。杜邦公司的安全管理被称为全球工业界的典范，许多航空公司都在引进杜邦公司的管理系统。在杜邦公司，所有的安全管理工作目标都是"零"，这就是零伤害、零职业病和零事故。进入杜邦公司的任何一个工厂，面对这个有着近 200 年历史的跨国企业，无论是员工，还是来访者、客户，谈论最多、感受最深的永远是"安全"。

在杜邦公司，有近乎苛刻的安全指南，从修一把锁到换一个灯泡，都有极其严格的程序和控制；规定在走廊上，没有紧急情况时不允许奔跑，上楼梯必须扶扶手；等等。

高层领导的以身作则以及公司严格的训练和要求，使每个人对安全几乎形成了条件反射，这正是公司的目的，因为这是避免事故的有效途径。杜邦公司认为：安全一旦形成习惯，事故就变得非常遥远。这是杜邦公司 200 年来安全管理经验的归纳与总结，也是杜邦公司的切身体会。

1. 对安全的认识

杜邦在企业内部的安全、卫生和环境管理方面取得了相当的成功经验，并愿意与其他企业一道分享。具体的认识有：

（1）创造安全人与安全场所。管理并不能为工人提供一个安全的场所，但能提供一个使工人安全工作的环境。要提供一个安全工作场所——没有可识别到的危害的工作场所是不可能的，在很多情形下，一个工作场所既不是安全的，也不是不安全的，它的安全程度也并非在安全和不安全这两个极端之间变化的。只有人自身才可以说是安全的或不安全的，或更安全的，或不太安全的。是人的行为，而不是工作场所的特点决定了工伤的频率、伤害的程度以及健康、环境、财产的损坏程度。

（2）安全是企业的核心论点，也有人称之为前提，根据这种论点，使行为能够被不断地指导变成更安全的行为，远离不安全的行为。这里所说的行为，并非专指受了伤害的个体的行为，也包括工人、工程师、现场专家、现场经理、首席执行官及其他人员的行为，任何人都不能确保避免不安全行为。这一概念应该努力在工作中加以强调。

2. 杜邦的职业安全指标水平是先进的

20 世纪 90 年代初，损失工作日事件发生率为 0.024，这表明在 110 000 名工人中一共发生了 27 起损失工作日事件。这样的结果，如果不是杜邦从早期到现在始终不渝地重视安全，是不可能取得的。

3. 认识安全的意义

（1）安全的回报。安全的效果与安全的投入之间的联系并不是一个简单的关系。今天所付出的努力可能在以后的若干年之后才产出结果，而且很可能这个结果并不能被人们意识到是由于数年前所付出的努力产出的。通过避免事故所造成的人身伤害、工厂关闭、设备损坏而降低成本的计算实际上是一个推测值，而且有一部分人一直用怀疑的眼光来看待这一切。

（2）"安全是有价值和有意义的"，注重安全不但能提高生命安全与健康的效果，而且可以同时改进企业的其他各个方面。这种观点，随着杜邦安全管理局的客户们在工作中移植杜邦的安全文化并从中受益后，不断地被更多的人认识到。安全与工人福利之间的关系的建立似乎比工人福利与质量之间的关系的建立更容易一些。从总质量这个角度看，从事质量安全工作就是从事质量工作的一部分，因为安全也是总的工作的一部分。

4. 比较工伤所致的费用与净收入可以向许多管理层提供惊人的信息

某个管理层只采取了一个非常简单的行动便降低了工伤成本，从而提高了企业效率。如某地公司把工伤作为管理成果好坏的一条标准之后的 6 个月内，意外伤害赔偿竟降低了 90%，这个数字是很惊人的。杜邦安全管理局的客户如果遵循杜邦的咨询意见，通常在头两年内可以使工作日的损失降低 50%。

资料来源：http://www.hesppe.com/tech/news/224.html；www.china-safety.org.cn，2009 年 5 月 1 日。

4.3.6　事故管理

（一）事故调查

事故调查是事故管理中不可缺少的重要一环。

1. 事故调查目的

关于事故调查的目的，加拿大的迈克尔·哈维博士总结了以下五个：（1）法律目的。鉴别出事故致因中违反法律法规的情况，有益于确保法律的执行，也有益于今后事故的预防工作。（2）描述目的。真实说明事故发生的时空过程。（3）查因目的。通过全面描述，客观、公正、科学地判断事故致因。（4）预防目的。通过危险性辨识及致因分析，预测假如处于相反状况，事故可能不会发生，从而达到预防目的。（5）研究目的。通过调查，查找分析事故发生的倾向性、规律性，可以为宏观控制事故打下良好的基础。[①]

2. 事故调查程序

大致可以分为关于人的情况调查与物的调查两大部分。主要解决 4W1H，即 who（事故主要涉及者）；when（什么时候发生的）；why（事故主要原因）；where（事故发生在哪里——事故原点）；how（如何确保以后不再发生类似事

① 参见孙树菡：《劳动安全卫生》，107～109 页。

故事件)。

(1) 人的情况调查。包括事前调查 (事故发生前的人、物、环境状况)，事故当事人调查，人证调查，事故行为人调查等。

(2) 物的情况调查。包括事故原点及其判定，事故现场勘查以及事故发生技术原因模拟实验分析等。

(二) 事故统计分析

伤亡事故统计分析的基本任务是：对每个具体事故进行统计调查；测定一定时间、一定范围内事故发生的情况；利用数理统计等方法对一定时间、一定范围内事故发生的情况、趋势以及事故参数的分布等进行分析、归纳和推断。事故统计分析应与事故处理结案同步、同时上报。各国都有具体的统计指标，应用伤亡事故统计指标是为了便于在进行事故统计时有统一的衡量标准。目前所用的指标通常为事故伤害频率和伤害严重度。

1. 我国现行的计算方法

(1) 反映事故次数规模的总量指标。

1) 伤亡事故次数：一定时期内发生工伤事故的次数的总和；

2) 伤亡总人数：一定时期内因伤亡事故而造成的人员受伤和死亡的总人数；

3) 伤亡总人次数：一定时期内因伤亡事故而造成的人员受伤和死亡的总人次数。

(2) 事故伤害频率。这是一个相对指标，用于反映企业生产过程中职工受事故伤害的情况 (比率) 并作为比较不同部门间伤害情况的基准之一。对于事故伤害频率，目前世界各国的计算方法尚不统一。我国国家标准 GB6441—86《企业职工伤亡事故分类标准》中规定：

1) 适用于企业以及各省、市、县上报伤亡事故时使用的计算方法为：

A. 千人死亡率。表示某时期内，平均每千名职工中，因工伤事故造成死亡的人数。即：

$$千人死亡率 = \frac{死亡人数}{平均职工人数} \times 10^3 \tag{4.1}$$

B. 千人重伤率。表示某时期内，平均每千名职工中，因工伤事故造成重伤的人数。即：

$$千人重伤率 = \frac{重伤人数}{平均职工人数} \times 10^3 \tag{4.2}$$

2) 适用于行业、企业内部事故统计分析使用的伤害频率 (表示某时期内，每百万工时事故造成伤害的人数。总伤害人数指轻伤、重伤、死亡人数之和) 计算方法为：

$$百万工时伤害率 = \frac{总伤害人数}{平均职工人数} \times 10^6 \tag{4.3}$$

实际总工时可采用精确或近似两种算法，目前国内通常采用如下方法计算：

    a. 当出勤率是对全部职工而言时。

$$总工时数=全部职工满勤的工时数 \times 出勤率$$
$$-因停产造成的非工作小时+加班工时数 \qquad (4.4)$$

    b. 当出勤率仅对工人而言时。

$$总工时数=全部工人满勤的工时数 \times 出勤率+全部职员的工时数$$
$$-因停产造成的非工作小时数+加班工时数 \qquad (4.5)$$

在具体计算过程中还须注意：

a. 出勤率以劳资部门统计的结果为准。

b. 停产期间的检修工作时间和勤杂工作时间不是非工作时间，但学习（政治学习或业务学习）时间为非工作时间。

c. 正常情况下，每日工作时间按 8 小时计。

$$d. \quad \frac{全部职工（或工人）}{的满勤工时数}=\frac{全部职工（或}{工人）人数} \times \left(\frac{日历}{日数}-\frac{非工作}{日数}\right) \times \frac{每日工作}{时间} \qquad (4.6)$$

e. 加班工时数要精确计算，把工人和职员每次的加班时间相加。

f. 全部职员的工时数=全部职员满勤工时数-（全部职员的歇工日数）

$$\times 每月工作时间 \qquad (4.7)$$

    3）在许多行业（企业）里，还常利用一定量的实物生产过程中所发生事故造成的死亡人数来计算死亡率及百万元产值死亡率等。常用表达式为：

$$百万吨死亡率=\frac{死亡人数}{实际产量（t）} \times 10^6 \qquad (4.8)$$

$$万立方米木材死亡率=\frac{死亡人数}{木材产量（m^3）} \times 10^4 \qquad (4.9)$$

    （3）伤害严重率。伤害频率虽可在一定程度上反映企业或部门某一时期内的安全状况，但它毕竟只是企业中发生事故伤害人次的反映。因此，仅利用伤害频率来评估企业安全管理工作的成效并不十分理想，至少并不全面。譬如，两个同行业、同规模的企业，在某一统计时期内，A 企业发生死亡、重伤事故 3 人次，B 企业出现轻伤事故 3 人次，如仅以伤害频率作为比较指标（参数），就会轻易得出 A、B 两企业安全管理绩效相同的不合理结论。为此，人们又引入了伤害严重率这一概念。我国国家标准 GB6441—86《企业职工伤亡事故分类》中将伤害严重率定义为一定时期内，平均每百万工时发生事故造成损失工作日的数值。即：

$$伤害严重率=\frac{总损失工作日}{实际总工时} \times 10^6 \qquad (4.10)$$

式中的总损失工作日可参照 GB6441—86 附录 B 中的损失工作日数计算或选取方法来确定。

    该计算方法对于某企业（单位）发生人身伤害事故而出现轻伤、重伤和死亡的多寡，即对于事故严重程度，能用损失工作日数来加以区别，从而反映出企业对严重伤害事故和一般伤害事故的控制效果。当（严重）伤害事故得以控制时，伤害严重率就会出现下降趋势。此外，GB6441—86 还引入伤害平均严重率这一概念，借以表示每人次受伤害的平均损失工作日。计算公式为：

$$伤害平均严重率 = \frac{总损失工作日}{伤害人数} \qquad (4.11)$$

2. 其他国家的计算方法

其他国家对伤害频率的计算方法不尽相同，但大致可分为如下三类：

（1）千人死亡（重伤）率。此种算法基本与我国的千人伤亡指标相同。即：

$$千人死亡（重伤）率 = \frac{死亡（重伤）人数}{平均职工人数} \times 10^3 \qquad (4.12)$$

用此指标的国家有独联体国家、英国、法国、韩国及东欧各国等，其区别仅在于分母：有的国家采用平均职工人数，有的则采用在册职工人数。

（2）按 300 个工作日为一个工人数计算年千人负伤率。用此指标的国家主要有德国、意大利、瑞士、荷兰等。

（3）按百万工时计算伤害频率。美国、日本、瑞典和新加坡等许多国家都采用了类似指标。ILO 的专家们及第十届国际劳动统计会（1962）亦建议采用近似算法。

（三）事故报告

伤亡事故报告制度是由国家颁布，对事故定义、事故分类报告程序、原因分析、调查处理和审批程序等都有明确而具体规定的一种制度。它是国家职业安全卫生制度的一项重要内容，也是企业员工安全健康制度的一个组成部分。企业必须严格遵守国家相关法律法规，要求对每起事故都要采取"三不放过"的态度，认真仔细地查清事故原因，吸取教训，并制定相应的预防措施。从而改进劳动安全卫生工作。在发生与生产有关的事故后，负伤者或者事故现场有关人员应当立即直接或者逐级报告企业负责人。单位必须立即用电话快速上报有关部门，事故报告的内容包括：事故发生时间、地点、负伤者姓名、年龄、性别、工种、伤害部位、事故类别等（见表 4—5）。

为了及时报告、统计、调查和处理职工伤亡事故，积极采取预防措施，防止伤亡事故，国务院于 1956 年颁布《工人职员伤亡事故报告规程》；1989 年 3 月 29 日颁布《特别重大事故调查程序暂行规定》；1991 年 2 月 22 日颁布《企业职工伤亡事故报告和处理规定》；2007 年 3 月 28 日颁布《生产安全事故报告和调查处理条例》，2007 年 6 月 1 日起施行（详见本章附录）。

表 4—5　　　　　　　　　　　安全事故报告书

_____年_____月_____日

事故内容			
发生部门		发生地点	
见证人		事故者	

续前表

发生日期		发生时间	上午　　　　时 下午　　　　时
发生原因			
事故状况			
处置方式			
根本对策			
检查追踪			

认可_____　审核_____　制表_____

工伤事故报告书范例

（第1页）

××事故发生部门　××项目部

事故发生时间　××年×月××日

事故发生地点　××工作地

事故类别　××伤害

伤害程度　轻伤（重伤或死亡）

受伤部位　××

编制人

编制时间　××××年××月××日

审批意见

审批人签字

审批时间　××年××月××日

（第2页）

一、事故发生部门

二、事故发生时间

三、事故发生地点

四、事故类别

五、伤害程度

六、受伤部位

七、伤者基本情况

八、事故经过

九、事故原因分析

十、预防措施

十一、事故责任分析

十二、事故处理意见

（四）安全警示

在工作场所设置的可以使劳动者对职业病危害产生警觉，并采取相应防护措施的图形标识、警示线、警示语句和文字，统称为"安全警示"。此外，还有 2009 年 10 月 1 日起实施的安全标志（GB2894—2008）[①] 等。

安全标志是用以表达特定安全信息的标志，由图形符号、安全色、几何形状（边框）或文字构成，分禁止标志、警告标志、指令标志和提示标志四大类。禁止标志的基本形式是带斜杠的圆边框，其含义是禁止人们的不安全行为（见图 4—7）；警告标志的基本形式是正三角形边框，其基本含义是提醒人们对周围环境引起注意，以避免可能发生的危险（见图 4—8）；指令标志的基本形式是圆形边框，其含义是强制人们必须做出某种动作或采用防范措施（见图 4—9）；提示标志的基本形式是正方形边框，其含义是向人们提供某种信息（如标明安全设施或场所等）（见图 4—10）。文字辅助标志的基本形式是矩形边框，有横写和竖写两种形式。

图 4—7　禁止标志示例

图 4—8　警告标志示例

图 4—9　指令标志示例

图 4—10　提示标志示例

---

① 该标准代替了 1982 年首次发布、1988 年第一次修订的 GB2894—88 以及 GB2894—1996。

附录　生产安全事故报告和调查处理条例

第一章　总　　则

第一条　为了规范生产安全事故的报告和调查处理，落实生产安全事故责任追究制度，防止和减少生产安全事故，根据《中华人民共和国安全生产法》和有关法律，制定本条例。

第二条　生产经营活动中发生的造成人身伤亡或者直接经济损失的生产安全事故的报告和调查处理，适用本条例；环境污染事故、核设施事故、国防科研生产事故的报告和调查处理不适用本条例。

第三条　根据生产安全事故（以下简称事故）造成的人员伤亡或者直接经济损失，事故一般分为以下等级：

（一）特别重大事故，是指造成30人以上死亡，或者100人以上重伤（包括急性工业中毒，下同），或者1亿元以上直接经济损失的事故；

（二）重大事故，是指造成10人以上30人以下死亡，或者50人以上100人以下重伤，或者5 000万元以上1亿元以下直接经济损失的事故；

（三）较大事故，是指造成3人以上10人以下死亡，或者10人以上50人以下重伤，或者1 000万元以上5 000万元以下直接经济损失的事故；

（四）一般事故，是指造成3人以下死亡，或者10人以下重伤，或者1 000万元以下直接经济损失的事故。

国务院安全生产监督管理部门可以会同国务院有关部门，制定事故等级划分的补充性规定。

本条第一款所称的"以上"包括本数，所称的"以下"不包括本数。

第四条　事故报告应当及时、准确、完整，任何单位和个人对事故不得迟报、漏报、谎报或者瞒报。

事故调查处理应当坚持实事求是、尊重科学的原则，及时、准确地查清事故经过、事故原因和事故损失，查明事故性质，认定事故责任，总结事故教训，提出整改措施，并对事故责任者依法追究责任。

第五条　县级以上人民政府应当依照本条例的规定，严格履行职责，及时、准确地完成事故调查处理工作。

事故发生地有关地方人民政府应当支持、配合上级人民政府或者有关部门的事故调查处理工作，并提供必要的便利条件。

参加事故调查处理的部门和单位应当互相配合，提高事故调查处理工作的效率。

第六条　工会依法参加事故调查处理，有权向有关部门提出处理意见。

第七条　任何单位和个人不得阻挠和干涉对事故的报告和依法调查处理。

第八条　对事故报告和调查处理中的违法行为，任何单位和个人有权向安全生产监督管理部门、监察机关或者其他有关部门举报，接到举报的部门应当依法及时处理。

第二章　事故报告

第九条　事故发生后，事故现场有关人员应当立即向本单位负责人报告；单位负责人接到报告后，应当于1小时内向事故发生地县级以上人民政府安全生产监督管理部门和负有安全生产监督管理职责的有关部门报告。

情况紧急时，事故现场有关人员可以直接向事故发生地县级以上人民政府安全生产监督管理部门和负有安全生产监督管理职责的有关部门报告。

第十条　安全生产监督管理部门和负有安全生产监督管理职责的有关部门接到事故报告后，应当依照下列规定上报事故情况，并通知公安机关、劳动保障行政部门、工会和人民检察院：

（一）特别重大事故、重大事故逐级上报至国务院安全生产监督管理部门和负有安全生产监督管理职责的有关部门；

（二）较大事故逐级上报至省、自治区、直辖市人民政府安全生产监督管理部门和负有安全生产监督管理职责的有关部门；

（三）一般事故上报至设区的市级人民政府安全生产监督管理部门和负有安全生产监督管理职责的有关部门。

安全生产监督管理部门和负有安全生产监督管理职责的有关部门依照前款规定上报事故情况，应当同时报告本级人民政府。国务院安全生产监督管理部门和负有安全生产监督管理职责的有关部门以及省级人民政府接到发生特别重大事故、重大事故的报告后，应当立即报告国务院。

必要时，安全生产监督管理部门和负有安全生产监督管理职责的有关部门可以越级上报事故情况。

第十一条　安全生产监督管理部门和负有安全生产监督管理职责的有关部门逐级上报事故情况，每级上报的时间不得超过2小时。

第十二条　报告事故应当包括下列内容：

（一）事故发生单位概况；

（二）事故发生的时间、地点以及事故现场情况；

（三）事故的简要经过；

（四）事故已经造成或者可能造成的伤亡人数（包括下落不明的人数）和初步估计的直接经济损失；

（五）已经采取的措施；

（六）其他应当报告的情况。

第十三条　事故报告后出现新情况的，应当及时补报。

自事故发生之日起30日内，事故造成的伤亡人数发生变化的，应当及时补报。道路交通事故、火灾事故自发生之日起7日内，事故造成的伤亡人数发生变化的，应当及时补报。

第十四条　事故发生单位负责人接到事故报告后，应当立即启动事故相应应急预案，或者采取有效措施，组织抢救，防止事故扩大，减少人员伤亡和财产损失。

第十五条　事故发生地有关地方人民政府、安全生产监督管理部门和负有安全生产监督管理职责的有关部门接到事故报告后，其负责人应当立即赶赴事故现场，组织事故救援。

第十六条 事故发生后，有关单位和人员应当妥善保护事故现场以及相关证据，任何单位和个人不得破坏事故现场、毁灭相关证据。

因抢救人员、防止事故扩大以及疏通交通等原因，需要移动事故现场物件的，应当做出标志，绘制现场简图并做出书面记录，妥善保存现场重要痕迹、物证。

第十七条 事故发生地公安机关根据事故的情况，对涉嫌犯罪的，应当依法立案侦查，采取强制措施和侦查措施。犯罪嫌疑人逃匿的，公安机关应当迅速追捕归案。

第十八条 安全生产监督管理部门和负有安全生产监督管理职责的有关部门应当建立值班制度，并向社会公布值班电话，受理事故报告和举报。

第三章 事故调查

第十九条 特别重大事故由国务院或者国务院授权有关部门组织事故调查组进行调查。

重大事故、较大事故、一般事故分别由事故发生地省级人民政府、设区的市级人民政府、县级人民政府负责调查。省级人民政府、设区的市级人民政府、县级人民政府可以直接组织事故调查组进行调查，也可以授权或者委托有关部门组织事故调查组进行调查。

未造成人员伤亡的一般事故，县级人民政府也可以委托事故发生单位组织事故调查组进行调查。

第二十条 上级人民政府认为必要时，可以调查由下级人民政府负责调查的事故。

自事故发生之日起 30 日内（道路交通事故、火灾事故自发生之日起 7 日内），因事故伤亡人数变化导致事故等级发生变化，依照本条例规定应当由上级人民政府负责调查的，上级人民政府可以另行组织事故调查组进行调查。

第二十一条 特别重大事故以下等级事故，事故发生地与事故发生单位不在同一个县级以上行政区域的，由事故发生地人民政府负责调查，事故发生单位所在地人民政府应当派人参加。

第二十二条 事故调查组的组成应当遵循精简、效能的原则。

根据事故的具体情况，事故调查组由有关人民政府、安全生产监督管理部门、负有安全生产监督管理职责的有关部门、监察机关、公安机关以及工会派人组成，并应当邀请人民检察院派人参加。

事故调查组可以聘请有关专家参与调查。

第二十三条 事故调查组成员应当具有事故调查所需要的知识和专长，并与所调查的事故没有直接利害关系。

第二十四条 事故调查组组长由负责事故调查的人民政府指定。事故调查组组长主持事故调查组的工作。

第二十五条 事故调查组履行下列职责：

（一）查明事故发生的经过、原因、人员伤亡情况及直接经济损失；

（二）认定事故的性质和事故责任；

（三）提出对事故责任者的处理建议；

（四）总结事故教训，提出防范和整改措施；

（五）提交事故调查报告。

第二十六条 事故调查组有权向有关单位和个人了解与事故有关的情况，并要求其提供相关文件、资料，有关单位和个人不得拒绝。

事故发生单位的负责人和有关人员在事故调查期间不得擅离职守，并应当随时接受事故调查组的询问，如实提供有关情况。

事故调查中发现涉嫌犯罪的，事故调查组应当及时将有关材料或者其复印件移交司法机关处理。

第二十七条 事故调查中需要进行技术鉴定的，事故调查组应当委托具有国家规定资质的单位进行技术鉴定。必要时，事故调查组可以直接组织专家进行技术鉴定。技术鉴定所需时间不计入事故调查期限。

第二十八条 事故调查组成员在事故调查工作中应当诚信公正、恪尽职守，遵守事故调查组的纪律，保守事故调查的秘密。

未经事故调查组组长允许，事故调查组成员不得擅自发布有关事故的信息。

第二十九条 事故调查组应当自事故发生之日起 60 日内提交事故调查报告；特殊情况下，经负责事故调查的人民政府批准，提交事故调查报告的期限可以适当延长，但延长的期限最长不超过 60 日。

第三十条 事故调查报告应当包括下列内容：

（一）事故发生单位概况；

（二）事故发生经过和事故救援情况；

（三）事故造成的人员伤亡和直接经济损失；

（四）事故发生的原因和事故性质；

（五）事故责任的认定以及对事故责任者的处理建议；

（六）事故防范和整改措施。

事故调查报告应当附具有关证据材料。事故调查组成员应当在事故调查报告上签名。

第三十一条 事故调查报告报送负责事故调查的人民政府后，事故调查工作即告结束。事故调查的有关资料应当归档保存。

第四章 事故处理

第三十二条 重大事故、较大事故、一般事故，负责事故调查的人民政府应当自收到事故调查报告之日起 15 日内做出批复；特别重大事故，30 日内做出批复，特殊情况下，批复时间可以适当延长，但延长的时间最长不超过 30 日。

有关机关应当按照人民政府的批复，依照法律、行政法规规定的权限和程序，对事故发生单位和有关人员进行行政处罚，对负有事故责任的国家工作人员进行处分。

事故发生单位应当按照负责事故调查的人民政府的批复，对本单位负有事故责任的人员进行处理。

负有事故责任的人员涉嫌犯罪的，依法追究刑事责任。

第三十三条 事故发生单位应当认真吸取事故教训，落实防范和整改措施，防止事故再次发生。防范和整改措施的落实情况应当接受工会和职工的监督。

安全生产监督管理部门和负有安全生产监督管理职责的有关部门应当对事故发生单位

落实防范和整改措施的情况进行监督检查。

第三十四条　事故处理的情况由负责事故调查的人民政府或者其授权的有关部门、机构向社会公布,依法应当保密的除外。

第五章　法律责任

第三十五条　事故发生单位主要负责人有下列行为之一的,处上一年年收入40%至80%的罚款;属于国家工作人员的,并依法给予处分;构成犯罪的,依法追究刑事责任:

(一) 不立即组织事故抢救的;

(二) 迟报或者漏报事故的;

(三) 在事故调查处理期间擅离职守的。

第三十六条　事故发生单位及其有关人员有下列行为之一的,对事故发生单位处100万元以上500万元以下的罚款;对主要负责人、直接负责的主管人员和其他直接责任人员处上一年年收入60%至100%的罚款;属于国家工作人员的,并依法给予处分;构成违反治安管理行为的,由公安机关依法给予治安管理处罚;构成犯罪的,依法追究刑事责任:

(一) 谎报或者瞒报事故的;

(二) 伪造或者故意破坏事故现场的;

(三) 转移、隐匿资金、财产,或者销毁有关证据、资料的;

(四) 拒绝接受调查或者拒绝提供有关情况和资料的;

(五) 在事故调查中作伪证或者指使他人作伪证的;

(六) 事故发生后逃匿的。

第三十七条　事故发生单位对事故发生负有责任的,依照下列规定处以罚款:

(一) 发生一般事故的,处10万元以上20万元以下的罚款;

(二) 发生较大事故的,处20万元以上50万元以下的罚款;

(三) 发生重大事故的,处50万元以上200万元以下的罚款;

(四) 发生特别重大事故的,处200万元以上500万元以下的罚款。

第三十八条　事故发生单位主要负责人未依法履行安全生产管理职责,导致事故发生的,依照下列规定处以罚款;属于国家工作人员的,并依法给予处分;构成犯罪的,依法追究刑事责任:

(一) 发生一般事故的,处上一年年收入30%的罚款;

(二) 发生较大事故的,处上一年年收入40%的罚款;

(三) 发生重大事故的,处上一年年收入60%的罚款;

(四) 发生特别重大事故的,处上一年年收入80%的罚款。

第三十九条　有关地方人民政府、安全生产监督管理部门和负有安全生产监督管理职责的有关部门有下列行为之一的,对直接负责的主管人员和其他直接责任人员依法给予处分;构成犯罪的,依法追究刑事责任:

(一) 不立即组织事故抢救的;

(二) 迟报、漏报、谎报或者瞒报事故的;

(三) 阻碍、干涉事故调查工作的;

(四) 在事故调查中作伪证或者指使他人作伪证的。

第四十条 事故发生单位对事故发生负有责任的，由有关部门依法暂扣或者吊销其有关证照；对事故发生单位负有事故责任的有关人员，依法暂停或者撤销其与安全生产有关的执业资格、岗位证书；事故发生单位主要负责人受到刑事处罚或者撤职处分的，自刑罚执行完毕或者受处分之日起，5 年内不得担任任何生产经营单位的主要负责人。

为发生事故的单位提供虚假证明的中介机构，由有关部门依法暂扣或者吊销其有关证照及其相关人员的执业资格；构成犯罪的，依法追究刑事责任。

第四十一条 参与事故调查的人员在事故调查中有下列行为之一的，依法给予处分；构成犯罪的，依法追究刑事责任：

（一）对事故调查工作不负责任，致使事故调查工作有重大疏漏的；

（二）包庇、袒护负有事故责任的人员或者借机打击报复的。

第四十二条 违反本条例规定，有关地方人民政府或者有关部门故意拖延或者拒绝落实经批复的对事故责任人的处理意见的，由监察机关对有关责任人员依法给予处分。

第四十三条 本条例规定的罚款的行政处罚，由安全生产监督管理部门决定。

法律、行政法规对行政处罚的种类、幅度和决定机关另有规定的，依照其规定。

第六章 附 则

第四十四条 没有造成人员伤亡，但是社会影响恶劣的事故，国务院或者有关地方人民政府认为需要调查处理的，依照本条例的有关规定执行。

国家机关、事业单位、人民团体发生的事故的报告和调查处理，参照本条例的规定执行。

第四十五条 特别重大事故以下等级事故的报告和调查处理，有关法律、行政法规或者国务院另有规定的，依照其规定。

第四十六条 本条例自 2007 年 6 月 1 日起施行。国务院 1989 年 3 月 29 日公布的《特别重大事故调查程序暂行规定》和 1991 年 2 月 22 日公布的《企业职工伤亡事故报告和处理规定》同时废止。

□ 本章小结

职业伤害事故不仅是对劳动者生命健康权益的损害乃至剥夺，而且严重损害企业的利益，同时也会影响社会经济效益。本章分析了生产、工作活动中的安全风险，并从安全人机工程学的角度分析事故原因；简要介绍了风险管理理论、风险控制原则及事故控制策略与技术。本章亦从人力资源管理的角度，进一步介绍了员工安全管理制度，介绍了一些具体的做法，包括提交事故报告书等实务。

□ 思考题

1. 请简要介绍动力作业安全风险。

2. 请说出几个事故致因理论。

3. 请谈谈风险控制原则。

案 例

美国如何控制煤矿事故

作为世界主要产煤大国之一，美国煤矿业也曾经历过安全事故频发的阶段。19 世纪后期到 20 世纪初期，由于生产技术和管理都比较落后，美国煤矿处于安全事故多发期。1907 年，美国煤矿事故死亡人数达 3 242 人，创下历史最高纪录，其中西弗吉尼亚州一个煤矿发生瓦斯爆炸事故造成 362 人死亡。

20 世纪 40 年代以来，围绕煤矿安全生产，美国先后制定了 10 多部法律，安全标准越来越高。1968 年，美国弗吉尼亚州法明顿的一个煤矿发生瓦斯爆炸事故，造成 78 人死亡。此后美国政府迅速制定了新的《矿业安全和卫生法》，于 1969 年 12 月 31 日由总统签署并颁布实施。1977 年，美国对《矿业安全和卫生法》进行重大修订，增加了金属和非金属矿山安全法规等内容，并建立了独立的安全监察部门——矿山安全和卫生署，由劳工部助理部长任局长，对所有矿业生产进行全面和严格的监察。

新技术在煤矿业的推广和采用也是美国煤矿安全事故减少的一个重要原因。由于美国煤矿大量采用高新技术和设备，生产效率不断提高，煤矿就业人数逐年减少，到 1990 年时已减少到 13.13 万人。此后，煤矿就业人数继续减少，仅 1992—1997 年间就减少了 28.9%。

《矿业安全和卫生法》以及相关配套规章的实施，加上新技术的推广采用，使美国煤矿业生产进入了事故低发的新阶段：20 世纪前 30 年，美国煤矿每年平均因事故死亡的有 2 000 多人；到 20 世纪 70 年代，年死亡人数下降到千人以下；1990—2000 年，美国共生产商品煤 104 亿吨，死亡人数 492 人，平均百万吨煤人员死亡率为 0.047 3；2004 年美国生产煤炭近 10 亿吨，但煤矿安全事故中总共死亡 27 人，2005 年这一数字更是降低到 22 人。

据美国劳工部发表的各行业事故率统计数字，美国的采矿业已成为较安全的行业，好于林木采伐、钢铁冶炼、运输及建筑等行业。

资料来源：摘自《国外如何抓安全生产：美国篇》，安全文化网，2007 年 3 月 5 日。

[讨论题]

针对上述案例，结合我国煤矿事故问题进行分析，你认为我们在遏制煤矿重特大事故方面应该做些什么？

第 5 章

员工健康保护

我需要知道什么?

阅读完本章之后,你应当能够了解:

- 职业性有害因素
- 法定职业病
- 员工健康的其他影响因素
- 职业病预防
- 员工健康风险管理

20 世纪 60 年代以来,世界经济高速发展,随着化工、航天航空、深海作业、信息产业等新兴产业的蓬勃发展,以及生产的大型化、机械化、自动化,职业伤害对作业者的加害行为往往变得更具有间接性和客观性,而科学技术在生产中的广泛应用,又可能使这种加害行为更具复杂性,损害程度更深;核能等新能源、新材料的广泛应用,使得风险可能具有扩散性及社会性,这些都加重了员工、企业乃至整个社会的未来风险负担,也加大了企业的责任。可以说,员工安全健康管理已超越了传统的"企业管理"(主要指机器制造业等)的范畴,涵盖了办公室作业等领域。

5.1 职业健康风险

员工在工作中可能会遭受生产环境中物理性、化学性、生物性的有害因素的不良影响;也可能会由于劳动组织或劳动制度不科学、不合理而造成有损健康的影响;还可能会由于工作场所卫生设施及人机设计不良而引起人体不适或造成外伤;工作压力、紧张、生活方式不良亦可损害员工健康。美国《职业安全与健康法》中就同时强调了职业安全与职业健康的重要性，鼓励充分发挥雇主和员工双方的积极性来共同促进工作场所的安全与健康。

任何工作岗位都存在某种危险。人的行为不当、生产设备设计不合理或没有适当的安全装置，均可发生外伤（详见第 4 章）。工作场所以及工作过程中的一些有害（或不良）因素作用也可能对人体健康造成一定的损害，我们将其统称为"职业性疾患"或"广义职业病"。"狭义职业病"（即法定职业病）则是指由政府主管部门明文规定的职业病。这类职业病又被称为"可获赔偿的职业病"，因为它们均被列入了各国的工伤保险范围。凡被诊断确诊为法定职业病患者，在其治疗和休养期间以及治疗后被"定级"的患者，可享受长期工伤保险待遇；治疗无效死亡者遗属亦可享受工伤保险规定的待遇。由于各国的经济条件、社会制度、诊断技术水平的普及或掌握程度不同，因此各有不同的规定。德国、意大利、英国等国从疾病的角度考虑，仅列举造成职业病的职业危害因素；挪威、波兰等国只是笼统地标明有害因素的性质，包括一些病因；还有不少国家规定了明确的"职业病目录"，以此确定是否法定职业病。我国属于最后一种情况，1957 年首次确定了 14 种职业病，后来有所增加；1987 年 11 月 5 日由卫生部、劳动人事部、财政部和中华全国总工会联合正式公布，确定了 9 类共 99 种法定职业病；2002 年 5 月 1 日《中华人民共和国职业病防治法》正式实施以后，卫生部与劳动和社会保障部同时颁发了新的《职业病名录》，包括 10 类 115 种职业病。[①] 相信随着大规模的产业结构调整以及事业单位全部纳入工伤保险制度，我国的职业病名录还会发生较大的变化。

本章将职业健康风险按我国法定职业病和非法定职业病等分开进行分析。

5.1.1 职业性有害因素与法定职业病

1950 年 WHO（世界卫生组织）首次制订职业卫生规划时，与 ILO 一起组成了工业卫生联合委员会，首次以国际组织的名义对职业卫生下了定义："职业卫生的目的是促进和保持所有作业工人身体、精神和社会活动的最高健康水平，预防工作环境对工人健康的影响，保护工人不受工作中有害因素的危害，改造职业环境并使之保持适合工人的生理和心理状况；总之，使每项工作适合于工人，也使每个工人适应其工作。"1959 年第 43 届国际劳工会议召开后，ILO 根据会议讨论的意见提出，"OHS（职业健康与安全）是一种在工作场所或其附近提供的全面保护工人健康的服务，内容是预防性的，目的是使工作符合工人健康的要求"。

劳动者是在各种不同的作业环境中工作的，环境条件（包括外界环境条件的改变）都可能对劳动者的健康产生一定的影响。作业环境中的职业性有害因素可大致分为：物理性有害因素、化学性有害因素及生物性有害因素等，此

---

① 随着《中华人民共和国职业病防治法》的修订，有关部门正在修订《职业病名录》。

外，社会、心理、组织等因素也可能会对员工身心健康产生一定的影响。

一、物理性有害因素与职业病

生产环境中的物理性有害因素包括高、低气压，高、低气温，噪声，振动，各种电磁辐射，以及放射性物质等，如果超过国家准许标准，或长期接触，均可对人体造成不良影响。目前我国由于相当数量的中小企业自动化、机械化程度不高，物理因素的危害依然严重，如果防护措施不力，就可能使作业人员患上某种类型的职业病，如噪声聋、手臂振动病、中暑等。然而，物理性有害因素的防控具有一定的难度，主要原因有：

（1）物理性有害因素的危害长期性。物理因素的危害不像急性中毒等其他职业危害那样发生迅速，物理作用有一个长期的过程，比如振动病，需要一个长期的损害过程。因而无论是劳动者还是管理者，都在对其防范上有麻痹心理，从而导致物理因素伤害的频繁发生。

（2）物理性有害因素的广泛存在。对于生产环境噪声和生产机械振动等物理因素所造成的有害环境，要将其影响降到可忽略的地步是较为困难的。而且，随着新技术、新工艺的广泛采用，还有一些意想不到的新的物理因素危害会产生。

（3）物理性有害因素影响方式的复杂性。物理性有害因素往往多变，有两种甚至多种伤害方式。比如振动对人的影响，有全身振动和局部振动两种危害方式，而且在噪声同时存在的情况下，会加剧振动的危害。这种复杂性无论是对于开展有害因素防治研究还是对于有害因素的防治工作实施都是一种考验。

1. 高温环境

高温是劳动者在工作场所中经常遇到的一种物理性有害因素。典型的高温作业包括以下几种：（1）高温强热辐射作业。生产环境中的各种热源，比如熔炉、开放的火焰等，均可产生热辐射。（2）高温高湿作业。造纸、缫丝等行业中的液体加热或原料蒸煮就属于高温高湿作业，其特点是工作场所的气温和湿度同时都很高。（3）夏季露天作业。传统农业、露天装卸、运输、建筑等行业均属于夏季露天作业，其特点是作业环境气温很高，同时又受到太阳和被加热的地面的热辐射。

高温环境下的劳动会使人体出现一系列生理功能的改变，这些改变如果超过一定限度，就可能对劳动者产生不良影响，比如，大量出汗导致的水盐代谢紊乱、高温加重心脏负担导致的心肌生理性肥大，等等。当然，人最容易出现的高温反应还是中暑。中暑根据病情轻重依次分为先兆中暑、轻症中暑、重症中暑。中暑轻则会使人出现口渴、疲乏、胸闷等症状，重则能致人昏迷或抽搐，甚至死亡。

气温超 40℃ 频现劳工死亡

7月下旬以来，中国西北、华北、江南、华南等地出现大范围高温天气，部分地区出现40℃以上极端气温。伴随高温而来的死亡事故也频繁发生，尤其是在户外作业的劳动者。7月30日至8月1日，济南因高温出现多名中暑入院的户外劳动者，其中8人经抢救无效离世，大多为环卫工人或农民工。

但这并非个案。早在6月中旬，新疆哈密地区伊吾县就因出现40℃～44℃的高温，导致20人中暑住院，其中3人死亡，中暑患者主要是种植哈密瓜的农民工。而据《信息时报》消息，7月22日，在广州打工的广西藤县籍民工谭忠球因中暑被送医抢救，治疗过程中病情恶化，于次日身亡。

分析：长期以来实施的全国性法规《防暑降温措施暂行条例》颁布于1960年，至今已有50年未作修改；现有规定执行不力，高温停工规定无强制效力。2007年卫生部下发了《关于进一步加强工作场所夏季防暑降温工作的通知》，随后，全国各地建设部门也相继出台高温停工的规定。例如，2009年7月，杭州市总工会、市经委、市建委联合下发《关于切实加强高温期间防暑降温工作的紧急通知》，要求气温达到35℃以上时，11时至15时期间应暂停在阳光直射下作业；气温达到38℃及以上时，原则上要停工。武汉工会日前紧急发文督促企业发放高温津贴。北京市总工会此前也表示，高温天气下，工会将及时与用人单位协商，要求企业根据实际情况适当调整作息时间，合理安排职工的作业时间，错开高温时间作业。但这些规定都不是强制性的，没有法律强制效应，被质疑"成为一纸空文"。

资料来源：张静：《"高温致死"频发　专家建议加紧立法》，见《新京报》电子版，http：//epaper.bjnews.com.cn/html/2010－08/05/content_133800.htm? div=－1。

2. 低温环境

低温作业主要包括酒厂地窖、各类冷藏库、冬季室外作业等。过低的气温或过强的负辐射均能形成一种低温环境。低温环境可引发全身过冷，会导致机体免疫力和抵抗力下降，诱发感冒、上呼吸道炎症、肺炎、心内膜炎、肾炎等疾病；高血压、冠心病等心脑血管疾病的患者从事低温环境作业，也极易导致这些疾病的复发；局部过冷时，最常引起的是冻疮和冻伤，有时也可引起肌肉局部僵硬，不全麻痹症以及关节炎等。

3. 高气压环境

高气压环境常见于深涵作业及潜水作业。高气压条件下员工呼吸压缩空气，为避免氧中毒，往往呼吸氮—氧混合气体。但是氮分压过高会导致神经麻痹、意识模糊等症状，甚至引起血液循环机能改变。而且如果减压速度过快，释放过多过快的氮气，可成为气泡而阻塞血管和压迫组织，引起一系列病变，称为"减压病"。轻者出现皮炎症状、搔痒、丘疹、斑块等；重者会导致神经、循环、呼吸系统病变，在这些相关系统的脏器中出现气泡，可发生截瘫、昏迷、失聪、失明、语言障碍等，甚至发生不可恢复的损伤而致残、致死。

2007 年 5 月 10 日，广西北海一名从事海底潜捕的摸螺工出水后突然休克，摸螺船上的其他人员用筷子撬开病人嘴巴，进行人工呼吸和全身按摩后，将其送往医院救治。后来该职工被诊断为减压病。2007 年 11 月 28 日，在威海市海域从事沉船打捞作业的一名工作人员，当潜到 34m 深的海水里时，突然感觉呼吸罩没有氧气。他不得不急速扔掉缠在身上用于下沉的铅块，猛力向上划水，船上的工友赶忙将他拉出水面。这名作业人员当即出现浑身疼痛等减压病症状。公司将他送到医院进行高压氧舱治疗后，仍旧四肢麻木、疼痛，后转院治疗一段时间才逐渐好转。

减压病是由于作业人员在从事高气压作业后减压不当，体内原已溶解的气体超过饱和界限，在血管内外及组织气泡所致的循环障碍和组织损伤的全身性疾病，是潜水人员常患的一种疾病。调查显示，我国有大量工人在北部湾沿海常年从事摸螺作业，经常导致减压病。近年来，近海商业潜水开始流行，据统计该领域减压病发生率为 2%～10%，且有逐年上升的趋势。绝大多数患者症状发生在减压后 1～2 小时内。在减压过程中发病者占总发病数的 9.1%，减压结束后 30 分钟内发病占 50%，1 小时发病占 85%，3 小时发病占 95%，6 小时发病占 99%，6～36 小时发病仅占 1%。减压愈快，症状出现愈早，病情愈严重。

资料来源：安全管理网，http://www.safehoo.com/San/Case/200912/35279.shtml。

4. 低气压环境

高空、高山、高原均属于低气压环境。在这种环境下从事运输、勘探、筑路、采矿等劳动，就可能受到低气压有害因素的影响。按照发病缓急，可分为急性高原病和慢性高原病两大类。急性高原病可分为急性高原反应、高原肺水肿和高原脑水肿三种类型。急性高原反应表现为头疼、头晕、心悸、恶心、腹胀、紫绀等；高原肺水肿主要表现为干咳、胸痛、呼吸困难、烦躁不安等；高原脑水肿起病急，伴有剧烈头痛、兴奋、抽搐、昏迷等症状。慢性高原病可分为慢性高原反应、高原心脏病、高原红细胞增多症、高原高血压症和高原低血压症五种类型。

5. 噪声环境

噪声是指音高和音强变化混乱的不和谐的声音，是由发音物体不规则的随机振动产生的。其来源主要包括工业噪声、交通噪声和生活噪声。其中工业噪声最为常见和广泛，此类噪声强度大、持续时间长，对周围环境有很大影响，尤其是对现场工作人员的影响最为严重，是引起职业病的最主要的物理因素之一。噪声对人体的影响主要表现在以下几个方面：如果接触噪声时间比较长，听力损失就不能完全恢复，表现为永久性听阈位移，内耳感声器官发展成器质性退行性病变，造成听力损伤，又称噪声性耳聋；噪声通过听觉器官传入大脑皮层和植物神经中枢，引起中枢神经系统的一系列反应，可出现神经衰弱综合征，产生头疼、头晕、失眠等症状；在噪声的影响下，会出现交感神经紧张度增强，心率加快，血压波动，心电图异常；同时会造成胃功能紊乱，导致胃液分泌减少，胃蠕动减慢，出现食欲不振以及性腺功能发生变化，月经不调，生殖能力下降等症状。此外，长期接触噪声可使人心情烦躁，易疲倦，情绪不好，反应迟钝，甚至导致工伤事故的增多。

6. 振动环境

振动是指物体在外力的作用下以中心位置为基准的往返运动。这一物理现象广泛存在于电钻等各种生产工具的使用过程和各种生产作业过程中。接触强烈的振动可能导致全身性疾患，如内脏器官的损伤或位移，导致组织营养不良，如足部疼痛、皮肤温度降低；女工可发生子宫下垂、自然流产及异常分娩率增加；一般认为可发生性机能下降、气体代谢增加。振动加速度还可以使人出现前庭功能障碍，导致内耳调节平衡功能失调，出现脸色苍白、恶心、呕吐、出冷汗、头疼头晕等症状。局部振动也可对人体造成多种不良影响。如皮肤感觉、痛觉、触觉、温度感觉功能下降，血压及心率不稳，脑电图有所改变；心电图有所改变；握力下降，肌肉萎缩、疼痛等；出现骨质增生、骨质疏松等；如果振动和噪声同时存在，则可加重对听觉器官的损害并且会导致振动病。早期可出现肢端感觉异常、振动感觉减退。主诉手部症状为手麻、手疼、手胀、手凉、手掌多汗；其次为手僵、手颤、手无力，手指遇冷即出现缺血发白，严重时血管痉挛明显。

7. 电磁辐射

这里指的是电磁辐射谱中的特定波段，包括射频辐射、微波辐射、红外辐射、紫外辐射以及激光辐射等，又称非电离辐射。

射频辐射包括高频、超高频电磁场及微波。对工人的影响主要是导致神经衰弱综合征，如头痛、头昏、乏力、记忆力减退、睡眠障碍等，此外，还伴有植物神经功能失调，如情绪不稳定、多汗、消瘦等。

微波辐射的慢性作用对机体的影响主要有神经衰弱综合征和心血管系统功能紊乱。另外，大强度微波全身辐射所致的急性损害，还可引起白内障。

红外辐射就是红外线，也称热射线辐射。太阳是自然界对地球最强的红外线辐射源。生产环境中的红外线辐射源为人工辐射源，如各种冶炼炉和加热炉、加热金属、熔融玻璃、焊弧、某些强光灯具及红外激光器等。剂量过大的红外辐射还会灼伤皮肤，甚至危及血液系统和深部组织，并可对角膜、虹膜、晶状体及视网膜等产生不同程度的影响。

紫外辐射除来自太阳辐射外，还包括生产过程中温度很高的光源和热源。过量的紫外线照射可导致角膜炎、结膜炎；引起皮肤红斑反应或导致光感性皮炎；长期过量照射可致皮肤癌。

激光广泛用于农业、国防、医学和科研等各个领域，如材料加工、测距、计量、通信、全息照相及肿瘤治疗等。激光对人体的主要伤害是眼睛，其次是皮肤，高强度激光也可影响到中枢神经系统及内脏。

二、化学性有害因素与职业病

化学性危害因素是目前引起职业病、职业中毒的最为多见的有害因素，主要包括各类生产性毒物、粉尘以及其他有害物质。在一定条件下，较小剂量即可引起机体急性或慢性病理变化，甚至危及生命的化学物质称为毒物。生产过程中产生的，存在于工作环境空气中的毒物称为生产性毒物。劳动者在生产劳动过程中过量接触生产性毒物可引起职业中毒。

生产性毒物主要来源于原料、辅助原料、中间产品、成品、副产品、夹杂物或废弃物；有时也可来自热分解产物及反应产物。毒物可以固态、液态、气态或气溶胶的形式存在于生产环境。在生产劳动过程中，毒物的来源包括原料的开采与提炼、加料；成品的处理、包装；材料的加工、搬运、储藏；化学反应控制不当或误操作而引起的"跑、冒、滴、漏"；等等。此外，有些作业虽未应用有毒物质，但在一定条件下亦有机会接触到毒物，甚至引起中毒。

（一）工业毒物

工业毒物又称生产性毒物，指工农业生产中接触和使用的某些有毒化学物质。

1. 金属毒物

某些金属（如铅、汞、锰、铍等）及某些金属化合物（如铅白、氰化汞等），对人体均有一定的影响。

2. 非金属毒物

工业生产中，接触有毒性非金属及其化合物的作业，为数也不少。如砷及其化合物（三氧化二砷、砷盐、含砷农药等）、磷及其化合物等。某些金属、类金属及其化合物具有神经毒性作用，可导致人的神经—精神症状反常，并可导致血液系统，消化系统等的病变。

3. 有机溶剂

随着生产的发展，有机溶剂的生产和使用日益增多。溶剂对人体有毒害作用。长期接触有机溶剂，会对神经系统产生巨大影响，不同程度地减弱和损坏神经细胞的功能。例如苯、苯的硝基化合物、四氯化碳、二硫化碳等，都具有神经毒性作用；苯还可损害造血机能；汽油、甲醇、乙醇等，也对人体有一定的危害作用。樟脑精、甲苯、二甲苯等，都是油漆辅料，对肾具有一定的毒害作用，会引起"漆工肾"。近年来，一些防护措施不力的"三来一补"企业及乡镇企业、个体企业中曾多次发生苯中毒事件。

2004 年 6 月 4 日，昆山县某鞋底厂发生一起苯中毒事故，患者曹某某 4 月到该厂从事鞋底擦鞋油工作，5 月因发热伴全身皮肤瘀点、瘀斑，牙龈出血 1 周，骨髓检查为再生障碍性贫血。该鞋底厂建于 2003 年 2 月，系个体私营企业，有职工 20 人，生产鞋底。工艺过程简单：SBS 注塑→亮光水擦鞋油→TPR 平光黑喷光→包装。该职工从事擦鞋油工作，经常加班加点，每天工作 10～16 小时不等。该厂房为简易房，系铁架结构，注塑、擦鞋油、包装在同一车间，喷光为独立车间。工作场所未设立职业卫生管理制度及操作规程，亦无无机械通风设施。生产工人未配备任何个人防护用品。该厂未按规定进行职业病危害项目申报，从未组织过工人进行职业健康监护。

6月4日，县疾控中心对该厂从事擦鞋油工作的另5名工人进行职业健康体检。根据职业健康检查要求，检查项目为内科检查、血常规、肝功能，符合慢性轻度苯中毒的实验室诊断指标。患者均从事亮光水擦鞋油工作，使用含苯化合物，有接触空气中苯的职业史。测得该车间空气中苯最高浓度达 329 mg/m3，大大超过国家卫生标准。后经职业病诊断机构综合分析，诊断为职业性慢性重度苯中毒。该企业未进行职业病危害项目申报及组织工人进行职业健康体检，未能做到预防在前。

资料来源：应旭华：《一起苯中毒事故的调查报告》，见昆山环境检测网，http：//www.hbsos.cn/list/zybal_655_2047.html。

4. 高分子化合物

合成纤维、合成塑料、合成橡胶等高分子化合物已被广泛应用于工农业生产、国防工业、日常生活以及医药卫生等。在加工和生产过程中，某些原料、添加剂及热解产物有不同程度的毒性，例如氯乙烯、环氧树脂、氯丁二烯等。急性氯丁二烯中毒属于高毒类，主要对中枢神经系统产生麻醉作用，也可损害肺、肝、肾等。

5. 刺激性气态毒物

刺激性气体是化学工业中的重要原料产品和副产品，其种类繁多，最常见的有：酸、卤族元素、强氧化剂、金属化合物等。刺激性气体具有腐蚀性，在生产过程中易跑、冒、滴、漏。外逸的气体通过呼吸道进入人体，可造成中毒事件。它对人体的眼及呼吸道粘膜有刺激作用，以局部损害为主，当刺激作用过强时也可引起全身反应。生产中多为急性中毒。外逸的气体波及面广，危害较大，不仅直接危害工人，而且会污染环境，造成更大的危害。

印度博帕尔事件

1984年12月3日凌晨，印度中部博帕尔市北郊的美国联合碳化物公司印度公司的农药厂里突然传出几声尖利刺耳的汽笛声。紧接着，在一声巨响中，一股巨大的气柱冲向天空，形成一个蘑菇状气团，并很快扩散开来。这不是一般的爆炸，而是农药厂发生的严重毒气泄漏事故。博帕尔农药厂是美国联合碳化物公司于1969年在印度博帕尔市建成的，主要生产西维因、滴灭威等农药。制造这些农药的原料是一种叫做异氰酸甲酯（MIC）的剧毒刺激性气体。这种气体只要有极少量短时间停留在空气中，就会使人感到眼睛疼痛，若浓度稍大，会使人窒息。

至1984年底，该地区有2万多人死亡，20万人受到波及，附近的3 000头牲畜也未能幸免于难。在侥幸逃生的受害者中，孕妇大多流产或产下死婴，有5万人可能永久失明或终生残疾，余生将苦日无尽。

资料来源：人民网，2001年12月24日。

6. 窒息性气体

窒息性气体按其对人体的毒害作用可以分为两类。一类如氮气、二氧化碳、甲烷等，本身无毒，但是由于它们对氧的排斥，可致人体缺氧、窒息；另一类如一氧化碳、氰化物等，主要危害是对血液或组织产生特殊的化学作用，阻碍氧的输送，引起组织的"内窒息"。

1983 年月 25 日上午 8 时左右，某钢铁厂第一薄板车间检修工王某对煤气退火炉进行检修。王某在检修完毕后开始调试时，阀门突然漏气，大量煤气从其上方逸出。王某因吸入过量煤气而引起一氧化碳中毒，被送入医院急救脱险。同年 11 月 9 日下午 6 时左右，该厂耐火车间焙烧工忻某在打开焙烧炉看火时，因炉中燃烧不完全，致使一氧化碳逸出，忻某因吸入过量一氧化碳而引起急性中毒。1987 年 4 月 7 日上午 9 时左右，另一家钢铁厂新建热风化铁炉试炉时发现炉门处有一漏洞，厂方立即派热风化铁炉泥工刘某进行补漏，刘在补漏时未使用个体防护装备，因吸入大量炉内外逸的一氧化碳而中毒晕倒。

点评：钢铁厂一般都用煤气作为热源，在炉台作业的工人常年接触一氧化碳，特别是设备出现故障检修时，极易发生一氧化碳中毒。因此，钢铁厂应制定职业卫生和安全操作规程，并对作业工人进行职业卫生和安全教育，督促他们严格执行操作规程，提高自我保护意识和能力。同时，作业场所应配备一氧化碳报警装置，做好应急救援的准备工作。

资料来源：煤矿安全网，http：//www.mkaq.org/gongshangbx/zhiyebingfh/200907/gongshangbx _ 12220 _ 2.html。

7. 致癌物

随着生产的发展，化工产品日益增多，现在已知有不少化学物质有明显的致癌作用。在制造或生产某些物质的过程中，长期接触该物质的工人，患肿瘤的几率大大高于对照组的工人。例如接触氯乙烯以及某些砷化合物可能产生肝血管瘤；接触苯可产生白血病；接触双氯甲醚、三氯甲苯、生产焦炭、焦炉煤气的工人肺癌发病率高；接触石棉可产生肺癌或间皮瘤；生产铬酸盐或重铬酸盐、镍冶炼或精炼的工人肺癌或上呼吸道癌的发病率高；用含砷矿石冶炼、制造无机砷化合物工人的肺癌或皮肤癌发病率高；接触煤烟、矿物油、煤焦油、沥青、柏油、石蜡的工人皮肤癌发病率高。

苹果供应链上再爆丑闻　工人正己烷中毒致残

2011 年 2 月 15 日苹果公司正式发布 2011 年《供应商责任进展报告》，首次公开承认，因为供应商违规操作，在苹果的中国产业链上，137 名工人正己烷中毒。

今年 20 岁的谷玉曾经是苏州运恒五金的一名员工（该企业的服务对象是苹果公司供应商宇瀚科技公司）。每天，她从早上 8 点到晚上 10 点半在封闭的无尘车间里给约

3万个苹果标志清洗贴膜，使用的清洗剂叫正己烷。

谷玉被确诊为"正己烷中毒"，经过1年多的治疗，现在已经恢复了很多，但经常性的腿疼让她有时彻夜难眠。这个正处于花季的女孩从此要远离工厂。手脚没有力气，晚上睡不着觉，今后不能再进工厂工作了。在她之前，厂里已有8个人得病，这些人都"私了"了，老板吓唬他们，不让他们做鉴定，签一份合同，解除劳动关系，拿十万块钱了事。

然而，根据《中华人民共和国职业病防治法》和国务院《职业病范围和职业病患者处理办法》的规定，职业病患者只能对他们进行调换工种、调换岗位等安排，不能辞退。国家对他们的保护是终身的，只要他的职业病没有得到彻底治愈，造成他身患职业病的企业就要负责到底。

正己烷中毒事件同样发生在另一家供应商的车间。胜华科技苏州工厂，又叫联建科技，是苹果公司的直接供应商，在它的iphone手机触摸屏清洗车间，137名工人被确认正己烷中毒。

诸如苹果等大公司在中国大量廉价地采购这些产品，但是通常只问质量和价格，不关心环境。在这种情况下，它们变相地诱导了这些供应商，降低环境和健康的标准而赢得它们的订单。我们现在要推动这些公司把环境等标准纳入它们的采购标准。

北京市朝阳医院职业病科主任郝凤桐介绍说：正己烷是一种慢性病毒，都是在操作相当长一段时间后才导致集中发病。它的治疗过程一般是比较长的，如果情况严重，有一部分人不可能完全恢复。

资料来源：李谦：《苹果供应链上再爆丑闻　工人"正己烷"中毒致残》，见中国广播网，搜狐新闻网，http://news. sohu. com/20110218/n279399190. shtml。

（二）粉尘

在工厂、矿山和农业生产中，常有粉尘产生，称为生产性粉尘。这种粉尘污染生产环境，导致经济上的损失，还会损害人体健康。

生产性粉尘按其性质可以分为三类：

（1）无机性粉尘：包括矿物性粉尘（如硅石、石棉等），金属性粉尘（铁、铅、铝等），人工无机性粉尘（如水泥、玻璃纤维等）。

（2）有机性粉尘：包括植物性粉尘（如棉、麻、烟草等），动物性粉尘（如兽毛、角质等），人工有机粉尘（如染料、人造纤维等）。

（3）混合性粉尘：指上述各种粉尘的混合体，在生产环境中多见这类粉尘。此外，还有放射性粉尘等。

人体对于进入呼吸道的粉尘，具有滤尘、传递和吞咽等防御和清除功能，可以将大部分粉尘清除。但工作环境空气中粉尘浓度过高、劳动强度大等，都会直接或间接地影响人体的除尘机能。粉尘不仅可以引起呼吸道炎症、皮肤疾患，对五官的损伤，最主要的是可致尘肺病。某些粉尘如大麻等，可引起支气管哮喘等变态反应；生石灰、水泥、烟草等，会刺激粘膜、皮肤等。

尘肺病是我国发病率最高的职业病。尘肺病是指劳动者在生产劳动过程中因吸入生产性粉尘而引起的以肺组织纤维化为主要症状的疾病。按照发病原因，尘肺可分为矽肺、石棉肺、电焊工尘肺等，其中以矽肺病患者为最多，且对人体的危害也最大。尘肺病早期患者没有明显症状，随着病情加重，可出现一些临床症状，如咳嗽、咳痰，卧床时更明显，劳动时出现气短、胸痛等，还会出现疲劳、记忆力减退、心悸等症状。尘肺病的诊断一定要结合职业史、职业卫生条件及临床症状，以 X 线胸片为主要依据。

　　不足 30 岁的张海超从事破碎、开压力机等工种工作三年多后，感觉身体不适，还有咳嗽、胸闷症状，一直以感冒治疗，后来经医院检查告知他得了"尘肺"。从 2007 年 8 月开始，为了弄清病情，他长年奔波于郑州、北京多家医院反复求证，而职业病法定诊断机构——郑州市职业病防治所给出的专业诊断结果，引起了他的强烈质疑。在多方求助无门后，被逼无奈的张海超不顾医生劝阻，执意要求"开胸验肺"。

　　2009 年 7 月 1 日，张海超因为支付不了医疗费不得不出院，郑州大学第一附属医院开具的出院记录上写着"尘肺合并感染"的诊断。

　　"张海超事件"引起了河南省各级党委、政府的高度重视，省、市领导要求有关部门研究解决实际问题，做好善后工作，并组织联合调查组，认真调查、严肃处理。新密市委主要领导于 5 月 8 日、7 月 8 日两次接待张海超，要求相关部门抓紧治疗救助。郑州市卫生局责成郑州市职业病防治所组织人员到郑州大学第一附属医院、河南省胸科医院、郑州市第六人民医院、河南省职业病防治所等单位收集张海超诊断、检查、治疗及病理学分析等能够收集到的新的相关资料，并详细了解张海超的职业史，邀请河南省职业卫生专家进行全面系统地讨论、分析、会诊，经咨询卫生部专家后，26 日对张海超做出尘肺病诊断。诊断当日送达张海超本人，他签收了诊断证明，同意诊断结论。

　　尘肺病是一种没有医疗终结的致残性职业病。尘肺患者胸闷、胸痛、咳嗽、咳痰、劳力性呼吸困难、易感冒，呼吸功能下降，严重影响生活质量，而且每隔数年病情还要升级，合并感染，最后因肺心病、呼吸衰竭而死亡，目前对此尚无特效药物治疗。

　　资料来源：《"开胸验肺"农民工张海超被确诊患尘肺病》，见新华网，2009 年 7 月 28 日。

三、生物性有害因素与职业病

　　在生产劳动中，有些职业需要经常密切接触病原微生物或寄生虫，这些生物病原体称为生物性危害因素。某些生产原料和生产环境中存在危害职业人群健康的致病微生物、寄生虫及动植物、昆虫等及其所产生的生物活性物质统称生物性有害因素。例如，附着于动物皮毛上的炭疽杆菌、布氏杆菌、蜱媒森林脑炎病毒、支原体、衣原体、钩端螺旋体等。

　　生物性危害因素可使接触者患各类职业性传染病、皮肤病或变态反应。依据病原学可以分为：

　　（一）职业性传染病

　　在生产过程中，接触某种传染病病原体，可能引起职业性传染病。职业性传染病涉及的范围很广，可发生于很多行业，但以畜牧业及畜产品加工业的发病率为最高。依据病原，可将职业性传染病分类如下：

1. 职业性细菌传染病

在接触或处理动物、动物尸体、兽毛、皮革以及破烂陈旧污染物品时，可引起布氏杆菌病、炭疽、鼻疽及土拉菌病（兔热病）等。职业性炭疽病也是一种发病率较高，至今仍未能完全控制的职业性传染病。

2. 职业性病毒传染病

常见的有森林脑炎、口蹄疫、鸟疫、挤奶工结节病、牧民狂犬病等。其中，森林脑炎是林业工人特有的职业病，林区作业人员被携带森林脑炎病毒的蜱叮咬后，可感染此病。

3. 职业性真菌病

许多因职业关系的感染通常发生在和农村工业关系密切的工作岗位中。从事这类工作的人，真菌常随尘埃被吸入肺部而发生真菌感染。浅部的真菌病仅仅侵蚀皮肤的角质层；中间型的真菌病不仅侵蚀表皮，而且可寄生于人的消化道内；深部的真菌病还可转移，并往往并发某些疾病，例如白血病或糖尿病等。

4. 职业性螺旋体传染病

在潮湿的野外地区以及疫区工作的人员，可能被传染上螺旋体病。螺旋体型各不相同，以钩端螺旋体病较为多见。螺旋体进入人体后在血液中大量繁殖，而后可累及全身脏器。例如，可有流感伤寒型、黄疸出血型、脑膜脑炎型、肺出血型及肾功能衰竭型等不同症状。

5. 职业性寄生虫传染病

某些工种的工作人员有可能受到寄生虫的传染。例如，某些地区煤矿井下工作可患钩虫病，牧民可患包囊虫病及绦虫病，等等。

（二）职业性皮肤病

职业性皮肤病是由职业性因素引起的皮肤及皮肤附属器的急慢性疾病。由于环境中的生产性有害因素往往先接触人的皮肤，因而，职业性皮肤病的发病率在职业病中占有相当大的比例，直接危害职工的健康，影响生产。职业性皮肤病90%以上是由化学因素引起的。如强酸、强碱、某些金属盐类等属于强刺激物，可引起急性反应；洗涤剂、肥皂、某些有机溶剂等属于弱刺激物，经长期反复接触可发生反应。物理因素所致的职业性皮肤病，发病率远低于化学因素。如粉尘可阻塞毛囊口，引起毛囊性皮疹；高温、辐射可引起皮肤灼伤；长期在日光下劳动，可引起日光性皮炎等。生物因素引起的职业性皮肤病多发生在农、林、牧业中，工业生产中较少见。

在南宁市一家外商独资企业打工的李乾（化名）说，他们厂最近出了一桩怪事，在将锑锭加工成三氧化二锑的成品车间的工人，全都得了顽固接触性皮炎。"我们干了两年，主要是将锑锭加工成三氧化二锑粉末，本来锑锭是没有多大毒害的啊，但是医生说了，长期吸入三氧化二锑粉尘会慢性刺激人体的肺组织，发生三氧化二锑尘肺、气管炎或肺炎；长期接触皮肤会发生接触性皮炎。"

今年 29 岁的王丽（化名）是河池一家锡盐生产企业的女工，"我长期接触到锡粉尘，开始的时候是手有点过敏症状，又红又痒。两年后，老是咳嗽，以为是感冒；可是，拍片就发现肺部有簇状阴影，医生说是锡轻微中毒，患上了与职业有关系的锡尘肺病"。

虽然多数的锡及其无机化合物属于低毒物品，只要防护得当，对人体在短时间内无明显危害，但是长期接触锡粉尘的敏感人群，则可导致锡肺的发生，甚至会毒害神经。这批锑作业工人长期接触到三氧化二锑粉末里产生的高纯度锑化合物——三氧化二锑，造成慢性毒害影响，导致接触性皮炎反复难愈。而长期吸入三氧化二锑的锑尘粉末，可发生气管炎或肺炎，严重者致三氧化二锑锑尘肺时，可诊断为"其他尘肺——锑尘肺"。

资料来源：《广西：新型职业病袭击劳动人群》，见《广西新闻网——当代生活报》，http://www.aqsc.cn
2011-07-05。

（三）职业性变态反应

生产环境中的变应原或致敏原可引起职业性变态反应。生产环境中可能成为致敏原的物质很多，主要有生物性致敏物及化学性致敏物。

5.1.2　员工健康的其他影响因素

本节主要探讨作业中那些虽不会造成法定职业病，但仍可能影响员工健康的不良因素。

一、视屏作业对员工健康的影响

视屏（visual display terminal，VDT）作业，在生产生活中很常见，比如高层建筑监控录像室里的监控工作、机场地面导航员监视雷达屏幕的导航工作、大型炼钢及化工企业的作业中央监控室等。更加普及的是 PC 电脑的应用。随着办公自动化和 IT 时代的到来，计算机操作在各行各业迅速普及，已成为我们工作中不可或缺的助手。但是，VDT 作业也给劳动者带来了不利的影响，对健康的损害就是最重要的方面。例如，北京职业病防治研究所从 1996 年到 1998 年连续 3 年对电信行业、电视台、报社激光照排车间的电脑作业人员进行的调查显示，30%左右的被调查者不同程度地患有颈肩腕综合征，主要原因就是由于使用键盘时身体被迫适应操作需要，引起骨骼肌系统的疲劳损伤。60%左右的被调查者由于经常注视荧光屏，导致眼肌高度紧张，长期疲劳，出现视力下降。[1]

1. 视觉系统损害

电脑已经成为许多人工作和生活的"伴侣"，电脑显示器是高亮度、有闪

---

[1]　参见于达维：《城市人的新"劳动病"》，载《瞭望东方周刊》，2007-08-09。

烁、带辐射的，长时间盯着荧光屏很容易造成眼睛疲劳或视力损害。美国视光学协会将这种眼综合征称为 C. V. S（computer vision syndrome），也就是电脑视频终端综合征。有调查显示，VDT 作业人员在八小时工作之后，视力会比工作前有明显下降。[①] 这些伤害主要是由于屏幕的原因产生的，包括多种不同的伤害类型。如视力下降；视觉模糊；眼睛疲劳，严重的时候还会引起流泪、头晕目眩和恶心的感觉；眨眼减少，导致眼睛酸胀困顿，并且增加感染和患结膜炎的几率以及其他的视功能障碍。

2. 运动系统损害

电脑作为现在最常见的 VDT 作业工具，会对最广泛的 VDT 使用者造成伤害，其中包括运动系统损害。这主要包括手腕手臂等特定肌肉群的伤害、手腕等关节伤害等，如手指的肌腱炎和腱鞘炎（键盘手）；手腕的腕隧道症候群（鼠标手）；还包括由于 VDT 工作场所设计不合理所造成的身体其他部位伤害，如被世界卫生组织（WHO）称为"颈肩腕综合征"的颈椎病和腰背伤害等。由于涉及人群广泛，有些国家已将其列入职业病范畴。

3. 电磁辐射

在日常工作生活中，电脑所散发出的辐射电波往往为人们所忽视。辐射电磁波对人体有八大伤害：细胞癌化促进作用、荷尔蒙不正常、钙离子快速流失、痴呆症的引发、异常妊娠异常生产、高血压心脏病、电磁波过敏症和自杀者的增加，可见电脑辐射对人类有着很大的影响。

4. 心理健康损害

VDT 作业是一种要求注意力相当集中的工作，从业人员常常处于高度紧张状态，因此会对从业人员的心理产生不利的影响，主要表现为以下症状：（1）心理应激症状导致生理反应，表现有头疼、头脑昏沉、多梦；（2）心理异常反应，表现为烦躁不安、产生孤独感和乏味感，从而变得消沉，工作效率低下；（3）心理原因导致的行为异常反应：主要表现为对 VDT 操作以外的其他事和人漠不关心，与人打交道时感到反应迟钝，情绪急躁。总而言之，VDT，尤其是电脑使原本多样的工作变成了单纯的电脑程序的操作，不仅减少了身体活动的机会，而且使同事之间的接触也相对减少。在这样单调又缺乏社交接触的情况下再伴有工作上的压力，往往会使劳动者产生综合性的心理症状。

二、"第三产业病"

随着我国社会经济的发展，产业结构不断调整，第三产业所占比重越来越大。如果说上述 VDT 作业更多地涉及高新技术产业（"第四产业"），那么，下述职业性疾患则更多地发生在"第三产业"这一职业群体中：

1. 洗衣店职工

洗衣房如果通风不良，来自洗涤剂中的四氯乙烯浓度较高时，可能会对员

---

① 参见王淑梅：《视屏显示终端作业对 136 名操作人员眼睛影响的调查》，载《职业与健康》，2004（10）。

工的神经系统造成伤害。因此，洗衣房员工除了要定期体检外，还应注意店内通风。

2. 餐饮业（厨师）

医学研究早已发现，在油烟中含有的 3，4 苯并芘具有致癌性作用，长期在厨房中工作，若通风不良，则有可能导致肝癌、肺癌的发生。

3. 室内装修装饰业员工

室内装修装饰业所用的涂料，特别是那些劣质的涂料，会陆续会发出氨、酯、苯、甲醛等有害气体，不禁使人感到刺眼，而且长期接触会严重影响人体健康。这些涂料不仅直接危及从事装饰业员工的健康，而且对用此涂料装饰过的房间内工作的其他工作人员，同样存在不良影响。

4. 经常站位作业的员工

售货员等需要长期站立的职业人群（包括交通警察等），由于下肢血液回流不畅，容易患下肢静脉曲张病，严重者可能致残。

三、办公室环境条件对员工健康的影响

办公室是当今社会最常见、最为重要的公共场所，许多人在办公室里的时间甚至多于在家里的时间，因此办公室里的环境安全与卫生关乎很多人的身体健康。

1. 照明环境条件对员工健康的影响

随着人类社会文明的发展，人们所使用的照明光源不断更新，照明手段也日趋先进、复杂。工作场所的照明光源不仅有自然光（阳光），而且包括热辐射光源（如白炽灯、卤钨灯等）以及放电光源（如荧光灯、汞灯等）。

照明水平对作业绩效有一定的影响。通常，视觉功能随着照度的增加而提高，但是，在一定水平下，照明收效呈递减规律，过高的照明水平对作业绩效的改善并无多大帮助，反而会浪费能源。如果照明水平过高，还会由于"眩光效应"而对员工健康产生不良影响，进而对作业绩效产生不良的负面作用。

2. 色彩环境条件对员工健康的影响

光源不仅具有给人以温暖感的光色，而且具有色性，经光源照射的各种物体会随着光源色的不同，给人以不同的感觉。作业场所的颜色环境很大程度上取决于该场所照明环境下的颜色种类和颜色配置。

颜色会引起人的诸如好、恶、动、静、明快、阴郁、醒目、暗淡、愉快、温凉等各种感觉。在人们的生活环境中，颜色与情绪的关系是密切的，伴随着对颜色的感觉会使人产生各种情绪。色彩环境无序、配色反差大等，也会影响员工绩效，还会影响安全性及员工健康。例如，鲜艳的颜色会唤起人的情绪的兴奋，淡雅的颜色则使人产生沉静的心理。研究证实，鲜红的颜色往往能强烈地激起情绪的奔放，暗淡的颜色则对情绪起镇静和压抑的作用。根据这种色彩与情绪的反射作用，人们可根据所需情绪的渲染需要，对环境的色彩作出选择：在各种娱乐场所，宜用鲜艳的色彩来装饰，使娱乐的人们更加开心；而在

病房，为保持病人的心情平静，又不过压抑，往往用白色或淡绿、淡黄色的涂料装饰。

红色也常用来作为警告、危险、禁止、防火等标示用色，人们在一些场合或物品上，看到红色标示时，常不必仔细看内容，即能够了解警告危险之意。在工业安全用色中，红色即是警告、危险、禁止、防火的指定色。橙色明视度高，在工业安全用色中，橙色即是警戒色。在产业用色上，黄色常用来警告危险或提醒注意，如交通标志上的黄灯，工程用的大型机器等，都使用黄色。绿色所传达的清爽、理想、希望、生长的意象，符合卫生保健业的诉求。在工厂中为了避免操作时眼睛疲劳，许多工作的机械也采用绿色。由于蓝色有沉稳的特性，具有理智、准确的意象，在设计中，强调科技、效率的商品或企业形象，大多选用蓝色做标准色、企业色，如电脑、汽车、复印机、摄影器材等。黑色具有高贵、稳重、科技的意象，许多科技产品，如电视机、跑车、摄影机、音响、仪器，大多采用黑色。当你需要极度权威、表现专业、展现品味、不想引人注目或想专心处理事情时，应该选择黑色，例如高级主管的日常穿着往往是黑色。

1940年，纽约的码头工人因搬运的弹药箱太重而举行罢工，一位颜色专家出了个主意，把弹药箱的颜色改为浅绿色，弹药箱的重量并未改变，但颜色使工人觉得它变轻了，罢工终于停止了！颜色提高了劳动效率。一般来说，在狭窄的空间中，若想使它变得宽敞，应该使用明亮的冷色调。由于暖色有前进感，冷色有后退感，可在细长的空间中远处两壁涂以暖色，近处两壁涂以冷色，人们就会从心里感到空间更接近方形。

再如，在时下非常流行的休闲运动潜水中，人需要携带氧气瓶。一个氧气瓶可以持续40～50分钟供氧，但是大多数潜水者将一个氧气瓶的氧气用光后，却感觉在水中只下潜了20分钟左右。海洋里的各色鱼类和漂亮珊瑚可以吸引潜水者的注意力，因此会感觉时间过得很快，这是原因之一。更重要的是，海底是被海水包围的一个蓝色世界。正是蓝色麻痹了潜水者对时间的感觉，使他感觉到的时间比实际的时间短。

3. 环境微气候对员工健康的影响

微气候是指在特定的作业环境中温度、湿度和气流速度（风）等气候因素的综合。人体的热交换和体温调节等均与作业场所的微气候密切相关。

过热或过冷的微气候都会明显影响工作绩效，同时会对人体产生不良影响，甚至会导致职业病，而"舒适温度"（亦称"至适温度"）不仅可提高工效，同时可使员工感到舒适、心情愉悦。舒适温度不仅包括温度，而且包括湿度，在空调环境中，未必能达到这种令人身心愉悦的"舒适温度"。

4. 空调作业场所员工健康

随着我国社会经济的发展和人民生活水平的提高，空调开始越来越广泛地应用于各类场所。许多企业为了使员工有一个温度适宜的办公环境，在办公室、车间厂房等地方也开始普及空调的使用。空调为企业员工创造出了适宜的微小气候，但是同时也带来了不少问题，比如空调环境下的空气质量状况及其对人体健康的影响就越来越受到人们的关注。调查发现，在空调工作场所的员工，一段时间之后可能会感到头晕、精神疲倦，有的还会觉得腰酸背痛，长期在空调环境下工作的员工的呼吸系统会很脆弱，易患呼吸系统疾病，如上呼吸道感染等。空调对员工健康的影响主要来源于空调对办公场所环境的改变，具体来说，空调对员工健康的影响有以下几个方面：

（1）空调要求一个密闭的环境，从而导致空调工作场所的空气质量恶化，并由此对人体健康带来不利影响。空调工作场所里的污染包括室内累积的办公用品以及员工吸烟带来的有机物和无机物污染；人们呼出气体的污染；建筑物本身以及建筑物的装修材料所释放的甲醛等污染。另外，空调本身的通风管道以及进出风口如果不加以清理，往往会积聚杂物、滋生细菌和微生物，从而导致室内空气受到生物污染，过多的微生物会使人们的健康受到影响，尤其是那些过敏体质的人，会导致过敏的发生并因此而身体不适。

（2）空调导致的室内外温差，考验人体对冷、热环境的应激性适应。人体体温调节中枢神经根据外界温度变化做出自身生理调节，使人适应不断变化的外部环境。但是空调使用不当会使室内外温差相差过大，这样一来，人如果频繁出入空调工作场所，其身体体温调节中枢会产生疲劳，因而就不能很好地发挥作用。

（3）空调容易形成不良的室内小气候。空调工作场所在室内创造一个密闭的小环境，有时候可能会与人们所适应的气候不同，最典型的就是干燥。在这样的环境里会使人们皮肤和粘膜干燥，并感到口干，出现容易上火等不适症状。

中央空调污染致病　公共场所空调系统卫生堪忧

每到盛夏，许多人因吹空调感冒，就说自己得了"空调病"。虽然对于空调是否会引起流行性感冒的流行尚没有确凿证据，但国内外专家的研究表明，因集中空调系统污染造成室内空气污染，确实会对人类健康造成危害。

据广西壮族自治区疾病预防控制中心副主任唐振柱介绍，空调系统污染物对人类健康造成危害的疾病多达几十种，如过敏性肺炎、加湿（热）器病、军团病等。主要的疾病可分为三大类：呼吸道感染（包括军团菌病等）、过敏症（包括过敏性鼻炎、哮喘、肺泡炎等）和不良建筑物综合征。

2004年，卫生部对30个省、自治区、直辖市的60个城市937家公共场所的中央空调进行抽样检测，其中，微生物严重污染的441家，占抽检总数的47.1%，中等污染的占46.7%，合格率仅为6.2%，其中河北、山东、广西三省区的中央空调全部属于严重污染。2004年，广西疾控部门所抽检的30家宾馆饭店和大型商场、超市的中央空调通风系统管道积尘及生物污染程度均属严重污染。30个单位中有29个单位的空调管道积尘量均为中度以上污染；空调管道积尘中细菌污染程度指标不合格的有 16 家，其中 6 家为中度污染。被检测的公共场所中央空调通风系统自从投入使用后基本没有对通风管道进行过清洗。

2009 年 6 月 16 日，广西壮族自治区疾病预防控制中心开始对来自南宁、桂林等地的 10 多家空调清洗公司进行培训和资质认证，以便规范这个行业，并使越来越多使用中央空调的单位认识到空调清洁的重要性。

资料来源：广西新闻网——南国早报，作者：伍鸽玲。http://health.sohu.com/20090618/n264600656.shtml。

5. 办公室环境污染

人们每天平均大约有 80% 以上的时间在室内度过，因此，室内空气质量对人体健康的关系就显得更加密切、更加重要。从大楼建筑到室内装修，再到家具布置、办公设备布置，甚至包括办公用品的使用过程，每一个环节都有可能带来污染。如建筑材料中加入的防冻剂会渗出有毒气体氨；某些水泥、砖、石灰等建筑材料的原材料中，本身就含有放射性物质镭。待建筑物落成后，镭的衰变物氡及其子体就会释放到室内空气中，进入人体呼吸道，是肺癌的病因之一；有些建筑材料中含有石棉，可散发出石棉纤维。石棉能致肺癌，及胸、腹膜间皮瘤。

办公室在装修过程中，也会带来一些装修材料的污染。例如，装修中用的涂料、油漆以及地板等人造板材，含有甲醛、甲苯、二甲苯等有害物质，还有其他很多的挥发性有机物（TVOC），都会对人体造成很大的危害。而常用的办公桌、办公椅、老板台、书柜、文件柜、隔开办公桌的隔板（又叫公位）等，则是更大的污染源。另外一个重要的污染源就是办公电器，产生的主要污染物是臭氧和电磁辐射，还有粉尘等。

电脑主机、传真机、冷气暖气的送风声，还有室外交通等噪声，也是办公室内的污染。办公室噪声并不是音量越高污染越大，低噪声污染同样不可忽视。一般的人在 40 分贝左右的声音环境中可以保持正常的反应和注意力，但 50 分贝以上，并且是多种声音组合起来的声音环境对人体会产生没有规律的刺激，时间长了就会出现听力下降、情绪烦躁，甚至会出现神经衰弱现象。此外，体内肾上腺素水平会升高，对心脏是一种刺激，时间长了会损害心脏。

各种危害后果形成了办公室里的"隐形杀手"。

IT、生物医药等新型行业已经取代传统工业成为职业病新的多发领域。卫生部日前透露，我国职业病种类已经由 1957 年的 14 种增加到现在的 115 种，50 年增加了 7 倍。但是由于职业病更新速度加快，电脑综合征等多种新职业病还没有被纳入法定职业病的范畴。

根据卫生部、世界卫生组织、国际非电离辐射防护委员会等权威部门提供的翔实数据，电磁辐射对 11 大类职业人群存在潜在危害。这 11 大高危行业包括：普遍使用计算机网络和机群的金融证券行业、通过机房和演播室向外发射大量电磁波的广播电视行业、IT 行业、电磁波强度很大的电力和通信行业、民航业、铁路运输业、采用高频理疗设备的医疗行业、大量使用仪器仪表设备的科研行业、采用高中低频和微波电器设备的工业、现代化办公设备相当普及的白领和金领人士也难逃电磁辐射。

专家表示，电磁辐射如果超过安全范畴还可能影响人们的心血管系统，表现为心悸、失眠、心搏血量减少、白细胞减少、免疫功能下降等。装有心脏起搏器的病人如果处于高电磁辐射的环境中，会影响心脏起搏器的正常使用。

资料来源：《办公室电磁辐射制造职业病新危机》，见 2010 年 10 月 22 日凤凰网健康综合频道。

5.1.3　员工健康问题：疲劳

疲劳是体力活动或脑力活动持续到一定限度之后所产生的一种生理上的不适，它必然导致工作效率的降低。疲劳是一种信号，它提醒人们，机体已经超过正常负荷，应该进行调整和休息。如果长期处于疲劳状态，不仅会降低工作效率，还会诱发疾病。有的人经常无精打采、哈欠连天、烦躁、易怒、腰酸、背痛、头晕、眼花、失眠、嗜睡、神经衰弱、全身乏力、神志恍惚、食欲不振，长期疲劳却查不出明确的原因，虽经常服用药物，全身倦怠的症状却始终得不到改善。这就是一种典型的疲劳状态，应引起注意。

5.1.4　员工健康问题：亚健康

世界卫生组织将机体无器质性病变，但是有一些功能改变的状态称为"第三状态"，我国称为"亚健康状态"。亚健康状态是指人们还未患病，但已有不同程度的各种患病的危险因素，具有发生某种疾病的高危倾向。

在 40 岁以上的人群中，亚健康的比例陡增，在这类人群中较普遍存在"六高一低"的倾向，即接近疾病水平的高负荷（体力和心理）、高血压、高血脂、高血糖、高血粘、高体重以及免疫功能偏低。随着人类对于疾病认识的深入，现已把持续和症状突出的亚健康状态（严重疲劳、肌肉疼痛、失眠等）作为一种疾病来对待，美国疾病预防控制中心（CDC）将其正式命名为慢性疲劳综合征（CFS），认为这是由于长时间的极度紧张或精神负担过重，使人记忆力减退、注意力不集中、失眠、头痛、头晕、易出差错和精神抑郁等，严重时身体极度虚弱可进入"过劳死"的预备队。但也有部分患者的症状会原因不明地自动消失。

有关资料表明，美国每年有 600 万人被怀疑处于亚健康状态。澳大利亚处于这种状态的人口达 37%。在亚洲地区，处于亚健康状态的比例则更高。不久前日本公共卫生研究所的一项新调研发现，在接受调查的数以千计的员工中，有35％的人正忍受着慢性疲劳综合征的折磨，而且至少有半年的病史。在中国的长沙，对中年妇女所作的一次调查中发现60％的人处于亚健康状态。另据卫生部对10个城市的工作人员的调查，处于亚健康状态的人占48％。据世界卫生组织统计，处于亚健康状态的人口在许多国家和地区目前呈上升趋势。有专家预言，疲劳是21世纪人类健康的头号大敌。

资料来源：《世卫组织：亚健康与健康标准》，见医生在线网，2006年10月7日。

在各种职业活动中，由于长期的工作压力，或对其工作缺乏兴趣，常可引起心理状态的不良反应。形成压力的原因是多方面的，从形式上可分为工作压力源、生活压力源和社会压力源三种。

（1）工作压力源。引起工作压力的因素主要有：工作特性、职业生涯开发、人际关系、员工在组织中的角色、工作与家庭的冲突、组织变革，等等。

例如，竞争的年代、改革的年代，人们面临着失业的威胁；为追求经济收入，人们不得不过度劳作，出现身心"透支"现象；信息变化加速，学习新知识，创造新思维，成为人们越来越重的压力和负担；种种利益交织冲突，社会人际关系变得复杂；办公室桌子靠桌子，使人们生活工作的物理空间过分窄小，没有独立的空间。

（2）生活压力源。美国著名精神病学家赫姆斯列出了43种生活危机事件，从对压力影响的程度看主要有：配偶死亡、离婚、夫妻分居、拘捕、家庭成员死亡、外伤或生病、结婚、解雇、复婚、退休等。机械化、形式化的生活和工作、学习，占去了人们的大部分时间，使得人们之间的情感交流变得越来越少，人变得越来越孤独，人们之间的情感联系薄弱，情感受挫的机会增多，从而降低了人们对情感生活的信心。可见，生活中的每一件事情都可能会成为生活压力源。

（3）社会压力源。每位员工都是社会的一员，自然会感受到来自社会的压力。社会压力源包括社会地位、经济实力、生活条件、财务问题、住房问题，等等。

压力的表现是对工作感到厌烦，工作效率低，工作差错多；经常感到头痛、全身无力，心理有压力，常有莫明其妙的肝火等。心理学家将此称为职业厌倦综合征。医学研究表明，各种慢性疾病与工作压抑有明显关系。患有职业厌倦综合征者大多有不同程度的身体疾病，包括周期性偏头痛、过敏症、胃溃疡、高血压症、腰背痛等。随着职业应激源的增多，职业压力的增强，患职业厌倦综合征的病人将越来越多。

职业枯竭一般表现为：不知道自己在做什么，怎样做；无端担心自己的人际关系，进而影响到对自己工作的满意度；困惑自己究竟会走向何方，对前途缺乏信心，开始抱怨所在单位的人事、组织结构，将责任归咎于同事，家庭不再是缓解压力之源，反而加重了心理的负担；等等。这是一种在身体、情绪和心理上消耗殆尽的状态。在这种状态下，人们会有一种持续的身心疲惫不堪、厌倦沮丧、悲观失望、失去创造力和生命活力的感觉。

员工的情绪问题会在企业中弥散，形成一种压抑、消极、悲观的组织氛围，使员工对组织的忠诚度大大降低，缺勤率、离职率及事故率上升，工作中的人际冲突增加，招聘、培训等人力资源管理成本提高，士气低落，工作效率下降。企业要想在激烈的竞争中立于不败之地，就应当认识到健康、幸福、高效的员工是企业最宝贵的财富。

长期以来，不少企业比较注重员工的生理健康，却忽视了他们的心理健康问题，对职业心理保健的投入很少。但是，员工的心理问题极大地影响着企业的绩效及个人的发展。

5.2　职业危害预防与控制

5.2.1　职业病

在 1996 年第 49 届世界卫生大会通过世界卫生大会 49.12 决议提出的"人人享有职业卫生保健"的新战略中，将人类的生命分成了三个阶段：生命的准备阶段（0~18 岁）；生命的保护阶段（18~60 岁）；晚年生命阶段（60 岁以上）。其中生命的保护阶段是最重要的，这一阶段是人类对整个社会最具创造力、参与生产劳动和社会活动时间最长、精力最充沛的阶段，也是对社会贡献最大的阶段。然而，由于某些生产方式的特殊性，公众认识和管理水平的局限，以及经济、技术发展的滞后等诸多原因，在劳动条件等方面存在危害劳动者健康的职业性有害因素。他们的职业健康问题将极大地影响和制约社会和经济的发展，乃至人类精神文明的进步。因此，应该开展全方位的职业健康服务、干预和管理。

WHO "人人享有职业卫生保健"的新战略强调：（1）将职业卫生服务送达所有服务对象；（2）对高危群体给予特别关照；（3）密切联合国系统相关组织（包括 ILO，政府间组织如欧共体，非政府组织和成员国组织）间的协作；（4）强化对专业人员的培训；（5）增强合作中心网络的作用。WHO 着眼于在国际、区域和国家层面上，强化 OSH 意识和完善有关政策；鼓励国际共享，特别要让发展中国家共享 OSH 成就（包括资源、培训、干预行动等）。同时指出：政府的参与宏观调控并不是替代企业家和企业管理者对 OSH 所应承担的责任，而是更强有力地领导、监督和规范企业行为。

企业是生产经营的单位，也是减少或消除生产过程中的职业危害、减少或消除职业病、维护员工健康的关键。企业应该严格遵守国家有关法律法规，认真落实法律规定的建设项目评价制度、职业病控制效果审查制度、职业病危害项目申报制度、劳动者健康检查与健康监护制度和作业场所危害控制的管理制度等。企业应注重环境保护和生产条件的改善，减少和避免职工的职业病危害，同时避免本企业生产过程或副产品造成外界环境污染。企业还应赋予职工知情权，使员工对劳动条件等诸方面存在的危害因素了如指掌，并积极参与危害控制，实行自我保护，参与安全文化活动，参与安全决策，参与监督，使企业中的每个成员既是监督者又是被监督者。这也是政府和各企业职能部门实施科学管理的前提。

在对接触与不接触有害因素的工种之间进行比较后可以发现，接触有害因素工种职业人群的心理健康水平低于不接触有害因素工种的职业人群，可能由于工作环境中存在化学因素、物理性因素、粉尘、生物性因素构成对工人不良的心理应激源，这些工作在一定程度上缺乏安全感。多数企业虽然有毒有害物质浓度尚未超标，没有使有毒有害从业人员产生器质性病变和症状，但由于工人长时间、低剂量接触有害物质，有可能出现神经行为及心理卫生方面的改变，出现诸如忧郁、焦虑、偏执等心理问题。

在日本，小企业占总企业数的 97%，雇佣的工人占总工人数的 60%。经过日本工业局和劳工局双方的不懈努力，小企业的职业伤害和职业病在过去 30 年中呈现出稳步下降的趋势。然而，与大企业相比，小企业的职业伤害指数仍然相对较高。小企业中职业和非职业健康状况较差，其中的一个重要原因是还没有合适的职业安全健康措施。小企业面临的困难包括经济实力弱、经营不稳定、资源匮乏以及工作环境差等。依照世界卫生组织及国际劳工局的建议，日本小企业之间合作共同进行职业安全健康管理，此举十分有效，日本小企业的职业安全健康状况发生了明显的改变。

小企业的职业安全健康新措施包括：

(1) 在小企业合作组织中实施职业安全健康协助项目（1999）；

(2) 职业安全健康管理体系指南（1999）；

(3) 中、小型健康促进项目的实施（2000）；

(4) 促进工作场所禁止吸烟措施的实施（2000）；

(5) 根据健康检查结果实施具体措施的指南（2000）；

(6) 预防由化学物质造成健康损伤所采取措施的指南；

(7) 企业员工精神健康护理指南（2000）；

(8) 机器安装资助项目（2001）；

(9) 机器综合安全标准指南（2001）。

源头预防是所有措施的目的，而实施四种措施（职业安全健康资助项目、职业安全健康管理体系、夜班工人的健康检查以及精神健康护理）是具体的目标。在精神健康护理指南中描述了预防策略，包括工作场所环境的改善，诸如工作方法、工作时间、工作质量和数量、人际关系、工作场所组织、劳动管理体系、工作场所文化以及工作氛围。该方法与 1988 年颁布的健康计划不同，健康计划主要是改进工人的个人生活方式，而精神健康护理指南与欧洲工作场所健康指南的思路是一致的。

资料来源：郝秀清编译：《日本小型企业的职业安全健康新措施》，载《中国职业安全卫生管理体系认证》，2004（3）。

在我国，1957 年卫生部第一次发布了《关于职业病范围和职业病患者处理办法的规定》。其中规定了职业中毒、尘肺、热射病和热痉挛、职业性皮肤病、日射病、电光性眼炎、职业性难听、职业性白内障、潜函病、高山病和航空病、振动性疾病、放射性疾病、职业性炭疽以及职业性森林脑炎等 14 种职业病为法定职业病。1962 年添加了皮毛工人布氏杆菌病；1964 年劳动部、卫生部及中华全国总工会联合通知，增添了煤矿井下工人滑囊炎；1974 年卫生部补充将工人接触炭黑引起的炭黑尘肺列为尘肺的一种。1986 年卫生部开始对《职业病范围》进行全面修订，于 1987 年 11 月 5 日正式公布，确定了 9 类 99 种法定职业病。其中，有职业中毒 51 种，尘肺 12 种，物理性因素职业病 6 种，职业性传染病 3 种，职业性皮肤病 7 种，职业性眼病 3 种，职业性耳鼻喉病 2 种，职业性肿瘤 8 种，其他职业病 7 种。根据 2002 年 5 月 1 日施行的《中华人民共和国职业病防治法》第 2 条的规定，卫生部会同劳动和社会保障部发布了《职业病目录》，法定职业病由原来的 99 种增加到 115 种（分为 10 类）。

在大规模的工业化、城市化进程中，制约我国职业人群身体健康和社会发展的职业危害因素和职业危害发生了变化：新旧职业病危害叠加；一些传统的职业病逐渐得到控制或缓解，但也有一些仍旧在危害员工健康；随着新技术、新材料、新设备、新工艺的采用，新的职业危害也在侵蚀着职业人群的健康，因此，旧有的法定职业病范围也应适时调整。

5.2.2　职业危害控制

（一）职业危害源头控制

用人单位应坚持"三同时"原则，在项目建设时把职业危害从源头上控制住，政府相关部门应做好监督检查工作；生产经营单位应坚持岗前职业健康检查，发现职业禁忌者和其他高危个体（如对某些职业危害因素特别敏感者）；政府相关部门及生产经营单位都应做好生产设备和原材料管理，并对员工进行职业危害防护及救助教育与培训。

国际劳工组织积极参与"化学品分级和加贴标签全球统一制度"（GHS）的协调工作，与有关机构共同建立了一个协调机制，以促进对化学品的良好管理。例如，在工业化发达的国家普遍使用"物料安全性清单"（material safety data sheet，MSDS），规定化学品制造商必须提供化学产品的系统资料，并在包装上作明确的标注，让操作者一目了然。这些资料包括：（1）生产厂有关情况及联系方法；（2）产品有害组分（除涉及商业机密或确认无有害组分外）均应列出组分名称、百分比含量及职业接触限值；（3）物理性资料，如沸点、蒸汽压、外观及气味等；（4）易燃易爆危害资料，如闪点、燃点、灭火剂要求、意外火警及爆炸危害以及特殊的灭火方法；（5）健康危害资料，如过度接触所致健康损害及急救方法；（6）化学反应性资料，如生产时化学反应的条件、副产物及其防止方法；（7）外溢性泄漏处理方法，如采取何种方法处理污染场所及污染物等；（8）特殊防护，如个人防护用品及有效的通风技术措施等；（9）其他特殊注意事项，如操作及储存方法，以及其他必要的注意事项。

（二）职业危害作业的特殊管理制度

从事高危、高毒、放射性作业的企业应遵循许可制度规定（含作业许可和人员许可），并对作业场所进行特殊管理（如密闭化、管道化、自动化操作等），对从业人员要求按法律法规标准规定，应提供特殊作业安全培训、防护及急救培训。

（三）员工劳动保护管理制度

为防止和减少员工罹患职业病的几率，生产经营单位应按照国家相关法律法规制定并实行作业场所职业危害监测制度、职业病危害告知制度、职业健康监护制度、职业安全卫生培训教育制度、职业病事故防范与应急救援制度。

（四）职业病防治中的各方职责

对于各方的职责，《中华人民共和国安全生产法》、《中华人民共和国职业病防治法》、《工伤保险条例》等多项法律法规都有明确规定（详见第 2 章）。

5.2.3　职业疾患的三级预防

职业疾患的防治应贯彻"预防为主，防治结合"的方针，预防则应遵循医学的三级预防原则。一级预防是指采取一切措施，消除或最大限度地减少员工接触职业有害因素的机会，以从根本上消除或控制职业病；二级预防是指由于种种原因，一级预防未能完全达到目标，职业性有害因素开始伤及员工健康时，要利用一切手段及早发现病损，并采取一切措施防止病损的进一步发展，对职业病患者及时尽早诊断，及时治疗；三级预防则是指当二级预防未能防止职业病发生时，要积极采取措施预防并发症，促进康复，减少患者、家庭及社会的损失，尽最大可能消除或减少职业有害因素对员工健康的影响。

5.2.4　各种有害作业环境下的预防

（一）高温有害因素的防范

对于高温有害因素的防范工作主要是防暑降温，具体措施包括：

1. 工业卫生措施

2002 年修订的《工业企业设计卫生标准》（GBZ1—2002）中明确规定："车间作业地点夏季空气温度应按车间内外温差计算。其室内外温差的限度，应根据实际出现的本地区夏季通风室外计算温度确定，不得超过下表的规定。"

夏季通风室外计算温度（℃）	22 及以下	23	24	25	26	27	28	29～32	33 及以上
工作地点与室外温差（℃）	10	9	8	7	6	5	4	3	2

2012 年 6 月 29 日国家安全监管总局、卫生部、人力资源和社会保障部、全国总工会对《防暑降温措施暂行办法》进行了修订，制定了《防暑降温措施管理办法》。国内一些省市也都相继颁布了地方性相关法律法规，例如，山东省政府于 2011 年 7 月 30 日发布并开始实施《山东省高温天气劳动保护办法》，《广东省高温天气劳动保护办法》于 2012 年 3 月开始施行。

2. 劳动组织与制度措施

在劳动组织工作中，合理安排劳动时间，实行工间休息制度及"热假"制度，可以有效恢复劳动者身体机能，减少或避免出现中暑等症状的产生，从而使高温有害因素的影响减少。

3 工程技术措施

通过改进工艺、加强通风、隔热等几个方面的技术措施，可以进行热控制，以达到国家规定的温度标准。

4 卫生保健措施

加强医疗预防工作，对高温作业工人进行就业前及入暑前体检，及时发现禁忌症者；加强个人防护，发放导热系数小、防热辐射的工作服；供给合适的饮料，如盐汽水、盐茶水、绿豆汤等；为补充高温作业中大量消耗的热量，应适当供给保健食品；对中暑患者，应及时采取治疗措施。

（二）低温有害因素的防范

低温条件下的劳动保护主要包括以下几个方面：工作场所改善措施；个人防护措施；劳动组织措施；膳食补充措施和身体锻炼措施。

（三）高、低气压环境的劳动保护措施

高气压环境下为防止减压病，应从生产技术措施、教育和规范措施、生活习惯改进措施以及严格执行体检制度等方面入手。

为预防低气压环境有害因素对人体的影响，进入高原前，特别是 3 000 米以上地区，应进行全面的健康检查；坚持阶段升高原则，并进行适应性锻炼；定期体检，早期发现、早期治疗急性高原反应；适当降低劳动定额及劳动强度；注意饮食营养，并应定期轮换人员。

（四）噪声危害的防范

（1）贯彻执行工业企业噪声卫生标准。我国于 1980 年颁布了《工业企业噪声卫生标准》，并在 1999 年颁布了《工业企业职工听力保护规范》，从定性和定量两个角度规范了企业生产场所的噪音限度，督促企业采取措施保护工人少受噪声这一有害因素的影响。

（2）可根据不同情况采取不同的技术性控制措施。

（3）卫生保健措施：就业前体检并坚持定期体检，同时加强个人防护。

（五）振动危害的防范

振动条件下的劳动保护措施主要包括：改进工艺设备和方法，以达到减振的目的；合理发放个人防护用品；建立合理的劳动制度，坚持工间休息及定期轮换工作制度，改革工作制度；加强技术训练；坚持就业前体检，凡患有就业禁忌症者，不能从事该职业；从业人员应定期体检。

（六）电磁辐射的防护措施

（1）高频电磁场的防护：可以用金属网板屏蔽场源；高频加热车间应该宽敞，各高频机之间保持一定间距；尽可能使操作岗位及休息地点远离场源，实行严格的卫生标准。

（2）微波的防护：安置假天线或敷设微波吸收材料吸收微波辐射能；用金属反射屏蔽；穿戴防护衣帽及眼镜；制订严格的卫生标准；怀孕期及哺乳期女工暂停接触；定期体检等。

（3）红外辐射的防护：对皮肤的防护可穿白色工作服等，对眼睛的防护则需要戴含有氧化亚铁的护目镜。

（4）紫外辐射的防护：可以穿不透光材料制成的防护服；用挡光屏板隔离辐射源；电焊工及辅助工戴防护眼睛或面罩。

（5）激光的防护：对激光的防护应该从激光器、环境及人体三个方面采取措施。激光器的光束通路上应设防护罩；激光工作室内应该采用暗色调及吸光材料；作业人员穿白色工作服、戴防护眼镜；定期进行眼科检查。

5.2.5　劳动防护用品

劳动防护用品的配备和使用，是企业为保障劳动者在生产过程中免遭或减轻事故伤害和职业危害，保护职工在生产工作过程中的安全和健康而采取的一项重要措施。企业应依据国家相关法律法规制定出一套完善的劳保用品管理制度，并根据本单位安全生产和预防职业性伤害的需要，按照不同工种、不同劳动条件配备给职工相应的个人劳动防护用品。对职业病防护设备、应急救援设施和职业病防护用品，应当进行经常性的维护、检修，定期检测其性能和效果，确保其处于正常状态。

5.2.6　职业卫生警示

2003 年 6 月 3 日根据《中华人民共和国职业病防治法》和《使用有毒物品作业场所劳动保护条例》制定了国家标准"工作场所职业病危害警示标识"（GBZ158—2003），其内容包括图形标识、警示线、警示语句和有毒物品作业岗位职业病危害告知卡等。

图形标识分为禁止标识、警告标识、指令标识和提示标识。禁止标识是禁止不安全行为的图形，如"禁止入内"标识（见图 5—1）；警告标识是提醒对周围环境需要注意，以避免可能发生危险的图形，如"当心中毒"标识（见图 5—2）；指令标识是强制做出某种动作或采用防范措施的图形，如"戴防毒面具"标识（见图 5—3）；提示标识是提供相关安全信息的图形，如"救援电话"标识（见图 5—4）。图形标识可与相应的警示语句配合使用（图 5—1～图 5—4）。图形、警示语句和文字设置在作业场所入口处或作业场所的显著位置。

图 5—1　禁止标识示例

图 5—2　警告标识示例

图 5—3　指令标识示例

图 5—4　提示标识示例

警示线是界定和分隔危险区域的标识线，分为红包、黄色和绿色三种。根据需要，警示线可喷涂在地面或制成色带设置。

警示语句是一组表示禁止、警告、指令、提示或描述工作场所职业病危害的词语。警示语句可单独使用，也可与图形标识组合使用（见图 5—5）。

《有毒物品作业岗位职业病危害告知卡》（以下简称《告知卡》）是设置在使用高毒物品作业岗位醒目位置上的一种警示，它以简洁的图形和文字，将作业岗位上所接触到的有毒物品的危害性告知劳动者，并提醒劳动者采取相应的预防和处理措施，是针对某种职业病危害因素，告知劳动者危害后果及其防护措施的提示卡。《告知卡》的内容包括有毒物品的通用提示栏、有毒物品名称、健康危害、警告标识、指令标识、应急处理和理化特性等。根据实际需要，《告知卡》由各类图形标识和文字组合成（见图 5—6）。

编号	语句内容	编号	语句内容
1	禁止入内	29	刺激皮肤
2	禁止停留	30	腐蚀性
3	禁止启动	31	遇湿具有腐蚀性
4	当心中毒	32	窒息性
5	当心腐蚀	33	剧毒
6	当心感染	34	高毒
7	当心弧光	35	有毒
8	当心辐射	36	有毒有害
9	注意防尘	37	遇湿分解释放出有毒气体
10	注意高温	38	当心有毒气体
11	有毒气体	39	接触可引起伤害
12	噪声有害	40	皮肤接触可对健康产生危害
13	戴防护镜	41	对健康有害
14	戴防毒面具	42	接触可引起伤害和死亡
15	戴防尘口罩	43	麻醉作用
16	戴防耳器	44	当心眼损伤
17	戴防护手套	45	当心灼伤

图 5—5 警示语句示例

有毒物品，对人体有害，请注意防护		
苯 Benzene	健康危害	理化特性
	可吸入、经口和皮肤进入人体，大剂量会致人死亡；高浓度会引起嗜睡、眩晕、头痛、心跳加快、震颤、意识障碍和昏迷等；经口还会引起恶心、胃肠刺激和痉挛等；长期接触会引起贫血、易出血、易感染，严重时会引起白血病和造血器官癌症	不溶于水；遇热、明火易燃烧、爆炸

图 5—6 有毒物品作业岗位职业病危害告知卡示例

5.3 员工健康风险管理

工作相关疾病不仅包括已确认的职业病，还包括与工作环境和工作行为密切相关的健康失调。与工作相关的疾病可能包括：(1) 职业病。与职业有着专一的和密切的联系，在危害和疾病之间有已被证明的因果关系和单一的致病因子（例如吸入矿尘会导致尘肺）。(2) 由多种致病因子引起的疾病。工作环境中的危害因素能促成疾病的发展，如冠心病、高血压、紧张、身心失调、肌肉机能失调。(3) 对职业人群造成影响的疾病。虽然工作可能是一个使疾病恶化的因素，但与工作没有明确的关系，如糖尿病、胃溃疡。另外，诸如吸烟、饮酒、药物滥用、营养过剩和缺乏体育锻炼等生活方式的不良影响，可与工作场所的有害因素相互作用，它们的联合作用可增加工人的健康危险。

早期的职业安全卫生工作大多关注员工在工作环境中受到的躯体伤害。随着时间的推移，人们逐渐认识到工作场所理应适于促进健康，而不仅仅是预防伤害和疾病。成立于 1959 年的国际人类工效学会（IEA）的宗旨就是促使员工"健康、安全、舒适、高效"地工作、劳动。

人力资本是企业最基本、最重要的资源，是企业生存、发展的根本。20 世纪 60 年代，美国经济学家舒尔茨和贝克尔创立了人力资本理论（human capital management，HCM）。舒尔茨认为，物质资本是指体现在物质产品上的资本，包括厂房、机器、设备、原材料、土地、货币和其他有价证券等；人力资本则是体现在人身上的资本，即对生产者进行教育、职业培训等支出及其在接受教育时的机会成本等的总和，表现为蕴涵于人身上的各种生产知识、劳动与管理技能以及健康素质的存量总和。在人力资本的形成过程中，投资是非常关键的。舒尔茨指出，区分消费支出和人力资本投资支出，无论在理论还是实践上都是很困难的，但大致可以将人力资本投资渠道划分成几种，包括营养及医疗保健费用、学校教育费用、在职人员培训费用、个人和家庭为适应就业机会的变化而进行的迁移活动等。这些投资一旦使用，就会产生长期的影响，也就是说，投资所形成的劳动者素质的提高将在很长的时间内对经济增长作出贡献。

企业是市场经济中的一个经济实体，其主要任务是为社会生产产品，然后从社会获得利润回报。但是，随着社会政治经济的发展，一方面，现代企业所承担的社会责任越来越大；另一方面，企业为了更好地获利，也需要更加关注员工。创造良好的工作环境、保护员工健康是企业的一种财富，也是企业经营的一种社会效益和经济效益，更体现了"以人为本"的理念，维护了企业形象。国际上无数成功企业已用行动证明：只有具有社会责任感的企业才会基业长青。

20 世纪 80 年代美国临床心理学家罗伯洛珍提倡"健康公司"。他认为，企业若积极地维持并保护员工身心健康，就减少了由于职业危害造成的直接和间接经济损失，既避免了职业病诊疗上的开支，节约了成本，又保护了组织生产力，提升了员工的工作品质与现场活力，还能提高员工的企业归属感和工作热情，提高工作效率，保证产品的质量，从而提高经济效益，使组织更加健康地成长与发展。美国职业和环境医学学会（ACOEM）把健康和生产效率放在一起考虑，将健康和生产效率管理定义为："针对员工全面健康的各种类型的项目和服务的联合管理，包括所有的预防项目和服务以及员工在生病、受伤或生活和工作关系失衡时会寻求的各种项目和服务，如医疗保险，伤残保险，员工赔偿，员工生活和工作关系失衡协助项目（EAP），带薪病假，健康促进和职业安全项目。健康和生产效率管理也指能够鼓舞士气，减少离岗，提高岗位工

作效率的所有活动。"① 企业健康管理带来的经济效益和社会效益如图 5—7
所示。

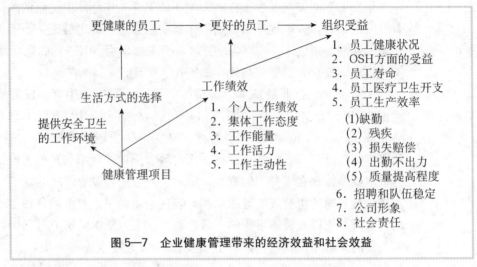

图 5—7　企业健康管理带来的经济效益和社会效益

资料来源：郑艳泽：《企业健康管理探讨》，载《医学信息》，2009，第 22 卷，第 12 期。

　　危害辨识、风险评价，识别与生产、经营活动有关的危害是企业建立职业
安全健康管理体系的重点。但在劳动过程中，对员工的心理生理或精神状态方
面的变化及对安全方面可能产生的影响也应给予同样的重视。

5.3.1　办公室微气候

　　企业应创造良好的工作环境，减轻或消除恶劣工作条件给员工带来的不
适。从人体舒适度的需要出发，如关注空气、噪声、光线、温度、整洁、绿
化、装饰、拥挤度等方面，给员工提供一个悦目、爽心、舒适的工作空间，有
利于使员工与工作环境相适应，提高员工的安全感和舒适感。办公室内光线适
宜，通风干爽，使那些有害气体尽快排出，尽量用非击打式打印机以减少噪
音。室内不要放置闲杂金属制品，以免反射电脑电磁波，造成二次发射；也可
在电脑桌前放置一些植物。由于使用电脑时，脸上会吸附不少电磁辐射的颗粒
及灰尘，用完电脑后要及时用清水洗脸。多运动是减少这种电脑职业病的最有
效的方法，工作单位应坚持工间操。

5.3.2　轮班工作员工健康管理

　　由于现代工业的发展，经济全球化和信息技术的衍生，以及众多其他因素

---

　　① American College of Occupational and Environmental Medicine. Consensus opinion statement. Available at ht-
tp：//www. acoem. org. Accessed on Dec. 16，2005；陈君石，黄建始：《健康管理师》，北京，中国协和医科大学出版
社，2007。

的影响，导致了"24 小时社会"的产生，从而使轮班工作越来越普遍。在美国，大约 20％的非农工人经历过各类轮班工作，而这些人中有 25％从事的是夜间工作。[1] 欧洲的研究也得出了同样的结论。目前，欧盟已经颁布了《轮班工作法》来保护轮班工作者的健康与安全。[2]

在存在有毒有害物质的作业环境中工作，接触时间的长短，工作班次的不同组织安排对于事故的发生都会产生影响。很多企业调查中都发现，常规工作班的事故率较低，而夜班中事故的危险性最高，原因是由于生物钟的影响，夜间工作的员工最易发生疲劳和困倦，所以班后员工充足的休息和睡眠是非常重要的。由此可见，对于关键岗位人员的安排应充分考虑这些因素。

5.3.3 员工心理健康

美国国家职业安全卫生研究所（NIOSH）在推行"有关工作导致的心理障碍的国家预防政策"时提出：避免工作量不足或超负荷，能让员工从费力的工作中恢复过来，增强员工对各种工作特征的控制；制定与工作要求和责任相当的工作日程，提供弹性工作时间以及轮班制；避免在工作晋升机会、职业或技术发展以及职业安全卫生方面的含糊不清；给员工提供互动和支持的机会；设计的工作任务有意义，能够激励人，并有使用已有技术和发展新技术的机会。

职工职业心理疾患的预防管理首先体现在管理者要根据职工的个性心理特征采取相应的安全工作策略。主要有两方面的工作：一是根据劳动者的气质、性格、能力等方面的特点，优化劳动组合，做到成员之间个性互补；二是根据劳动者的个性特点，合理安排工作岗位，充分发挥个性的正向作用。因而，企业中的不同工种和工作岗位都应设计出自己相对独立的能力要求和考核标准。有些特殊工作对人的气质有特殊的要求，比如高空作业人员的工作冒险性大，并且要有灵活的反应，具有胆汁质和多血质相结合气质的人更能确保安全；而从事工作量大、强度也大的工作，需要有恒心、坚忍不拔的人；缺乏自信、马虎的人则不适宜承担精细的工作。

除甄选员工及工作安排时需要运用职业心理理论与技术手段外，人力资源管理者还应当根据岗位的安全要求及职工的个性特点，在对职工进行针对性的安全心理教育。在对职工进行安全教育时，同样要考虑到不同性格、不同气质类型的人对挫折容忍力的差异以及对新环境、新制度的适应能力。

---

① U. S. Congress，Office of Technology Assessment，Biological Rhythmus：Implications for the Worker（OTA-BA-463）. Washington，DC：U. S. Government Printing Office，1991.

② Wedderburn，A. I. Statistics and News. Bulletin of European Studies on Time No. 9. Doblin：European Foundation for the Improvement of Living and Working Conditions，1996，1－72.

5.3.4 压力管理

自 20 世纪 60 年代舒尔茨提出人力资本理论以来，人的因素逐渐取代物的因素，并成为企业发展中唯一不可复制、不可替代的因素。要管理好企业，首先要管好企业中的人，健康管理是其中的重要手段之一。

在高新技术产业中，各种精密仪器、设备、电脑、机器人等技术的广泛应用，生产过程自动化水平的提高，都要求作业人员高度集中精力。而在其他一些行业（如在微电子装配），作业人员又必须进行单调、紧张和乏味的重复性劳动。产业结构的转变使第二产业从业人员数量减少，而第三、第四产业从业人员急剧增长，员工可能置身于传统与新型不同的职业危害中，包括工作环境中与健康不良有关的心理社会压力源。据卫生部统计，我国企业员工中有 60%处于亚健康状态，经济发达地区问题更为严重。北京、上海、广州等经济发达的大城市员工的亚健康比例比平均水平高出 13 个百分点以上。从中国健康管理中心网对员工对自身健康状况满意度的调查中可以看出，45.2%的员工对自身的健康状况基本满意，而很满意的仅占到 13.2%，说明员工对自身健康状况评价并不高。2004 年 4 月，《中国企业家》杂志对国内企业家进行的"企业家工作、健康与快乐状况调查"的调查结果表明：患"肠胃等消化系统疾病"的占 30.77%，患"高血糖，高血脂以及高血压"的占 23.08%、"吸烟和饮酒过量"的占 21.15%。同时，有 90.6%的企业家处于"过劳"状态、28.3%的企业家"记忆力下降"、26.4%的企业家"失眠"。[①] 企业员工慢性非传染性疾病患病率的上升，不健康的行为生活方式是最主要的原因。

欧盟《关于促进工作者安全和健康实施措施的安理会框架指令》（89/391/EEG）提出了一般预防原则：避免风险；评估无法避免的风险；打击风险源；让工作适合个体，尤其是关于工作场所的设计、设备的选择、工作和生产方式的选择，尽量减少单调工作、预定速度的工作对健康的影响；采取连续完整的预防策略，包含科技、工作组织、工作环境、社会关系和与工作环境有关的影响因素。为使之得以贯彻实施，应采取三级预防：一级预防是重视风险根源；二级预防是减少风险因子对健康的影响；三级预防是治疗已经造成的健康不良。1998 年《东京宣言》也提出，应加强工作场所监督，首先，监督团队需要确认该职业是否属于高危职业，员工在工作中是否暴露于物理、化学、工作期限或心理社会等心血管疾病风险因子以及这些因子是否随时间日益加重；其次，工作场所应当进行生物医学的心血管疾病风险因子筛查，这些监督有助于确定工作相关高血压群，并有助于开展一级和二级预防。

库珀（Cooper）等人认为，预防压力不良影响，实施压力管理，干预措施

---

① 参见何勤、王萌：《企业员工健康管理现状分析及体系建立研究——从人力资本对企业可持续发展影响的视角》，载《商场现代化》，2008 年 11 月（下旬刊）。

大致可分为三个层次：一级干预主要指通过采取行动来减少或排除压力源，建立支持性和健康的工作环境；二级干预是通过提高员工对于压力的觉察和意识，以及改进压力管理技巧，采取教育及技能训练计划来帮助他们更好地识别和管理心理困扰，如焦虑等；三级干预主要关注那些已经遭受或正在受压力所致心理或生理疾病困扰的个体康复。[①] 员工帮助计划（EAPs）就是一个很好的例子。

人际环境的优化主要是指通过和谐企业文化的建立，促成企业内良好人际关系的形成。乐于与人交往，和他人建立良好的关系，是心理健康的必备条件。良好的人际关系能促进每个人的共同发展，勾心斗角、互相猜忌的人际关系不但阻碍了员工的职业发展，也往往给员工的心理造成极大的损伤。

组织中的激励策略会影响到员工的安全行为。科恩（Cohen）的研究证实，采取人性化管理方式的企业拥有更好的安全表现。这些方式能及时满足员工的需求并激励其投入工作中，使得员工对合理行为具备更高的意识与动机水平。有效的沟通能增进安全计划的参与度并促使员工与管理层为兑现安全生产的承诺而共同努力。[②]

人力资源经理需要主动发现员工压力的来源，并且针对不同的压力源，分析自己的职权范围和能力，进行有选择的改善。例如，员工的压力如果源于目标的不确定，人力资源经理首先要完善企业的职务分析和岗位描述，进一步完善企业的考核体系；如果员工的压力是因为企业对他的期望和他自身的素质产生偏差，那么人力资源经理就要去做沟通，一方面了解员工的潜质，另一方面要让管理层认识到对员工的期望应该合理，并且通过促进员工的安全行为，通过改进工作规范降低风险。

人们受到挫折后，心理受到损伤，会产生一定的压力。当职工在受到心理挫折和心理压力的困扰时，管理者应该有耐心，并通过科学的方法对职工进行必要的心理挫折矫正、缓解其心理压力。例如，采取精神宣泄法、代偿迁移法；心理医生咨询治疗或者同事之间、朋友之间可以互相开导；HR 管理者通过培训、宣传、教育，帮助员工提高心理内驱力及加强自身意志力的锻炼。

丰佳国际的压力管理

对于由于员工生活上的问题而产生的压力，丰佳国际的人力资源部门会直接与员工谈心，同时对员工进行沟通课程、心理辅导等方面的培训来缓解员工的压力、建立监控机制。如果公司出现员工由于工作压力的原因而离职的现象，就说明公司没有真正做好

---

① Cooper，C. L. & Cartwright，S. Mental Health and Stress in the Workplace. A Guide for Employers. London：Her Majesty's Stationary Office，1986.

② Cohen，A. Factors in Successful Occupational Safety Programs. *Journal of Safety Research*，1997（9），168 - 178.

压力管理。因此，注重前期的监控，从发现压力到疏导压力，才是解决问题的关键所在。为了有效地监控员工存在的压力，丰佳国际目前采取了两项措施。

1. 加强沟通

'(1) 设立一个以人力资源部门为主线、各层领导者为辅线的网络结构。在丰佳国际，公司的制度规定，除了人力资源部门，所有的管理者都是公司外围的人力资源管理力量。每个员工在每个月末上报一份包括自我评价、合理化建议等内容的工作总结，作为人力资源管理的外围力量，主管应当清楚该员工本月的工作表现和工作态度的表现，并在第一时间发现这些员工存在的问题，同时写入工作报告，最终汇总到人力资源部门。而当出现问题的时候，每个员工可以直接和人力资源经理沟通。

(2) 设立总裁信箱、公司内部电子刊物等交流平台。丰佳国际设立总裁信箱，建有内部网站、电子刊物等，员工可以通过总裁信箱等表露自己的真实想法，提出问题。人力资源部门会对员工的抱怨、意见和建议提供反馈，并且每个月公布一次。对于一些个性化案例，人力资源部门和总裁、各部门高层等沟通，由大家一起来关注和解决。

2. 设立适当的压力

丰佳国际认为，适当的压力是必需的。对员工来说，没有压力反而是一种压力，因而，对员工工作目标的设定建立在对员工充分评估的基础上。其中，一个是对员工过去工作的评价，另一个就是在员工达到目标过程中能力的评估。在设定这个目标时，人力资源经理和主管、员工进行三方确认。但是，在设立目标之后，最终往往出现员工没有完成目标的问题，需要给该员工及时地调整目标。如果最后的考核还是按照原来那个已经不适合的目标进行，如果员工在工作过程中已经有了巨大的心理压力，到最后获得一个不受认可的绩效表现，那么，这个评估对员工是个重大的创伤。所以，人力资源管理工作要做得非常细，时时保持对员工的关注，让员工能够产生胜任工作的信心。这也是人力资源管理者的一项非常重要的日常工作。

资料来源：施宇：《丰佳国际的压力管理》，载《人才资源开发》，2005（3）。

5.3.5 工作场所的工效学设计

人类工效学设计是改善职工健康的一项重要因素。它不仅研究员工身体与工作用具设备的匹配，而且研究员工与其工作任务、工作环境的全面协调。长期以来，人们对于改进工作环境、改进工作设备（如工具、机器）等进行了很多研究和实践，取得了很好的效果。特别是近几十年来，由于技术进步很快，产生了许多新型的、大型的设备和系统。技术进步对于人们所要完成的工作类型产生了深远的影响，各类传统劳动的方法也产生了极大的改变。无论安全人员还是管理人员都发现，由于新技术、新设备、新工艺而导致某些工作出现了问题，如差错率及事故率增高、员工生理紧张及对工作不满等，因而需要提高工作场所的工效学设计。麦考密克和伊尔根认为，20世纪影响工作性质的工效学设计途径有三类：方法分析、人的因素和工作丰富化。[①]

1. 方法分析

最著名的是 1903 年泰勒创立的时间研究方法和 1921 年弗兰克·吉尔布雷思创立的动作研究，二者并称为"时间—动作研究"。这种分析方法注重于发展有效的工作方法，减少多余动作，以后，又得到了很大的发展。如改变工作任务的顺序，提供符合工效学原理的工具设备，并根据动作经济原理将材料和常用设备放在所有员工都能够得着的地方，减少员工抬起物体的重量和大小等（见图5—8）。这些方法都可以显著降低由工作风险所致的肌肉骨骼系统疾病的数量和严重程度。

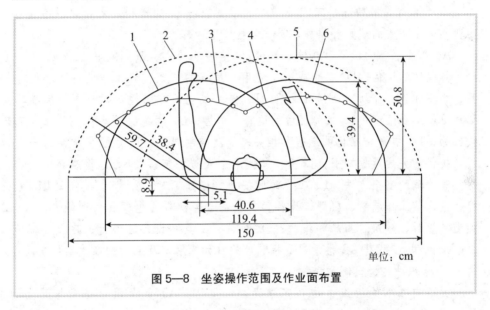

单位：cm

图 5—8　坐姿操作范围及作业面布置

图中 2、5 曲线为左、右手最大操作范围（不常用的物品放置处）；1、6 曲线为左、右手正常操作范围（常用物品放置处）。这样既可节省工作时间，又可减少工作人员的劳损。

2. 工作丰富化

计算机的日益普及、自动化的日益发展，导致工作类型的两大趋势：一方面是自动化技术的采用使操作者摆脱了原有的重复性工作而从事一些计算机不能完成的操作，工作更加舒适了，同时操作者的责任也加重了，压力更大；另一方面新的工作变得更加简单化。根据马斯洛的需求五层次学说，自我实现是人类的最高需求。特别是很多已经解决了温饱问题的人们，对于自我实现的需求在增加，然而，在单调情形中，操作者会感觉失去了对工作的"控制"，缺乏兴趣和挑战，无法满足其自我实现的需求，由此而产生厌烦感，并导致生理和心理疲劳。为此，"工作丰富化"被提了出来。工作丰富化指与特定工作有

①　参见 E. J. 麦考密克、D. R. 伊尔根：《工业与组织心理学》，北京，科学出版社，1991；有关"人的因素"实际上是工效学的主要研究对象，与设计、维修、操作和改进所有的系统类型有关，本节不予论述。

关的职责和责任数量的扩大，一是增加一项工作中所要求的任务数目，而不增加责任和复杂程度（水平负荷）；二是通过扩大对任职者能力和技能的要求以及自主性程度，工作纵向扩大（垂直负荷），降低单调引起的心理疲劳。

附录　国际劳工大会第91届会议报告六相关预防和保护措施建议之摘要

2003年国际劳工大会第91届会议报告六，"国际劳工组织在职业安全与卫生领域的标准相关活动：针对旨在为这种活动制定一个行动计划的讨论而进行的一项深入研究"提出了相关预防和保护措施建议。

1. 是否存在有效保护工人免遭有危害的工艺、机器和设备，以及有危害的化学品、物理和生化介质的规则和措施，具体包括以下内容：

A. 职业危害的识别和确定；B. 控制接触的禁止、限制或其他方法；C. 对接触的风险及其程度的评估；D. 禁止或限制使用有危害的工艺、机器和设备，以及有危害的化学品、物理和生物介质，请详细说明；E. 接触限度的专门规定以及有关标准，包括定期修订和更新接触限度；F. 工作环境的监督和监控；G. 用危害较小的化学品和工艺代替危害较大的；H. 有危害工作的通告和相关授权及控制要求；I. 危险化学品的分类和加贴标签以及提供相关的数据文书；J. 提供和使用个人防护装备；K. 危险废弃物操作、收集、再循环和处理的安全方法；L. 工作时间安排（诸如工时和休息时间等）；M. 考虑人类工程学因素，使工作装置、机器、设备和工艺适合劳动者的生理和心理能力；N. 工作场所和装置的设计、建筑、布局和维护；O. 机器、工具和设备的设计、建筑、布局、使用、维护、测试和监察；P. 提供适当的福利设施（如饮用水及卫生的餐饮和更衣设备）。

2. 组织结构、机制和措施

是否有基本的组织结构和基础设施，包括：A. 负责职业安全与卫生的主管部门；B. 有适当权力、独立性和资源的覆盖职业安全与卫生的监督制度；C. 职业卫生设施。

是否有下列机制和措施，包括：A. 卫生监督机制；B. 定期体检规定；C. 急救和紧急处置规定；D. 主管部门工作人员资格要求的确定和培训；E. 确保就职业安全与卫生问题在各个主管部门之间、主管部门与雇主组织和工人组织之间以及雇主与工人及其代表之间的协商、合作及协调的措施；F. 主管部门承担研究和探索职业安全与卫生问题；G. 制定主管部门向雇主和工人传播和提供职业安全与卫生信息、培训和技术咨询的措施；H. 将出口国家现行有效的，所有关于禁止或限制使用技术、工艺或有害化学品的信息传递给进口国家；I. 紧急事件的准备和援救；J. 记录及报告事故和职业病的措施，包括：(a) 建立和保存事故和职业病记录；(b) 将事故和职业病报告主管部门；(c) 调查事故和职业病；(d) 编辑和定期公布事故和职业病统计资料。

3. 雇主的责任

雇主责任是否包括：A. 制定职业安全与卫生政策和程序，以实施国家法律和惯例所规定的预防和保护措施；B. 监控和监察工作场所、工艺、机器、工具设备及工作中的其他物质材料；C. 制定紧急事件应对计划和程序；D. 向工人及其代表提供关于职业危害的信息；E. 工人的教育和培训；F. 在任何事故发生后采取适当的补救行动；G. 建立安全卫生联合委员会，请详细回答和说明这一做法是否源于国家法律或实践；H. 在一个工作场所或地点有超过一个雇主的地方建立职业安全与卫生协商和协调机制。

4. 工人的权利和责任

工人是否有下列权利和责任：A. 获得主管部门和雇主拥有的职业安全与卫生相关资料；B. 能随时了解工作场所的危害情况并被征询对相关职业安全与卫生措施的意见；C. 参与监察和监控活动以及对职业安全与卫生措施的评估；D. 选举工人安全代表；E. 在紧急和严重危及其健康的情况下自主撤离；F. 根据职业安全与卫生要求采取的行动不受纪律措施处罚；G. 履行职业安全与卫生措施包括培训和个人防护装备，个人不承担费用；H. 与雇主合作和遵守职业安全与卫生规定；I. 合理地关注工作场所自身安全和他人安全；J. 正确使用个人防护装备；K. 及时向监工报告对安全造成威胁的情况。

5. 工人代表的权利和责任

工人代表的权利和责任是否包括：A. 就职业安全与卫生问题与雇主协商；B. 与主管部门代表或雇主代表一起，参与职业安全与卫生方面的监察、监控和调查；C. 获得主管部门和雇主掌握的职业安全与卫生资料；D. 就职业安全与卫生问题向主管部门上诉的权利；E. 就职业安全与卫生问题与雇主合作。

☐ 本章小结

劳动者是各种不同的环境条件下从事作业的，因而作业环境条件可能给作业者带来一定的职业危害风险，其中包括物理性有害因素、化学性有害因素、生物性有害因素、人类工效学因素以及其他可能影响作业者健康的因素。本章分析了上述各种有害因素对人体的危害，如可能导致职业病或职业相关疾病；介绍了职业危害控制手段，包括压力管理等，藉此加强对员工的健康保护。

☐ 思考题

1. 劳动环境中有哪些职业性有害因素？请具体分析这些有害因素对人体的危害。
2. 如何预防职业病？
3. 用人单位该如何进行"压力管理"？

案 例

GE：健康管理的成本账

2009 年 10 月 27 日，GE 分布在全球 160 个国家的员工一起度过了公司历史上的第一个"GE 全球健康日"，当天 30 万名员工一起为健康暂时放下工作 3 小时。在上海张江的 GE 中国总部，从下午两点开始，原本空旷的办公大堂和休闲广场上人头攒动，数百名员工除了可以参加免费的血压和骨密度测量、学习营养保健知识外，还能够到健身器、瑜伽和各种球类项目中施展拳脚。就连研发中心的篮球、羽毛球俱乐部也借此机会招兵买马。

GE 大中华区董事长兼首席执行官罗邦民通过网络对全国的员工说："健康就是财富。健康创想是公司的业务战略，更是关系到我们每个人、每个家庭的重要使命。我现在决心每周至少锻炼 4 次。希望每个人都从现在做起，过更健康的生活，保持快乐的心情。"员工发现，公司继几年前实施"绿色创想"环保战略后，今年 5 月又启动了"健康创想"战略，而加强员工健康保障，引导员工建立良好的生活方式就是这个战略最重要的组成部分之一。

GE 大中华区医疗总监粗略地计算了一下，平均来说，每个人因为感冒等身体问题每年平均至少请 1 天病假，全公司 1.2 万人，按照每年工作 260 天计算，单这一项就相当于浪费了 46 年的工作时间，如果人均年成本为 20 万元，就意味着每年有 920 万元的费用不知去向，这还不算医疗保险的花费。而流感疫苗接种工作总共只花费了 4 万美元。平均算来，净成本人均不足 16 美元，也就是人均花费在 100～120 元人民币之间。

在 GE，所有的员工都了解"0、5、10、25"这几个数字的含义，也就是 0 吸烟人数、每天至少食用 5 种蔬菜水果、每天走路 10 千步，并让自己的体重指数小于 25。实际上，这些都属于公司健康管理中的宣教内容，GE 的工程师很多，他们对数字更加敏感，GE 会用适合员工的方式告诉大家怎样才能更健康。

资料来源：蒋艳辉：《GE：健康管理的成本账》，载《首席人才官》，2010（4）。

[讨论题]

读完上述案例，你有何想法？你对员工健康管理有了什么新的认识？

第6章
员工健康促进

我需要知道什么?

阅读完本章之后,你应当能够了解:

- 作业场所健康促进的基本概念与发展
- 从人力资源管理和员工健康安全管理两个角度研究员工甄选
- 员工健康安全教育培训
- 员工健康促进计划
- 企业安全文化

    职业人群作为社会群体,会面临与一般人群相同的公共卫生问题的挑战;而作为某一特定职业群体,又会受到化学性、物理性、生物性职业有害因素和职业心理紧张等因素的威胁。因此,必须同时关注职业卫生和一般公共卫生问题,实施综合的健康促进模式。员工健康促进必须贯彻"预防为主"的原则。

    员工的健康水平已成为企业核心竞争力之一。企业应该将健康管理作为企业的一项长期的人力资源激励措施。健康不仅是福利政策,更是一项能给企业带来丰厚回报和良好社会效益的战略投资。企业进行员工健康管理,一方面由于员工身心健康状况的改善提升了员工的人力资本质量及其能力;另一方面,使员工感受到企业的关怀,减少其心理契约违背的情况的出现,优化了员工的工作动机与意愿,对改进员工工作绩效具有重要的意义,既有利于员工本身,又会给企业带来收益,促进实现双赢。此外,良好的职业安全卫生环境条件及记录,可使企业保持勇于承担社会责任的良好的企业形象,有利于企业的可持续发展。

6.1 员工健康管理与促进

6.1.1 作业场所健康促进

进入 21 世纪，我国经济步入了新一轮的高速成长期，信息产业等高新技术产业所占比重迅速攀升。2003 年底召开的新中国成立以来的第一次全国人才工作会议，提出要实施"人才强国"的战略，树立"以人为本"的理念，做出了"人力资源是第一资源"、"人人可以成才"、"人才竞争已成为最具有全局影响力的竞争"等一系列科学判断。

健康促进就是通过教育、组织、法律政策和经济等手段干预那些对健康有害的生活方式、行为和环境，以促进健康，目的在于努力改变人们的不健康行为，改善预防性服务，创造良好的社会环境与自然环境。1990 年 WHO 关于在发展中国家实施健康促进规划的"行动号召"中概括了三项基本原则：政府政策倡导、社会环境支持和授权公众参与。

6.1.2 现代概念的健康及其标准

世界卫生组织在 1984《宪章》中明确：健康不仅仅是没有疾病和不虚弱状态，而是身体、心理和社会适应能力三方面的完美状态。1990 年，世界卫生组织在 1984 年定义的基础上，又在健康的定义中加入了道德健康的概念。2000 年又加上了生殖健康的概念。

衡量健康的标准是：

（1）精力充沛，能从容应对日常生活和普通工作；

（2）处世乐观，态度积极，乐于承担任务，不苛刻，不挑剔；

（3）能够正常入睡，睡眠质量好；

（4）应变能力强，能适应各种环境和各种变化；

（5）免疫机能正常，对一般的感冒和传染病有一定的抵抗力；

（6）体重适当，体型匀称，身体各部分比例协调；

（7）眼睛明亮，反应敏锐，眼睑不发炎；

（8）牙齿清洁，无缺损，无疼痛，牙龈颜色正常，无出血；

（9）头发有光泽，少头屑；

（10）肌肉、皮肤有弹性，走路轻松。

健康人群并未患病，但很可能存在各种健康风险，及时对健康风险因素进行评估、干预与控制，尽可能地减少低风险人群向高风险人群的转化，减少健康人群向患病人群的转化，一方面有助于抑制过多的医药费用，另一方面有助于使个体保持高水平的能量与活力，为生产率的提升奠定基础。

　　员工健康状况与生产力之间存在更为明显的关系。国外的研究显示，因员工健康状况不佳损失的工作时间、企业的医疗（保险）费用仅仅是冰山露出水面的部分，隐藏在水面以下的是更多的损失，如员工的流动流失、员工工作失误的增多以及士气的挫败等。2008 年，由慈铭体检联合智联招聘以及三九健康网举办的"职场人群生存状况与健康权"调查表明，"许多白领将'健康权'作为选择工作岗位的隐性条件之一，健康压力已经成为职场人士'跳槽'的主要原因之一"。

6.1.3　工作生活质量

　　工作生活质量（quality of working life，QWL）也称劳动生活质量，由"生活质量"引申而来，源于英国塔维斯托克人际关系研究所提出的社会技术系统的概念。该概念的基本思想是：为了提高组织工作效率，不仅要考虑技术因素，而且要考虑人的因素，使人和技术协调一致。

　　20 世纪 70 年代初以来，许多国家的管理协会、劳工组织和政府有关部门都接受了"生活质量"的概念，相继采取了一些具体对策。例如，英国发表了题为"关于劳动生活质量"的研究报告；美国劳动社会部发表了把劳动人性化问题作为社会政策的重要课题的报告；生产率中心提出实行"劳动质量的实施计划"；瑞典实施稳定就业的《雇佣保障法》，实现劳动环境人性化、安全化，同时扩大工人参加管理的范围；日本生产率本部每年发表有关的白皮书调研报告，全日劳动总同盟设置了"参与经营决策委员会"。

　　人力资源管理中的工作生活质量大体包括以下内容：

　　（1）劳动报酬的充分性和公平性。员工在工作中的报酬与贡献应相适应，使各成员之间的差距相对公平；而且，员工与企业外部同类人员相比时，也具有公平感。

　　（2）安全与健康的工作条件。应给予员工一个安心工作和学习、健康、无污染或少污染的环境，工作时间不损害工人的健康。安全、舒适、有益健康的环境条件（如高质量的照明系统，良好的通风，办公场所宽敞、温湿度适中、整齐清洁等）可以改善工作绩效，提高人们的工作意愿。

　　（3）工作组织中的人际关系。公司应创造良好的氛围，使员工能在组织中，通过人与人之间的互动、交往，满足其社会归属要求。

　　（4）对工作本身的满意度。如工作制度（包括工作时间、工作性质、工作内容等）；有利于员工自我成长的环境（员工对于所担任的职务，能令自己有相当的挑战性、成就感，并能不断学习新的事务）；工作自主性（权责明确，同时员工对于工作执行方式、程序等，能自主独立地作出判断）；工作富有变化，可以令员工有从事不同类型工作的机会。

　　（5）员工职业生涯发展。很多员工，特别是高科技产业员工普遍重视自身的发展机遇。因而，公司如果能够在员工职业生涯规划、教育训练与升迁、报酬等层面上做出系统规划，重视员工培训，会大大提高员工的工作满意度。

（6）民主管理。公司应该充分尊重劳动者的个性，实行管理民主化，有良好的沟通，使员工直接参与管理的各个阶段，也可以提升集体感和满意度。

（7）保障员工在组织内的权利。既要保障员工的工作权，也要严格执行劳动法规，保障员工的合法权益；同时要做好各种福利措施设计，满足不同员工不同阶段的需要，并且使员工具有工作荣誉感。

（8）工作以外的家庭生活和其他业余活动。随着妇女社会地位的提高，女性员工所占的比例越来越大，有些还占据了公司的重要位置。然而，传统的家庭分工使得女性在选择工作和从事工作时，常会考虑到公司政策对其家庭生活的影响，而家庭生活也会影响她们对工作的投入，因而公司应尽力减少或消除员工的后顾之忧。此外，公司还应积极活跃员工的业余生活，不仅利于提高公司的凝聚力，而且可提高工作效率。

作为全球经济发展速度最快的国家之一和世界第二大 IT 市场，中国已成为 AMD 公司全球战略的重点之一。自 1993 年在中国开展业务以来，AMD 不断扩大在华投资，在中国的业务逐渐从产品销售发展到包括研发、渠道管理和市场营销的在内的全方位拓展。

吸引和留住有志向、技术出色的员工对于 AMD 的成功至关重要。为个人和职业发展提供机会，可以更好地吸引有经验的人才加盟，也有利于留住有价值的员工。无论在业务强劲成长时期，还是经济动荡时期，AMD 都致力于提供发展计划。

员工的健康和福利是 AMD 良好文化的根本，也决定着 AMD 能否成功。AMD 在全年提供多种健康宣传和福利。每年都提供诸如胆固醇和葡萄糖检测的计划；每年秋天在北美免费提供流行性感冒免疫接种；多个场所的现场差旅诊所为进行国际旅行的员工提供免疫接种和疾病预防服务。AMD 自助餐厅提供各种有利于保持进餐者身体健康的选择，并且在 AMD 内网提供了很多篇保健文章，以便培养人们的营养意识。一些设施的自助餐厅内提供的食谱标注了营养含量。一年中有各种计划和福利鼓励从事健身运动：许多地区都有设备齐全的健身中心，而且可免费获得会员资格。

AMD 的学习和发展部门提供了多种资源，以便帮助实现个人和职业发展。

资料来源：AMD2008 年企业责任报告：《确保工作场所的安全和健康》。

6.1.4 健康管理

健康管理是一个综合的概念，是组织内部对个人、集体健康进行管理的一个全面、完整的体系，它并不是冠以健康之名的简单服务。迈克尔·唐奈（Michael O'Donnell）指出，最佳健康状态是指肌体、情绪、社会、精神和智力各个方面健康的平衡，最佳健康状态应当是多维的。健康管理是对个体或群体的健康进行全面监测、分析、评估、提供健康咨询和指导以及对健康危险因素进行干预的全过程；是旨在提高社会健康意识、改善人群健康行为、提高个体生活质量等的有计划、有组织的系统化的过程。

　　企业健康管理并不只是增加了企业的负担，企业也会从这种人性化的管理中获得巨大收益。企业将健康管理纳入企业管理后，员工会更加珍惜自己的工作，尽心为企业服务。员工健康状况的改善无疑会促进工作效率的提高，为企业创造更多的价值。这样，健康管理实际上就转化成了企业提高绩效的内动力。企业实行健康管理也能有效地避免一部分人看病难、看病贵的问题，并减轻国家在基本医疗方面的负担。美国健康管理 20 多年的研究结果显示：健康管理对于任何企业和个人都有一个 90％和 10％的关系，即 90％的个人和企业通过健康管理后，医疗费用降到原来的 10％；10％的个人和企业没有进行健康管理，医疗费用比原来增加了 90％。①

联手推动企业健康管理

　　浦东外商投资企业协会与国内知名运动健身机构复星集团下属的星之健身俱乐部达成战略合作，共同通过"免费运动体测"及"周末健身特惠卡"等运动健康管理项目推动企业健康管理工程。

　　凡有意向参与运动健康管理的企业在填写了 PDI 健康管理调查问卷后，皆可申请由星之健身专业人士上门服务的"免费运动体测"；

　　凡有意向申请"周末健身特惠卡"的企业员工，填写双方联名的申请表，同时获得申请编号后即可至星之健身各个健身俱乐部办理。

员工运动健康体测的特点

　　(1) 企业免费参与。相关费用由 PDI 及星之健身共同承担。

　　(2) 专业。专业的体测设备和专业教练指导，每名员工现场获得两份专业体测报告，活动结束后企业获得一份员工健康评估报告。

　　(3) 方便。提供 e-mail、海报等便于宣传，采取上门服务方式便于员工参加，且每人次测试时间不超过 5 分钟，不影响正常办公秩序。

　　(4) 员工参与率高。超过 50％的员工会参与该活动。

健康体测服务的内容

编号	服务内容	服务对象	服务报告
1	心脏压力测试报告	员工	心速、心脏压力、心脏健康等级评估
2	人体成分分析测试报告	员工	身体成分（肌肉、脂肪、水分）分析、肥胖分析、肌肉-脂肪控制计划
3	专业教练指导	员工	专业教练解释测试结果，并为每名员工量身制定运动方案
4	企业员工健康监测报告	企业	根据测试结果分析报告员工整体健康状况，并给出对应的意见建议。

---

① 参见姚志洪：《电子健康档案》，载《中国医疗器械信息》，2006，12 (11)：4－6。

周末健身特惠卡的特点

一、特惠

该卡星之原价298元/人/月，PDI合作特别优惠价：50人次以上，80元/人/月；20人次至50人次，90元/人/月；20人次以内，100元/人/月；

二、实用

85％的职场人士选择在周末健身，该卡只在周末使用，可避免成"健身睡眠卡"，更为实用；同时，该卡可单月充值消费，最多按季度充值消费，彻底避免资金沉淀。

三、通用

该卡可在星之健身19家高档健身俱乐部通用，基本覆盖了上海的各个地区。

资料来源：浦东投资网，http://www.padonginvestment.com.cn。

随着HSE（健康、安全与环境）管理体系的推行和《中华人民共和国职业病防治法》的颁布实施以及我国加入世界贸易组织，国际贸易关税壁垒逐渐削弱，非关税壁垒的出现，必将促使企业把追求利润最大化的天性逐步转变为保护员工健康、保护工作环境等与追逐利润看得同样重要。将健康管理列入企业风险管理已成必然。

健康管理对一个组织而言不是简单的个人问题，而是与企业人力资源开发、人力资本投资以及劳动生产率的提高紧密联系，是一种现代化的人力资源管理模式。它是人力资源管理模式从对"物"的管理转向对"人"的管理的反映。后工业化时代，人力资本日益成为企业最为重要的资本。员工健康管理实际上体现了企业对员工的人文关怀，体现了对人的尊重和对人力资本的重视。这种管理模式迎合了现代企业管理的需求，具有重要的现实意义。

企业健康管理服务体系结合健康医疗服务和信息技术等，从社会、生理、心理等各个角度系统地关注和维护企业员工的健康状态。

健康管理的基本步骤包括：（1）了解员工的健康状况，有效地维护个人健康；（2）进行健康状况及未来患病或死亡的危险性分析，用数学模型进行量化评估；（3）进行健康干预。

健康管理的常用服务流程包括：（1）健康体检；（2）健康评估；（3）个人健康管理咨询；（4）个人健康管理后续服务；（5）专项的健康及疾病管理服务。

企业通过投资员工健康维护、管理和干预来改善员工的健康并提高企业的生产效率与效益。

健康管理的内容包括：饮食健康管理、运动健康管理、生活习惯健康管理、睡眠健康管理及就医服药管理等。

预防胜于治疗，变"看病吃药"为"健康管理"，让"看病贵"撤火

世界卫生组织曾发布健康公式：健康＝15％遗传＋17％环境＋8％医疗＋60％生活方式。也就是说，靠看病吃药只能解决8％的健康问题，改善生活方式却可以解决60％

的健康问题。

美国医学博士斯全德说："截至目前，世界各国的医生所接受的教育是如何使用药物来治疗疾病。但是他们并不了解如何使用对你的健康最为有力的工具——营养和心理保健等，在这方面他们甚至是无知的，这是最大的不幸。因为当你被诊断为患有某种疾病时，一切都已经来不及了。"他又说："在美国只有不到 6% 的本科医生接受过正规的营养学培训！而我可以断言，几乎没有医生在医学院内接受过关于营养补充方面的培训。"这说明，在健康管理发起和盛行的美国，本科医生中接受过正规营养学培训的营养学家也很少见，而在其他国家接受过正规营养学培训的营养学家有多少？就可想而知了。因此，靠医疗条件解决居民的健康问题是不可行的。众所周知，占人口总数绝大部分的亚健康人群根本得不到医生的呵护。另外，按目前的医学水平，大部分慢性病是无法从根本上治愈的。卫生部老年医学研究所张铁梅教授说："再过 100 年，人类也不可能搞清每种疾病的病因。联合国在对人类百年疾病进行总结时指出，对于疾病应该以预防为主，这是一项投入少、产出多的工作。"

员工健康管理是一项对员工的健康状况进行跟踪、评估的过程，因此它的重点在于预防和控制，而不是事后弥补。目前，我国的员工健康管理大部分属于"事后弥补型"，即到健康出了问题再想办法去解决，可以说，对员工健康问题的关注过多地依赖基本医疗保险，而医疗保险是一个低水平的事后的医疗支付体系；很多用人单位都有的每年一度的定期体检也是形式大于内容，其初衷仅仅是"防患于未然"：查出"已然"发生的生理指标异常或疾病，然后"治已病"（但对诸如亚健康等则缺乏有效的解决手段），"亡羊补牢"。可见，体检虽然是很重要、很必要的，但很难真正发挥评估、诊断的作用。从这个角度来说，我国的员工健康管理还处于初级阶段。

在西方一些发达国家，健康管理计划已成为医疗健康保险体系中很重要的组成部分，并已证明能够有效地降低个人的健康分析，同时减少医疗开支。健康管理会为员工建立体检健康档案，不仅包括体检结果，而且包括决定疾病发生发展的关键因素如家族遗传史、个人疾病史、生活方式等，以便制订个性化的健康改善、促进服务体系。

6.1.5　健康促进

健康促进可被看作从疾病预防（包括对具体危及健康因素的防护）到最佳健康状态的促进。广义地讲，它也包括鼓励所有积极健康的方面。员工一般情况下每个工作日中大约 1/3 的时间都处于工作单位之中，工作场所是进行员工健康管理的良好场所。但员工的健康状况并非完全受工作的影响，在工作场所之外往往也存在危害员工健康的因素，并且危害个体健康的因素也因人而异。因此，工作单位在进行员工健康管理的过程中，应倡导其在一定程度上进行自主化的健康管理，并为此提供一定的条件。例如，强化健康意识与理念；设置激励机制鼓励员工改正不健康的行为，以提升自我健康水平；鼓励员工进行自我保健、心理调节与压力缓解。倡导自主健康管理，既有助于调动员工参与健康管理的积极性，又有助于降低因个体差异或者工作单位以外的健康风险危害员工身心健康的可能性。工作场所是实施预防与工作有关的损伤、疾病的最好地点，同时它也是为预防疾病和健康促进提供更广阔途径的适宜场所。

约翰迪尔（John Deere）美国公司为员工做健康风险评估，根据员工健康变化的影响做出个性化的风险报告，以帮助其制定一项行动计划，以防止、避免或延缓疾病的发生。不仅为员工，而且为其配偶及 18 岁或以上的家属制订健康行动计划，制订健康食谱。例如牛肉大麦汤、巧克力焦糖布丁、西班牙凉菜汤、草莓莓冰、晒干的番茄和卡拉马塔橄榄鸡、冬季菠菜和戈贡佐拉水果沙拉等菜谱。

约翰迪尔的一些分公司设有现场健身中心。公司还赞助体重管理/健身项目。为超重员工设计三阶段的减肥方法，使其能够更好地享受生活，也有利于公司提高效率并由于减少肥胖所致疾病的支出而节省开支。

工作场所健康促进主要是防止在工作场所中职业性和非职业性疾病的发生。有时候很难区分清楚职业病和与工作相关的疾病。职业人群的疾病，无论是由职业的还是非职业的因素所致，都应被看作多种因素相互作用的结果。这些因素可能是工作环境中的因素，也可能是员工自身的因素，如对致敏源或不同化学物质过敏，还可能是个体行为因素，如饮酒和药物滥用。

工作场所的健康促进应被看作一个预防疾病的途径而不是特殊的活动。健康促进项目应强化职业卫生规划，两者不能相互取代。在专业人员的指导下，提倡并督促员工积极参与工作场所的健康促进，通过控制职业有害因素和人类工效学来保护员工的健康；全员参加健康保护活动并改善工作条件；对工作环境进行监测，通过对有害因素的监督来评估职业卫生项目的实施效果；参加有效的医疗和员工的康复工作。例如预防员工"三高"症（高血压、高血糖、高血脂）；预防肥胖症；乳腺癌及子宫颈癌的发生免疫；在吸烟、饮食、饮酒和体育锻炼方面进行引导和教育。

在过去的 10 年里，美国的医疗保险费用翻了一番多。为此，许多大公司不约而同地发起了一场"强制健康"运动，以帮助员工遏制不健康的生活习惯。普华永道会计师事务所的调查显示，2011 年有 73％的雇主说他们发起了员工健康倡议一类的活动。例如，美国通用电气公司设在康涅狄格州城郊的总部禁止员工在公司吸烟。该公司的健身房里不仅摆放着各种健身器，而且还有印着蔬菜沙拉食谱的宣传单。美国最大的移动电话运营商 Verizon、微软和道琼斯化工不约而同地制定奖励政策，为那些减肥和戒烟的员工提供现金鼓励。

资料来源：《世界博览》，2011（17），作者：栗月静。

6.2 员工甄选：为了员工健康安全

职业安全健康问题源自工业革命，于 20 世纪逐渐受到各国的重视。国际劳工组织（ILO）于 1919 年成立之初，宣称"避免劳工因工作遭受职业性疾病与职业灾害是该组织重要任务之一"。世界卫生组织（WHO）在 1977 年通过"公元 2000 年人人都健康"（Health for all by the years 2000）决议案，即以"国家主要社会目标，应保障并促进劳工在经济生产过程之健康无虑"为重要内涵。欧盟 1985 年将保护劳工健康置于共同法规首要决议的方案。我国也于 1978 年颁布了中共中央《关于认真做好劳动保护工作的通知》。

员工安全健康管理的目的就是保护用人单位的人力资源。吊人单位能够提供安全健康舒适的工作环境，则不仅能够留住老员工，特别是对本单位有贡献的核心员工，而且在吸引新员工方面具有更大的竞争力。要保护用人单位的人力资源，就应从"以人为本"的理念出发，做好人—机匹配工作，使人机相适应，工作环境更加舒适安全。做到这一点，除了要在"物"上下工夫，使"物"更安全，更适应人，同时也要尽量做好人员配置、培训，使其与岗位相匹配。此外，吸收新鲜血液，是用人单位可持续发展的必需。在企业，每年都要吸收和补充新员工，扩充其队伍，补充自然减员。因此，新员工的甄选显得尤为重要。

这种挑选应是双向的：企业选人，人选企业。故而，企业应该有本企业的"职业图谱"，阐明企业的发展前景、长远目标和中近期目标；企业产品的销路，生产流程，工艺流程，企业中的危险设备及其防护；可能的有毒有害作业场所及其防护；企业中各生产岗位对员工的生理、心理及文化素质的要求；企业的员工福利；企业的岗位设置以及职位的升迁；企业的管理制度；企业的内部作业环境以及企业的外部环境；等等。企业对员工的甄选，则要根据职业图谱上的岗位要求进行。

6.2.1 明确要求

企业不仅要在职业图谱上明确对员工的各种基本素质要求，而且人力资源部门应有详尽的对各岗位员工的具体素质要求。

1. 生理素质要求

对员工的身体或生理检查亦可称为适应作业条件的可能性检查。该检查的目的是：根据对职务的分析、设计，发现并排除不能胜任作业的身体缺陷和体质异常的人。这类检查应包括体格、体力和有关身体机能检查。表 6—1 是日本根据身体缺陷的状况确定的不适合作业，此外，还有各种作业禁忌症等。不同的生产岗位也会有不同的生理素质要求，例如化学试剂实验员以及司机对色觉的特殊要求；挡车工对于平足的职业禁忌。除了身体检查之外，还应该有身体能力的测验，包括：动态强度、躯体强度、静态强度、爆发力强度、广度灵活性、动态灵活性、总体身体协调、总体身体均衡和耐力等。

表6—1　　　　　　　　有身体缺陷的人不适合的作业

身体缺陷	状况	不适合的作业
身体单薄	肌肉小、胸部不发达	重体力劳动
扁平足	长时间站立或连续步行时感到脚疼	站位的工作（纺织、商店服务员）和步行多的工作
贫血症	易疲劳和头晕	产生有毒物质的场所，重体力劳动
失眠症	有失眠习惯	大脑紧张的作业，流水作业
肠胃消化系统病症	消化机能减退	重体力作业，大脑紧张作业，高温作业，交通运输作业
眩晕	有头晕习惯	危险作业，高空作业，交通运输作业
癫痫病	发作既往史	危险作业，高空作业，交通运输作业
视力不好	单眼视力0.7以下（弱）；单眼视力0.4以下（不良）	不能戴眼镜的作业，需要视力的作业（如精密机械作业，产品检查、识别）
色弱色盲	特别是分不清红绿色	鉴别判断作业，包括颜色辨别作业（如：通信机组装、化学分析）
视神经疲劳	工作中眼睛很快疲劳看不清楚	精密作业、超精密作业
耳聋	距离几米就听不见耳语声	需要听觉平衡感的作业
肥胖症		高温作业、高处作业
手掌多汗症	手掌心不断出汗	产品不能沾污或防锈的作业
神经痛、风湿病	遇冷或提重物时强烈感觉痛者	处理重物的操作，寒冷场所的作业
心动过速（心悸）	运动时心动过速	重体力作业，高温作业
气喘或咽喉炎	由于粉尘和天气变化而喉痛	产尘作业，产生有毒气体的作业

资料来源：马秉衡、戎诚兴：《人机学》，223页。

2. 心理素质要求

员工的劳动过程不仅仅是一个生理活动过程（体力和脑力的支出），而且是一个心理活动的过程，这也是心理学的最基本的内容。

人们通过认识活动，可以获得外部世界的各种知识和经验。认识过程就是指在认识客观事物过程中表现出来的心理现象，它包括视觉、听觉、嗅觉、触觉等感觉。在此基础上产生的知觉，即关于事物整体的印象。通过思维对感知所获得材料进行分析、综合、判断、推理，可以直接或间接地认识客观事物的现象和本质。同时可以将其在头脑中勾画出来曾经历过的形象和过程，即想象。把过去感知过、思考过或想象过的事物保留在脑中，在一定条件下将其复现出来，这就是记忆。

感觉、知觉、思维、想象和记忆过程，是认识客观事物的不同形式，统称为认识过程。

人—机工程学主要通过研究人—机匹配性降低人—机系统的差错率，从而达到减少事故，保障人员安全健康的目的。而人—机系统差错率的研究主要是对人员差错率（或失误率）进行研究，因为"机"的差错率可以通过技术加以改进，"把事故消失在图纸上"，达到本质安全化。但人的"安全性"往往会受各种环境条件的影响，其中心理因素起很大作用。人对客观现实的认识和反映是否正确不仅依赖于人的生理素质，同时很大程度上依赖于人的心理素质，而这是有个体差异的。例如深度知觉能力差的人，不能正确估计物体的高低远近距离，就不适宜从事吊车司机的工作。

企业在招聘和甄选补充新员工前，应进行一系列的充分准备，包括岗位分析、岗位描述和岗位规范。因为招聘和甄选是组织与外部劳动力资源的一种有计划的交接方式，从节省成本及企业发展的角度出发，虽然招聘费用较高，但其投入产出比亦十分可观。

上述三项工作都是组织中人力资源管理部门的重要工作。特别是岗位规范，是组织对于能胜任该岗位人员的整体素质和能力的具体要求。岗位规范主要是概述某项工作、某岗位工作所需要的经验、教育、资质或技能、知识和态度。对工作任务的概述应能反映所分配的工作性质及员工的性格类别。其中，知识是指与某一特定专业知识领域相关联的知识信息体系，运用这些知识可以使工作获得满意的绩效；技术与能力是指已有的或者通过学习可以获得的工作能力。

在传统的岗位测评方法中，有罗杰（Rodger，1952）提出的七点计划[1]，其内容包括：

(1) 体格（健康、外貌）；

(2) 学识才能（教育背景、资历、经历）；

(3) 一般智力（智力水平）；

(4) 特殊才能（动手能力、数字和交际能力）；

(5) 兴趣点（文化、体育等）；

(6) 性情（可爱程度、可靠性、主见性）；

(7) 特殊条件（转换工作适应性、频繁出差适应性等）。

还有芒罗·弗雷泽（Munro Fraser，1958）提出的五点评分系统[2]，其内容包括：

(1) 对他人的影响（通过体格、外貌、表达方式）；

(2) 已有资历（教育、培训和经历）；

(3) 固有特质（快速切入实质、渴望学习）；

(4) 动机（树立目标并关心实现）；

(5) 调整（能承受很大外界压力、与他人相处和谐）。

---

[1] Rodger, A. (1952) The Seven-point Plan, Londen: National Institute of Industrial Psychology.

[2] Munro Fraser, J. (1958) A Hand Book of Employment Interviewing, London: Macdonald & Evans.

在员工安全健康管理中，人员的甄选是重要的第一步。一方面，企业选择合适的人员从事相应的岗位，使员工与岗位、与环境、与机器设备相匹配；另一方面，企业在员工安全健康管理方面加大投入，最终会达到保护企业人力资源的目的。

3. 职业适合性检查

职业适合性是指从事某种职业或职务应具备的条件以及经过训练可以获得的潜在能力，即检查人是否适合该种作业。

人是否适合某种职业，应从两个方面来判断：一是人对职业的选择，即以本人为主体选择适合本人特性和能力的职业；二是根据职业性质去选择人，即以既定的职业或职务为主体，去选拔和配备适合该职业或职务的人员，做到"人尽其才"。本节主要谈的是第二方面。这对于提高生产效率，保障职工的健康安全，都是十分重要的。

美国约翰·霍布金斯大学心理学教授、职业指导专家J.L.霍兰德提出的职业适应性理论认为，当具有一定素质的劳动者与正需要这种劳动者素质的职业相结合时，无论对个人还是对社会，都会带来最大的利益。

（1）一般职务适合性检查。一般职务适合性检查分为事务职检查和机械职检查两种，是分别将若干有关检查组合起来的检查。例如，事务职合适性检查要在文字和数字的比较、校对、分类、计算等方面测试其注意力、观察力、分析力和计算的速度等；机械职的适合性检查则侧重于动作的准确性、眼与手的配合、视觉识别、空间关系判断、理解机械构造能力等方面。

例如，事务职适合性在检查中采用的认知能力测验包括十几种因素，如归纳推理、联想记忆、广度记忆、数字能力、知觉速度、言语理解、言语完形、图形流利等。机械能力测验则采用了"普通机械适应能力测验"等。还可进行"适应性测验"，通过多种项目提供对一般能力的快速评估，测验中使用的许多术语与工业情境有关。

（2）特殊性能检查。特殊性能检查，是对某种职务特别要求的适合性的检查。例如，打字员应能记住原文，并且手指灵巧；建筑工人应能判断视觉空间关系等。它按照各种职务的特殊要求，逐个进行检查，包括：选择反应时间、反应速度、肢体运动速度、腕—指速度、多指协调、手指灵巧、手工灵巧、臂—手稳定、速率控制、控制精度等。

（3）安全与适合性检查。进行职业适应性检查的另一大目的，是发现并排除"事故多发者"，将其另行安排工作。例如，感情易冲动、喜好冒险、遇事惊慌失措、工作慌慌张张不沉着、理解判断能力差、运动神经迟钝的人等，均较他人易发生事故。因此，在适合性检查中，要切实抓住每个人的个性心理进行检查。根据本职业或职务特点，事先拟定好检查项目及测验题目。

安全适合性检查只是去发现最有可能在本职业岗位上引起事故的人，但是，即使通过测验的人也未必不发生事故，因此，不能单纯依靠安全适合性检查来解决企业的安全问题。

职业适合性检查在对职工的选择和工种安排上，可以做到尽可能考虑每个人的兴趣、特长、个性等，可以更充分地发挥职工的积极性，并可做到用人所长，避人所短，促进生产的发展，并且保证生产的安全。

在国外，一些大型公司在厂区修建了大型室内活动场所，包括体重训练室、低冲击力和有氧健身班等，有专业教员指导业余训练。更多的公司由于缺少空间或器材，因而由雇主向员工支付一笔健身津贴，或者采取"外包"的方法。例如，加拿大魁北克省的阿尔肯公司、蒙特利尔银行、贝尔公司加拿大分公司、标准生活公司和蒂尔登公司等 61 家公司采用了 YMCA 协会的身体适应和生活方式计划（见图 6—1）。[①]

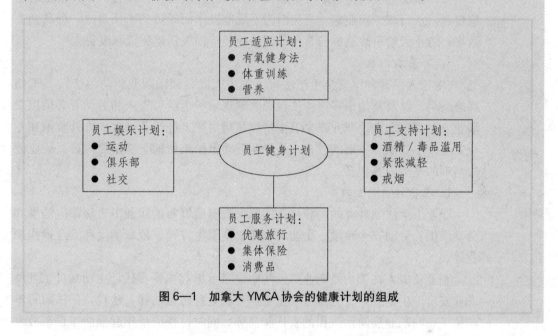

图 6—1　加拿大 YMCA 协会的健康计划的组成

6.3　员工健康安全教育培训

职业人群的安全健康教育是促进员工安全健康的重要手段，对员工进行职业教育规划，是员工安全健康管理的一项重要内容。

6.3.1　职业健康教育的目的和基本内容

（一）目的

（1）提高员工对周围环境的认知，包括生活和工作环境。让员工充分认识

---

① 参见西蒙·多伦、兰多·舒尔乐：《人力资源管理——加拿大发展的动力源》，北京，中国劳动社会保障出版社，2000。

到可能接触的各种危害因素，以及这些危害因素对自身的不良影响和作用方式，有助于防患于未然。

（2）提高员工的自我保护意识。通过对环境中危害因素的了解，进一步探讨其对健康的不良作用、影响方式、影响程度及控制方法，从而有利于员工增强自我保护意识，减少职业危害。确保增加安全知识，增加安全技能及态度。

（3）激励员工参与并改善工作环境，控制各种不利于健康的影响因素，主动实施自我保护，促进员工健康。

（4）激励企业承担起职业健康教育的义务，改善工作设施，保护员工的健康权利，从而减少职业病，避免因为不规范操作而导致的工伤事故，提高企业效率，防止劳动事故造成的直接或间接的经济损失，避免资源浪费。

（二）基本内容

《中华人民共和国安全生产法》、《中华人民共和国职业病防治法》、《工伤保险条例》以及其他很多法律法规都明确规定了企业负责人和劳动者必须接受职业安全卫生培训。职业安全卫生培训是指对职工进行劳动保护方针政策和专业安全技术知识等方面的教育，是企业劳动保护工作的一项重要内容。职业健康培训的基本内容包括：

1. 职业卫生法制教育

职业卫生法制教育的内容包括国家、政府所颁布的职业卫生法律、法规和劳动保护、劳动安全政策，企业的职业安全卫生方针、规章制度和安全操作规程等。

企业负责人在工伤及职业病预防中应当承担起主要责任，主动对员工开展职业安全卫生培训，自觉遵守安全生产与职业病防治法律、法规，依法履行本单位工伤与职业病防治工作的责任和义务，同时，还应承担起预防工伤事故发生的责任，积极消除安全隐患。

通过职业安全卫生法制教育，劳动者应当进一步提高自我保护意识，自觉抵制违反法律、法规的行为。劳动者有义务接受职业安全卫生知识培训，学习和掌握相关的知识；有义务遵守安全生产法及职业病防治法律、规章和操作程序，正确使用、维护防护设备和个人防护用品；有义务及时发现并报告职业病危害及事故隐患。

2. 职业安全卫生教育

劳动者有对危险、危害及如何预防的"知情权"。劳动者"参与"与"知情"是健康促进的基本内容，也是健康教育的主要目的。

劳动者要了解常见的职业危害因素及其引起的职业病、工伤、与工作有关的疾病；对人体健康有潜在影响的各种因素和有关的防治知识，包括一般生产技术知识、一般安全技术知识和专业安全技术知识；接受对职业危害因素的识别、评价、控制、预防的教育，防护设施和防护用品的使用与维护培训，现场自救互救技能的培训等。

3. 三级教育

包括入厂教育、车间教育和岗位教育。

（1）入厂教育：对新入厂的工人（包括到工厂参加生产实习的人员和参加劳动的学生）或调动工作的工人，在没有分配到车间或工作岗位之前，必须进行初步的安全教育。内容包括：本企业安全生产的一般知识；本企业内特殊危险地点和注意事项；一般电气和机械安全知识及防火防爆知识；一般安全技术知识和伤亡事故的主要原因、事故教训等以及职业性致病因素、本企业曾患职业病案例和基本防护措施；等等。

（2）车间（工段）教育：由车间（工段）对新分配到本车间（工段）的工人进行车间（工段）安全生产教育。教育的主要内容有：本车间（工段）的规章制度和劳动纪律；本车间（工段）危险地区及事故隐患，有毒有害作业的防止情况及安全规定；本车间（工段）生产情况介绍，包括产品性能、工艺过程、机床设备等；本车间（工段）安全生产的情况及问题以及本车间曾发生的职业病案例和基本防护措施；等等。

（3）岗位教育：新工人或调动工作的工人，到了固定工作岗位开始工作前的安全教育。教育的主要内容有：本工段或生产班组的安全生产概况、工作性质、职责范围及操作规程，班组的安全生产守则及交接班制度；工作地点及环境的卫生制度和文明生产条例；本岗位易发生事故或有毒、有害的地方；个人防护用品的使用和保管；等等。

4. 健康教育

扁鹊是中国战国时代的一代名医，据传说，扁鹊兄弟三人同时跟长桑君学医。扁鹊成名之后，楚王曾问他："你们兄弟三人谁的技术最好？"扁鹊回答："我大哥最好，二哥次之，我最差。"国君又问："你已是天下人皆知的名医，你大哥二哥却不出名，为何？"扁鹊回答："我大哥看到别人面貌发生了变化，告诉他应注意什么，他照办了，身体就健康了，所以名不出族群。我二哥，当人身体不舒服了，就告诉人家改变某些膳食，帮人家按摩一下体肤就恢复了健康，所以名不出乡邻。我是当人家有了致命的大病或十分痛苦时，才找我去医治。所以名声传得很远。"扁鹊还引用了《黄帝内经素问四季调神大论》中的"圣人不治已病治未病，不治已乱治未乱，此之谓也。夫病已成而后药之，乱已成而后治之，譬犹渴而穿井，斗而铸锥，不亦晚乎"。由此可见，预防重于治疗，但对民众的宣传教育同样十分重要。

1986 年 WHO 参与主办的首届国际健康促进大会发布的《渥太华宪章》对健康重新进行了定义："健康是每天生活的资源，并非生活的目标。健康是一种积极的概念，强调社会和个人的资源以及个人躯体的能力。"《渥太华宪章》还指出："良好的健康是社会、经济和个人发展的主要资源，是生活质量的一个重要方面。"

健康教育是通过有计划、有组织、有系统的社会和教育活动，通过信息传播和行为干预，帮助个人和群体掌握卫生保健知识，树立健康观念，自愿采纳有利于健康行为和生活方式的教育活动与过程。就是要将科学的生活方式传导给健康的需求者，变被动的护理健康为主动的管理健康，更加有效地保护和促进人类的健康。支持健康管理的知识主体来源于医学、公共卫生、运动学、生物统计学、健康行为和教育以及健康心理学的研究。[①] 其重点是改变不良行为，消除或减轻影响健康的危险因素，从而预防疾病的发生，促进健康水平和提高生活质量。目前，健康教育已被各国及地区的政府、卫生部门和医学界作为改善和管理健康状况的主要手段。

健康教育的核心是教育人们树立健康意识、促使人们改变不健康的行为生活方式，养成良好的行为生活方式，以降低或消除影响健康的危险因素。通过健康教育，能帮助人们了解哪些行为是影响健康的，并能自觉地选择有益于健康的行为生活方式。

健康教育不仅要向员工宣传卫生保健常识，增强人们的自我预防、保健能力，使其破除迷信，摒弃陋习，养成良好的卫生习惯，倡导文明、健康、科学的生活方式，而且包括心理健康教育。对于员工而言，有害健康的行为包括：吸烟；饮酒过量；不恰当的用药；缺乏经常的体育锻炼，或突然运动量过大；不良的饮食习惯（如热量过高或多盐饮食、饮食无节制）；不接受科学合理的医疗保健；心胸狭隘；对社会压力产生适应不良的反应；破坏身体生物节奏的生活方式；等等。

通过健康教育，可以提高企业员工的健康素质。这不仅可以促进员工个体健康成长（身心健康），激发个人潜能，而且，由于"健康是生产力"，这也有利于人力资源开发，提高生产效率，促进企业可持续发展。

6.3.2 职业安全教育的原则及方式

（一）职业安全教育的原则

1. "换位"原则

教育与培训的目的在于使受教育者学到技能并取得进步。因此，教导者不应仅做单方面的指导教育，而应站在受教育者的立场，采取互动式教育方式。

2. 赋予动机

职业安全卫生教育培训必须赋予受教育者学习职业安全卫生知识技能的动机，必须让他了解为什么要学习这些知识，有什么意义，对他本人和企业有什么价值和影响。

3. 从易到难

以对方已经学到的知识和技能为基础，循序渐进，逐步提高教导内容的程度，使得"成就感"、"收获感"成为奋发的动力及学习的信心，进一步提高员

---

① Michael P. O'Donnell. Health Promotion in the Workplace [M]．3rd ed. Kentucky：Thomson Learning，2002.

工学习的意愿。

4．一时一事

教育培训应结合对方的能力和吸收的速度进行，一次教一项，使其易于理解和掌握。

5．印象的强化

根据事实与实物作具体的、符合实际的说明，辅以各种图片、幻灯、音像等手段，能够强化学习效果。

（二）职业健康安全教育的手段

教育方法的种类很多，许多企业将这些方法组合使用。具体的方法有[①]：

（1）讲解方式；

（2）讨论方式；

（3）事例研究法（case study）；

（4）事故分析控制法（accident analysis and control method）；

（5）角色扮演法（role playing）；

（6）实习；

（7）演习。

6.3.3　职业安全健康教育考核

职业安全健康教育考核就是对职业安全健康教育的效果进行评估。教育效果的评估方法有很多，包括意见征询、感想作文、课题、考试、面谈、观察与听讲者所属上级的报告等。尤其是意见征询与感想作文，使其能就今后的安全活动发表建议意见，这是很重要的。

各国都在法律法规中规定，职业安全健康教育中要明确员工的权利与义务。

一个企业中，员工之间的合作对于预防事故和职业病至关重要。因此，企业的规章制度应该鼓励员工或员工代表发挥他们的重要作用，对于企业在保护员工的安全与健康方面所采取的措施和方法，要确保员工能够获知足够的信息并加以培训。此外，对于与工作相关的涉及职业安全与健康的所有事件，企业都有责任通知员工或者向员工咨询。

国际劳工组织的相关规定如下：

（1）企业规章应该明确：在维护员工的职业安全与健康方面，合作是每个工人应尽的义务。除此之外，工人的义务还包括：

1）采取合理的措施保护自身的安全以及其他可能受到伤害的员工。

2）为了自己和其他员工的安全与健康，严格遵守规章制度，严格按照规定的程序操作，不投机取巧，不自以为是。

---

① 参见角本定男：《安全管理》，211～212 页，台北：书泉出版社，1989。

3）正确使用安全的设备和保护装备，避免因为不正确的使用而造成的事故。

4）一旦机器设备运转不正常且不能自己修复，在有理由相信会造成危害的情况下，员工要及时向上级报告。

5）对于工作中发生的事故或伤害要及时报告。

（2）员工的权利与义务：员工在危害控制方面的责任和义务得到了认可，同样，员工的基本权利也应当得到认可，这些都应该反映在企业的规章制度中。特别是，工人有权利使自己远离危险，并拒绝执行那些有充分理由相信会对自身的安全与健康造成一系列威胁的工作。员工应该受到保护，避免给他们带来不可预见的不良后果。员工还有以下权利：

1）出于安全与健康的考虑，员工有权利要求企业经营者或其他有资格的机构，对于工作场所和环境实施严格的审查和监督。

2）对于可能危害员工身心健康的危险因素，员工有知情权。

3）企业或其他机构所掌握的有关员工安全与健康的信息，员工有权利获知。

4）员工有权利正确地选择安全与健康代理人。

员工或其代表只有获知了更多更好的信息，才能在控制职业危害中发挥重要、积极的作用。企业的规章制度应当明确员工的基本权利，对于涉及员工生命安全和健康的事件和决策，员工在法律上有参与的权利，并能够从工会中获得必要的帮助。①

企业经营者要为员工提供一个安全健康的工作环境，这一点应当从企业的规章制度中充分反映出来。由于经济活动多种多样以及具体的工作种类不尽相同，企业所采取的安全措施也各有迥异。但是一般来说，企业经营者的责任包括：

（1）提供安全的工作场所，并保证机器设备的更新和正常运转，确保员工工作方式安全可行，对员工的健康没有任何危害。另外，企业经营者应该采取预防和保护措施，及时预见可能发生的危险因素并通过以下方法及时处理：1）消灭潜在的危险因素；2）从根源上控制该危险的发生；3）通过设计安全的工作体系使危险最小化；4）如果危险依然存在，要为员工提供充分的个人保护装备。

（2）确保化学、物理和生物物质的使用安全可靠，完全处于控制之中，只要采取正确的保护措施就不会对安全造成危害。

（3）对于企业的经理和员工进行必要的安全培训。考虑到不同的员工接受能力的差异、所从事的工作不同，其危害因素也各有不同，企业应该有针对性地提供适合不同群体的安全培训计划。

（4）对工作实施过程中员工安全与健康措施的使用状况予以充分的监督和

---

① Fundamental principle of occupational health and safety. Benjamin O. ALLI. International labour office. Genvea.

管理。

（5）在员工的安全生产方面，制定一套适用于不同工种、不同员工群体的组织规章，以确保员工的健康安全。

（6）免费为员工提供充分的个人防护服装以及其他防护装备，以便在危害难以阻止或控制的情况下，最大限度地保证员工的安全。

（7）确保员工有充分的休息时间，因为疲劳工作容易导致生产事故，影响企业的正常生产，更危害员工的健康与安全。企业应当采取一切合理可行的措施来消除员工过度的身体和精神疲劳。

（8）当紧急事故发生时，应当采取必要的措施，制定充分的急救计划。

（9）承担起学习和研究的责任，紧跟科学技术知识的发展潮流，切实履行上述责任和义务。

（10）与其他企业经营者合作，共同改善员工的职业安全与健康状况。

6.3.4　世界发达国家和地区的职业安全教育状况

（一）美国

美国联邦安全与健康管理署在根据 1970 年《职业安全卫生法》采取强制性措施的同时，也扮演了一个服务者的角色，采取了许多支持和引导性措施。这些措施包括：提供咨询服务，进行安全与健康方面的教育和培训以及提供安全与健康方面的信息服务。

1. 咨询服务

咨询服务由联邦 OSHA 驻州的机构雇佣专业的安全与健康顾问提供。服务的内容包括帮助雇主确认和消除具体的危险，协助雇主开发和推行有效的职业安全与健康管理制度。

2. 教育与培训

美国很重视职业安全与健康教育培训。联邦安全与健康管理署确认了一大批高校或中介机构专门负责职业安全与健康培训。具体包括三种类型：一是直属职业教育培训机构，如隶属于联邦安全与健康管理署，由培训教育司直接指导，设立在十个监察区的职业安全与健康培训学院或教育中心，隶属于联邦矿山安全与健康管理署的国家矿山安全与健康培训学院等；二是民间组织与中介机构性质的职业教育培训机构；三是附属于大专院校的职业教育培训机构。联邦安全与健康管理署还通过卫星和网络及时提供最新的安全规则和指导文件。

美国企业也非常重视对企业的合作伙伴，例如进入本企业施工的承包商进行培训。这类培训对象的情况更为复杂，公司往往要与承包商公司的安全管理部门合作来完成这项工作。尤其重要的一点是，公司在安全生产和管理方面往往肩负着更多监管和督促方面的责任。公司在发包时就把承包公司的安全生产管理水平作为重要的考核和约束条件，在后者中标后严格按照本公司对待员工的培训标准对其进行安全培训，并保持施工期间进行严格和持续的监管。

在美国，安全培训的目标是防止员工发生工伤事故和患职业病，并且强调真正的"培训"和简单的"教育"之间的差别。人们可以通过"教育"向员工提供大量的信息；"培训"则是在向员工提供大量信息的基础上，通过科学的方法，使这些信息为员工所充分吸收，从而形成安全行为习惯。从这个角度来看，安全培训实际上就是帮助员工成为具有安全生产作业能力和行为方式的人，并最终帮助企业实现安全生产。

美国职业安全卫生协会的一系列规定，都要求企业员工每年必须接受特定内容的安全培训。定期培训一般是一年一次，根据企业的具体情况，也会不定期地增加半年一次甚至每季度一次的培训。很多地方州政府也通过立法要求企业每月必须有一次安全会议。很多企业会利用安全会议的机会进行培训。在制定培训目标和选择课程时，企业一般都要考虑本企业近期发生的伤害事故或设备事故，无论是已经发生并造成后果的事故，还是"未遂事故"，都可以作为计划安全培训、确定重点或目标的依据。企业自身的生产作业特点也是考虑的要点。另外，美国企业非常重视在培训结束时进行测试，这样可以进一步加深学员对课程主要知识点的记忆。同时，每次培训完成后对每个参加培训的员工都有详细的关于此次培训情况的记录存档。一部分美国企业开始使用基于计算机的培训产品进行安全培训。这种培训也使用 DVD 光盘，但加入了互动环节，员工可以通过回答问题更深入地学习 DVD 光盘中提供的安全培训知识。有一些公司还采用互动方式通过网络对员工进行安全培训。

资料来源：《美国企业的安全培训》，见安全文化网，2008 年 7 月 21 日。

（二）英国

英国职业安全与健康法律明确规定：雇主必须为员工提供足够的安全与健康方面的培训，以确保员工在工作中的安全与健康。培训机构包括：高等院校，国家培训中心（如皇家预防事故协会），工业培训局（如建筑工业培训局），工业和职业培训组织（如液化石油气协会和工业协会）及其他专业和安全咨询机构等。只有取得了理科硕士学位和国家职业安全与健康考试局颁发的合格证书，才能得到全国承认的资质。中小企业（公司）主要依靠内部的安全与健康培训。员工在 50 人以上的公司通常愿意采取外部培训的方式，大公司则愿意就安全与健康问题进行系统培训，而且培训方法多样化。

（三）德国

德国除了教育系统的大众安全普及教育和政府部门针对高级管理人员的安全生产重点教育及技术院所和监督机构的技术培训外，工伤事故保险机构——同业公会承担了全方位的职业安全与健康教育和培训工作。110 个同业公会（现已合并压缩）都有各自的培训中心和培训点，每年培训大量的企业领导、安全专家、安全监督员、工会代表和技术工人，工商业的 35 家同业公会每年培训人数达 36 万人左右。同业公会十分重视对企业从业人员的操作技能与安全意识培训。为保证培训效果，通常在培训前制定出严格、详细、周密的培训工作计划。全方位考虑受培训人员所在企业采用的技术手段，劳动组织方式和人员的配置情况，有针对性地进行培训。企业组织的内部职业培训中特别注重安全培训内容，新职工上班第一天就开始接受安全培训，每个职工每年至少培训一次，生产部门的工人每年要进行四次安全培训。对发生的任何一次事故，都有专门机构研究其发生原因、总结教训。企业还经常举办趣味安全知识竞赛。

表6—2给出了2006年的相关统计数据。

表6—2　　　2006年不同行业参加职业安全卫生培训研讨的职业人群

行业	职业人群				参加培训人员合计
	安全官员	工厂安全官员	雇主与管理人员	公司其他职员	
煤矿	2 326	302	1 182	6 151	9 961
矿山及采石场	3 414	849	2 938	3 115	10 316
煤气市政水暖	814	365	1 041	449	2 669
冶金	8 644	2 732	9 358	38 463	59 197
光电工程	3 720	1 310	6 300	28 769	40 099
化工	5 794	5 525	1 420	3 640	16 379
木材加工	1 710	479	1 554	18 351	22 094
造纸印刷	1 582	993	452	3 622	6 649
皮革纺织	845	743	724	2 299	4 611
食品	2 635	1 419	1 320	11 945	17 319
建筑	3 149	3 330	20 357	24 535	51 371
商业与行政管理	14 815	5 386	2 766	22 437	45 404
运输	1 835	517	863	1 183	4 398
卫生服务	7 448	766	1 116	5 455	14 785
总计	58 731	24 716	51 391	170 414	305 252

资料来源：BG Statistics 2006 Figures and long-term trends, Booklet produced by: Bonifatius GmbH, Druck Buch Verlag, Paderborn.

（四）日本

日本的职业安全培训教育分为三个层次：一是企业自主培训教育，对象是企业新工人和转岗工人；二是院校安全知识普及教育，对象是在校学生和国外有关人士；三是政府认可资格的社团组织、中介机构等社会服务机构的培训教育，对象是企业领导层及各类管理人员，如安全管理人员、健康管理人员、产业医生、安全培训教育人员、设备检测检验人员，以及援助发展中国家的安全管理人员等。实行执业资格证书制度管理规定的人员，必须通过执业资格培训考核，取得政府部门颁发的执业资格证书后方可持证上岗。日本的安全健康教育的实施首先是由国家制定相关的基本方针、长期规划、年度计划及教学计划，然后由相关的院校、组织及职业安全健康教育中心进行培训教育。

（五）加拿大

加拿大特别重视职业培训，尤其是职业技能和职业安全与健康培训，范围包括从青年实习计划到就业培训计划。职业院校和培训中心全部建立在以市场为导向的教育与培训制度之上，在培训运行机制方面，采取政府出资（购买培训课程和培训成果）的做法。充分发挥培训机构的作用和积极性，全面体现市场化的运作方式，以有效地提高培训质量。一些大学也开设了职业安全与健康管理课程。这些高等院校每年都有职业安全卫生专业方面的毕业生。

（六）澳大利亚

澳大利亚采取联邦指导式的职业安全与健康监察体制。根据职业健康与安全法的要求，从事高风险职业的人员必须经过政府部门确认的培训单位的培训，经考试合格后发给培训合格证书方可上岗。负责职业健康与安全的教育培训机构主要包括州或地区政府以及联邦政府的职业健康与安全机构、教育协会、大学、雇主机构和工业协会、工会及其下属机构，如各州和地区工会的劳工委员会，培训咨询公司及其他私营机构。

（七）台湾

台湾的劳工安全卫生教育培训制度规定，对危险性机械或设备操作人员，劳工安全卫生人员，作业环境测定人员，施工安全评估人员，流程安全评估人员，急救人员，有机、铅等有害作业主管，建筑作业主管（如挡土支撑作业主管、模板支撑作业主管、隧道等挖掘作业主管、隧道等衬砌作业主管、施工架组配作业主管、钢构组配作业主管等），需进行10余项特种作业培训。对一般作业劳工进行所从事工作及预防灾变所必需的安全卫生教育培训。培训时间一般为基本知识3小时，操作机械3小时，有害物质3小时。课程、课时、举办方式均有规范。台湾职训局负责对危险性机械和设备操作人员、安卫人员、作业环境测定人员等进行技能鉴定。另由台湾考试院办组织专门的技能考试。

6.4　员工健康促进计划

6.4.1　制定有效的健康计划

1. 员工健康计划

员工健康计划是企业通过专门的部门建立员工健康档案，并对每位员工的健康问题进行指导、跟踪。建立员工健康档案，根据健康档案对员工进行个别的饮食、生活习惯指导，并提供相应的医疗、咨询等帮助员工解决健康方面的问题。同时根据企业中存在的健康问题，对企业的工作环境、饮食等进行改进，以改善员工的健康状况；同时在企业内部改进工作流程、环境等。

据调查，在所有的健康干预项目中，运动体测与运动健身最受企业员工欢迎，也是最有效的模式之一。企业倡导运动健身不仅可以从整体上提高员工身体素质，更可以极大地提高企业员工的工作热情与工作效率。运动健身一旦成为一种习惯性的集体活动，就同时担负起了打造团队文化与团队凝聚力的使命。

上海浦东外商投资企业协会与国内知名运动健身机构复星集团下属的星之健身俱乐部达成战略合作，共同通过"免费运动体测"及"周末健身特惠卡"等运动健康管理项目推动企业健康管理工程。凡有意向参与运动健康管理的企业，在填写 PDI 健康管理调查问卷后，皆可申请由星之健身专业人士上门服务的"免费运动体测"；凡有意向申请"周末健身特惠卡"的企业员工，填写双方联名的申请表，同时获得申请编号后即可至星之健身各个健身俱乐部办理。

资料来源：浦东投资网。

2. 心理健康计划

员工长期处在"高压"之下，而个人在面对工作压力时往往束手无策，甚至可能采取一些消极的缓解压力的方法，最终的结果便是形成恶性循环，严重损害身心健康。目前许多企业还没有意识到这个问题，也有一部分企业已经意识到，并采取了建立心理支持系统、开展有针对性的心理培训、实施员工帮助计划（EAP）等多种方法来实施员工心理健康计划。

公司可以组织员工参加体育活动，使员工身体健壮、精力充沛，应对压力的能力增强，减少或消除压力的生理影响；同时加强与员工的正式沟通。员工关系管理人员可以运用有效的沟通来改变员工的认知，及时传递公司的信息；为员工创造良好的生理和心理环境，满足员工的身心需求，以增加工作方面的保健因素，减轻压力。

3. 职业安全健康计划

预防为主是职业安全和健康保护的重要方针。由于职业活动过程中存在一定的不安全、不卫生因素，若不及时加以预防和消除，就会酿成事故，可能导致劳动者受伤或患职业病。因此，只有防患于未然，把工作做在事故发生之前，才能有效地达到保护劳动者的目的。

劳动过程中的不安全、不卫生的因素不可能完全消除，只要活动在不断重复或继续，危险因素就始终存在，因此员工安全健康管理工作不可能一蹴而就，而是一项长期的、持续的工作。随着经济的发展，劳动者需求的提高，员工安全健康管理的内容将不断丰富，标准将不断提高。科学技术的发展更可能对员工安全健康管理产生重大的，甚至根本性的影响。

推行职业安全健康计划可以很好地预防各类职业病。IS09000、SA8000 等体系中均要求企业行为公民化、道德化，其中的重要内容就是要求企业关爱员工、善待员工。针对本企业现实的与潜在的安全风险和致职业病风险，制定职业安全健康计划，一方面按照国家标准改善劳动环境条件，另一方面在改善员工心理环境及社会环境方面下工夫，同时，制定和实施职业安全健康计划必须坚持员工参与。只有企业重视员工的职业安全健康，才能给予员工一定的健康保障。

6.4.2 自愿防护计划

自愿防护计划（简称 VPP）由联邦安全与健康管理署于 1982 年宣布实施。该计划鼓励公司除了履行法律和安全与健康标准规定的最低限度的义务之外，还要在它们的法定义务之上，自愿地保护工人的安全与健康。该计划以工作地点为基础，通过一种自愿合作的伙伴关系把雇主、员工、工会代表和 OSHA 结合在一起，以建立广泛深入的安全与健康管理制度。

1998 年 11 月 13 日开始实施"战略伙伴关系计划"。在战略伙伴关系中，OSHA 和雇主、员工以及他们的组织建立长期、自愿和合作的关系，以鼓励、帮助他们通过自己的力量辨别和消除严重的危险，实现高水平的职业安全与健康。

2002 年 3 月，联邦安全与健康管理署推出了新的合作计划——联盟计划。联盟计划是联邦安全与健康管理署与致力于职业安全与健康的组织通过签订正式的协议，进行密切合作，从而预防工作场所中的伤亡和疾病的一种合作措施。联盟计划几乎向所有的组织开放，包括行业协会、专业组织、企业组织、劳工组织、教育机构和其他政府机构。与其他合作计划相比，联盟计划的协议不是以工作地点为基础的，而是集中于整个行业或行业中特定的风险。联盟计划的战略目标是 OSHA 和联盟计划参与者共同努力，促进职业安全与健康领域的培训和教育、交流和对话，以引导本国的雇主和员工推进职业安全健康。①

信任和合作是 OSHA 与 VPP 计划参与者关系的特点。参加者在每年度的自我评估中必须以批判的眼光看待自己在安全与健康方面做出的努力，评估涵盖其安全与健康管理制度所有的方面，包括因工致伤和因工致病的数据和趋势，所取得的进展、存在的缺陷，所采取的行动，并把自我评估结果在每年 2 月送到联邦安全与健康管理署的地区办公室。联邦安全与健康管理署也要求提供工作地成功的经验，以便与其他公司共享。

6.4.3 战略伙伴计划

战略伙伴关系计划（OSPP）从 1998 年 11 月 13 日开始实施。在战略伙伴关系中，OSHA 和雇主、员工以及他们的组织建立长期、自愿和合作的关系，以鼓励、帮助他们通过自己的力量辨别和消除严重的危险，实现高水平的职业安全与健康。

战略伙伴关系可以在地方、地区甚至国家层次上建立。相关集团，包括工会、商会、地方或州政府、咨询计划和保险公司也参与到战略伙伴关系中。通过充分运用他们的资源和专业知识，使伙伴关系顺利运作，从而实现培训员工

---

① 参见方黎明、任洁：《美国职业安全与健康管理署管制措施浅析》，载《煤炭经济研究》，2006（2）。

和发展因地制宜的安全与健康管理制度的目标，OSHA 则作为主要技术提供者和计划推进者而存在。

6.4.4　员工帮助计划

员工帮助计划（EAP）是由组织（如企业、政府部门等）向所有员工及其家属提供的一项免费的、专业的、系统的和长期的咨询服务计划。在这项计划中，人力资源管理人员将诊断员工存在的问题，为员工提供培训、指导及咨询服务，及时处理和解决他们所面临的各种与工作相关的心理与行为问题，以达到提高员工工作绩效、改善组织管理和建立良好的组织文化等目的。

员工帮助计划的内容包括：工作压力、心理健康、灾难事件、职业生涯困扰、健康生活方式、法律纠纷、理财问题、减肥和饮食紊乱等，全方位帮助员工解决个人问题。

员工帮助计划发端于美国，其初衷在于解决员工由酗酒、吸毒和不良药物影响所造成的心理障碍。现在，它已发展到为企业为员工及其亲属提供压力管理、职业心理健康、饮食习惯等方面的专业指导、培训和咨询。研究表明，员工帮助计划可以大幅降低员工的医疗费用，减少由健康原因造成的缺勤，并有效提高员工的工作激情和效率。目前，《财富》500 强企业中已有相当一部分实行了员工帮助计划。

6.4.5　员工福利

企业健康管理是一个吸引优秀员工的福利项目。企业的发展离不开高层管理者和优秀员工的加盟。在健康日益成为人们追求的重要目标之一的时代，企业的这项福利措施无疑会吸引许多既渴求事业成功也重视自身健康的优秀人才，必将成为企业参与市场竞争的利器之一。

6.5　企业安全文化

企业管理层对企业安全文化建设的支持至关重要。积极的安全文化是指"一个员工积极参与安全文化构建和有恰当有效的诸如培训和纪律的安全管理机制的企业文化"。为了构建安全文化，从企业管理角度应从以下几方面入手：第一，及时确定安全问题。管理者要及时发现存在的隐患，并采取措施予以消除，在这一过程中要保持与员工的沟通，使他们感受到企业保护其安全的努力；第二，管理者应真正关心员工的安全而不是只在意统计数字，数字或案例只是作为加强安全工作重要性的一个证明；第三，加强安全培训，如提供手把手的培训、雇佣专业人员进行特殊培训等；第四，鼓励员工之间以及员工与管理者之间就安全文化的构建进行公开的交流讨论。①

6.5.1 安全文化的创建与发展

现代意义上的安全文化最初是由安全科技界专家提出来的。1986 年苏联切尔诺贝利核电站由于人为原因发生爆炸，酿成核泄漏的世界性大灾难，由此，国际原子能机构（IAEA）的国际核安全咨询组（INSAG）提出了核电站"安全文化"的概念。此后，安全文化研究在自然科技界和人文社会科学界都得到了大力发展，安全文化建设也在其他企业生产和政府报告中得到了重要体现。专家们的意见是：人们不能仅仅从自然科学技术角度来维护安全。人们的安全意识、安全行为和安全政策等在维护安全方面也是至关重要的，而且需要对科技理性的副作用进行思考。社会科学界则从另外一种角度提出了如何确保安全的问题，即"风险社会理论"。德国社会学家乌尔里希·贝克在 1986 年出版的德文著作《风险社会》（Risk Society）中，系统地提出了"风险社会理论"，并且对"风险"的内涵作了更深刻的阐述。"风险社会"的概念从一开始在外延上就比"安全文化"的概念宽泛，不仅仅指安全生产领域，而且更广泛地指向社会公共领域的安全和风险，同时打破了地域空间的界限，探索全球化进程中的不平等、异质性和不安全问题。安全文化研究与建设主要起源于工业化国家，归纳起来有以下几个方面的特点：

第一，安全文化研究首先在核工业领域重点推进。国际核安全咨询组（INSAG）1991 年又提出了《安全文化报告》（INSAG-4），对安全文化的概念加以定义，这一定义得到了世界多数行业专家教授的认同。1994 年该机构又制定了评估安全文化的方法和指南（《ASCOT 指南》，1996 年修改），对安全文化的政府组织、运营组织、研究机构和设计部门等方面进行了详细规定。1998 年国际原子能机构又发表了《在核能活动中发展安全文化：帮助进步的实际建议》，提出企业安全文化建设要经历安全的技术与法律建设、安全目标与绩效、安全主体的责任与自我学习改进等三个阶段。亚洲地区核合作论坛（FNCA，前身为 1990 年成立的亚洲地区核合作国际大会/ICNCA）自 1997 年第 8 次研讨会以来每年都举行一次研讨会（2000 年会议在我国上海召开），对于推进亚太地区安全文化合作做出了重大贡献。②

第二，安全文化研究在其他工业领域得以迅速推广。美国蒙大拿州 1993 年颁布了一部《蒙大拿州安全文化法》，以法律的形式强调了雇主和员工合作以创造和实现工作场所的安全理念。美国国家运输安全委员会 1997 年组织召开了"合作文化与运输安全"全国研讨会。澳大利亚矿山委员会 1998—1999

---

① Josh Wiaaiams，"Optimizing the safety culture"，Occupational Hazards，May2008，p. 45.

② 参见国家安全生产监督管理局政策法规司：《安全文化新论》，68～74 页，76 页，北京，煤炭工业出版社，2002。

年开展了一次全国矿山安全文化大调查，并且得出了一些合乎实际的结论。[①]
目前国外在矿山安全、建筑安全乃至反恐安全领域都有较大的推广。

浓郁的 HSE 文化氛围

壳牌公司的 HSE 管理文化在项目运作中处处都能体现。它的精髓在于，这是一种开放的、持续改进的文化。具体表现在公司内外人人都有权利对 HSE 工作提出建议，并且这些建议会沿着壳牌顺畅的信息通道到达四面八方。在壳牌公司 HSE 文化已经渗透到了公司的各个部门和工作的每一个环节，人人都在关心 HSE，到处都体现着"HSE 第一"的思想，形成了一种真正意义上的从上到下得以落实的健康、安全与环境管理体系。

资料来源：王博：《对壳牌公司 HSE 管理的体会》，载《经济师》，2006（12）。

第三，安全文化研究在高校得到大力发展，并且安全文化概念和内涵日益丰富。目前，国外许多矿山类、公共管理类、卫生健康类院校中均开设有安全管理学、安全心理学、安全经济学、环境安全学、环境法学等安全文化类课程；许多高校与政府联合组织了区域内或国际性安全文化研讨会；很多高校都设有安全文化研究专门机构、安全文化专职研究人员，出版了相关论著，开展了相关项目研究，召开了相关会议。在安全理论研究方面迈出了重要步伐，安全文化的概念进一步明确，内涵日益丰富：1991 年国际核安全咨询组（IN-SAG）把安全文化概念狭义地定义为"核安全文化"；2002 年 5 月道格拉斯·韦格曼在向美国联邦航空管理局提交的安全文化总结报告中给出了它的定义："安全文化是一个组织的各层次各群体中的每一个人所长期保持的、对职工安全和公众安全的价值及优先性的认识"，"涉及每一个人对安全承担的责任，保持、加强和交流对安全关注的行动，主动从失误教训中学习、调整和修正个人和组织的行为，并且从履行这些价值的行为模式中获得奖励等方面的程度"。[②]
安全文化的定义目前有十几种，而且还在进一步深化发展。

第四，实现了从单纯研究技术解决安全问题到安全文化研究的理念突破。国外在这方面最突出的表现是，已经走出单纯依靠安全科学技术解决安全问题的困惑，而是实现了安全理念的重大突破，即转移到安全文化建设和研究的高度来。例如美国北卡罗来纳大学提倡的安全理念已经从单纯的技术设计、成本核算、以产品状况解决冲突转到安全价值和关注安全的过程上来：注重健康安全在决策过程整体中的统一，管理者应对所辖范围内的健康、安全负责，员工应该参与决策和问题解决，健康安全管理部门应该关注长期计划、便利条件、

---

① 参见范维唐、钟群鹏、闪淳昌：《我国安全生产形势、差距和对策》，4～10 页，北京：煤炭工业出版社，2003。

② 国家安全生产监督管理局政策法规司：安全文化新论，68～74 页、76 页，北京，煤炭工业出版社，2002。

工作过程分析，同时也是员工的"可靠专家"。[1] 具体地说就是：安全需要人人负责、全民共建；安全需要预防；安全更主要的是一种理念、意识的形成；安全需要制度建设和制度约束；等等。

6.5.2 国内安全文化研究与建设现状

对于处在社会急剧转型时期的中国，安全文化研究与建设的意义更加重大。国际经验表明，当人均国内生产总值达到 1 000～3 000 美元时，社会处于"高风险"时期，中国目前就处于这样的状况。尽管这种统计上的规律一直存在争议，但现实中的确显现了在经济高速发展的情况下，各类安全事故难免频繁发生。目前中国因各类安全事故的死亡人数在 10 万人左右徘徊：道路交通运输伤亡人数呈现上升趋势；重大火灾事故时有发生，人员伤亡和财产损失巨大；工矿企业事故发生频率和死亡人数仍居高不下，特别是煤矿，重特大事故时有发生；各类职业危害依然没有得到足够的重视；中小企业的安全生产始终成为薄弱环节，如小煤窑、建筑行业等严重存在安全设施设备和资金投入不到位、安全事故常有发生的现象[2]；另外，近几年的环境安全事故和公共卫生事件也比较突出。安全文化研究与建设就是要从主体的安全思想、安全意识、安全行为、安全制度等方面去预防和控制事故发生，减少事故损失与伤害。

在研究方面，除以"安全文化"词条出现的文献、组织、法规、会议外，还涌现出大量"大安全文化"下的安全哲学、安全管理学、安全经济学、安全心理学、安全法学、安全社会学、安全教育学等学科文献。从国内来看，安全文化研究的主体已从主要由政府部门推动转向以学界研究为主。当前国内企业安全文化建设势头比安全文化研究势头更强劲。

在安全文化建设主体层面，政府、企业、个体之间应互动构建。在安全文化建设的过程中，政府起主导作用，企业（组织）重在落实，个体在于内化安全文化理念或执行企业（组织）的安全文化建设任务。从政府角度看，安全文化建设是面向全社会的，例如 2000 年以来，国家安全生产监督管理（总）局在每年工作计划、科技规划和"十一五安全生产规划"中都把安全文化建设作为重要的内容提出来进行勾画和设想，力求全社会尤其是各级各类生产组织、行政管理部门都要重视安全文化建设，深化安全理念，增强全民安全意识等。在企业（组织）方面，则把完善和建设安全文化落到实处，多从企业文化入手，在安全管理制度、安全岗位与职责、安全实施、安全培训、安全保障条件、安全文化氛围、安全文化活动等方面进行了多方面探索。相对而言，国有企业的安全文化建设远远强于民营（私营）企业，安全管理员、安全监督员、

① MICHEEL KARMIS. Health and Safety Trends, Concepts and Processes—The USA Experience ［R］. A Lecture in North China Institute of Science& Technology, 2005－11－07.
② 参见范维唐、钟群鹏、闪淳昌：《我国安全生产形势、差距和对策》，4～10 页。

安全技术员等在国有企业里相对配备比较齐全；员工的安全意识相对比较强，安全技术掌握得比较好；一些国有企业制订了自己的"安全文化建设方案"、"安全文化建设细则"等。在民营（私营）企业里，目前农民工的安全维权意识相对过去有所增强。总体上看，在政府、企业、个体之间的安全文化互动构建的势头在增强。

从全社会的层面看，每年全国开展的"安全生产周"、"安全生产月"、"安全生产万里行"、"关注安全，关爱生命"、"安全发展，国泰民安"等活动以及"安全第一，预防为主"、"三同时"、"五同时"等教育培训活动搞得有声有色。在各地方政府、各企业组织内部，安全文化活动也丰富多彩，包括安全文化建设会演、安全诗歌大赛、安全文化文学等。安全文化活动媒介也多管齐下，电视、广播、网络、报纸杂志等全面开花。安全文化活动在强化人的安全意识、安全理念方面起了重要的作用。但是，安全文化建设不能仅仅停留在活动层面，活动的开展最终是为了促进安全生产、安全发展、社会和谐。[1]

中海石油的企业安全文化建设

中海油在挖掘和发扬自身优良文化（如无私奉献精神、吃苦耐劳精神），完善和优化各项规章制度、推广先进的安全技术和安全管理体系的同时，十分重视总体规划自己的企业安全文化建设。企业不但要在公众中树立良好的绿色能源、安全生产的社会形象，而且要在内部树立起奋发向上，"以人为本，珍爱生命"，"安全第一"的安全文化氛围，使每一个成员在正确的安全心态支配下，在本质安全化的"机—物—环"系统中，注重安全生产、关心安全生产，使人人参与安全文化建设成为一种风气和时尚，让中海油人在引以自豪的同时，自觉地维护企业的安全形象，自觉规范自己的安全行为，用安全生产的理念和行动保证原油产量的稳定增长，使文化为企业的经济效益作贡献。

1. 树立"以人为本的绿色能源安全生产企业"的良好形象

树立"以人为本的绿色能源安全生产企业"的良好社会形象，既是由中海油的企业特征决定的，也是中海油持续向前发展的必然趋势。一到倒班期，中海油人就会乘船或飞机来到既无绿叶又无地气的钢铁平台上，在单调、紧张、危险中，开始二十多天的石油勘探开采作业。在大海多变的环境中，从事寂寞和艰辛的劳动，稳定的情绪和高度的责任心是安全生产的保证。这种精神和力量来自中海油对职工的爱护和关心，中海油一直把"珍惜生命，文明生产"及"不断改善和提高员工的生产、生活条件"作为企业的根本政策；也正因为如此，中海油把"关心员工，保护员工的身心健康与安全"以及"以人为本"作为中海油长期不变的立企宗旨，形成了具有特色的企业安全文化。

中海油树立"以人为本的绿色能源生产企业"的良好社会形象的总体规划是：在内部通过宣传、教育，通过自上而下的活动，通过在日常生产经营活动中不断贯彻执行这

---

[1] 参见马尚权、颜烨：《安全文化缘起及国内安全文化研究建设现状》，载《西北农林科技大学学报（社会科学版）》，2007 年 7 月。

一宗旨，并运用现代科学技术和管理手段确保"以人为本的绿色能源生产企业"名副其实；在外部通过宣传和举办各种活动，向社会展示企业，使社会了解中海油，使"以人为本的绿色能源安全生产企业"的形象深入人心。

2. 坚持不懈地大力推广"本质安全化"建设

事故的主要原因是人的不安全行为和物的不安全状态。"人的本质安全化"和"物的本质安全化"是预防事故的最有效的手段。人是生产、生活中的动力之源，提高全员的安全意识和责任心，使全员养成"我要安全"的良好习惯，杜绝违章违纪行为，发现隐患及时整改，真正做到防患于未然，达到人的本质安全化，是追求事故为零，保障人民生命财产的必由之路。因此，企业在进行安全文明生产的同时，必须不断地对员工进行安全知识的宣传和教育（如开展宣传栏、专题安全知识讲座和竞赛、制作安全教育片、安全运动会、建立企业安全互联网等各种不同形式的安全文化活动），提高员工的安全科技文化水平和安全意识，在企业内形成"我要安全"、"我会安全"的良好文化氛围，使新老职工都能自觉地遵章守纪、规范自己的行为，使其既能有效保护自己和他人的安全与健康，又能确保各类生产活动安全、顺利地进行。

3. 完善用人机制，营造激励员工好学上进的安全文化氛围

随着海洋石油事业的发展，平台一线人员的新老交替较为频繁，由于缺乏人才和熟练工人，常把一些安全文化素质较低的人员推上了工作岗位。如何对外来人员和新来人员进行系统的、全面的、有针对性的安全技能培训，使其尽快熟悉本职工作、掌握应知应会知识、达到岗位要求，已成为现阶段企业亟待解决的难题。要解决这个问题，必须遵循以下原则：

（1）先保证基层一线的技术力量，只有生产一线平安，机关人员才能坐稳；

（2）注意后备人员的培养，宁缺毋滥，不"赶鸭子上架"；

（3）先制定培训计划、要求和目标，编制培训教材，通过师带徒，传、帮、带和自学等培训方法，使培训人员尽快掌握应知应会的专业知识，待实习期满达标后方可竞争上岗；

（4）营造开放、宽松、自由、鼓励创造力、尊重人才的良好环境，完善用人机制，激励员工好学上进；

（5）注意岗位知识的积累，通过在岗培训，巩固和提高应知应会知识。

4. 完善法规制度，营造和谐的安全生产环境

持续改进 HSE 管理体系，完善各项安全标准，让管理体系和技术标准指导企业的日常安全管理工作。教育员工不存侥幸和麻痹心理，牢记"平时多流一滴汗，难时少流一滴血"的警言，不断提高安全生产技能和自我保护意识，依法保障自己的行为安全，不断营造和谐的安全生产环境和安全文化氛围。

5. 齐心协力共建企业安全文化

安全文化建设是一个深层次的人因工程的开发，是安全管理的升华，是理性的、系统安全管理的基础。它要求企业各主管部门采用系统的观点和安全文化的理念，用安全文化的方式，塑造出符合时代要求的、具有企业特色的安全文化。只有各级领导干部带

头学习和掌握企业安全文化理论，提高安全科技文化水平，明确安全文化建设的战略意义和现实意义，切实加强领导，将职工凝聚在企业自我发展、自我完善的文化氛围中，全力推进企业安全文化建设，才能推动中海油向更高层次、更加文明的方向发展。

资料来源：《中海石油企业安全文化建设的经验介绍》，载《中国安全科学学报》，2003（2）。

☐ 本章小结

现代人不仅要应对快节奏的学习、工作和生活，而且要处理好各种错综复杂的社会人际关系。面对越来越多的竞争和挑战，人们承受着很大的精神压力；随着生活质量的提高，人类的饮食组成不断改变，人们对营养问题越来越重视。但如何吃得科学、吃得符合饮食营养原则，并非人人皆知；如何科学健身、保护身体不受疾病的困扰，使自己的身体和心理更加健康等方面，大多数人都不太了解；不良的生活方式特别是饮食营养不够合理而导致的疾病与日俱增；不少人呈现亚健康状态。

健康不是单一的去医院，健康也不是吃保健品。健康不仅关系到员工自身及其家庭，而且关系到企业的可持续发展。员工健康管理与健康促进同样是一项企业管理行为。应用现代医疗和信息技术从生理、心理角度对企业员工的健康状况进行跟踪、评估，系统维护企业员工的身心健康，降低医疗成本支出，可以提高企业的整体生产效率。

☐ 思考题

1. 为什么要进行员工健康管理？
2. 简述职业健康教育的主要内容。
3. 谈谈你对企业安全文化的认识。

案 例

某公司员工健康安全福利制度（节选）

第一章　员工健康检查规定

第一条　为使本公司员工具备良好的身体素质，预防各种疾病，从而能正常地为公司服务，特制定员工健康检查规定。

第二条　本公司员工健康检查，每年举办一次，有关检查事项由人力资源部办理。

第三条　一般检查由人力资源部负责与市立医院接洽时间，员工分别至该医院接受检查。工厂由人力资源部接洽医师至厂内检查。

第四条　X 光摄影由人力资源部与防病中心接洽时间，公司派往返车请其至公司或工厂办理。经防病中心通知必须进一步检查者，应前往指定医院摄大张 X 光片，以助判断疾病。

第五条　有关费用概由各部门负担。

第六条　经诊断确有疾病者，应早期治疗。如有严重病况时，由公司出面令其停止继续工作，返家休养或前往劳保指定医院治疗。

第七条　人力资源部每年年终应就检查的疾病名称、人数及治疗情形等做统计，以作制定有效措施及改善卫生的参考。

第二章　员工医疗补贴规定

第八条　为保障员工的身体健康，促使医疗保健落到实处，特制定本规定。

第九条　凡在本公司就业的正式员工每人每月补贴医药费 40 元。

第十条　凡在本公司就业的试用人员及临时工每人每月补贴 30 元。

第十一条　正式员工因病住院，其住院的医疗费凭区以上医院出具的住院病历及收费收据，经公司有关领导批准方可报销。报销时应扣除本年度应发医药补贴费，超支部分予以报销，批准权限如下：

1. 收据金额在 5 000 元以内由财务经理审核，主管、副总经理批准。

2. 收据金额在 5 000 元至 20 000 元的由财务经理审核，总经理批准。

3. 收据金额在 20 000 元以上，由主管、副总经理审核，总经理批准。

第十二条　试用人员、临时工因病住院，其住院的医疗费用按照扣除当年医药补贴后，超支部分按 60% 报销。

第十三条　员工因工负伤住院治疗，其报销办法同第十一条。

第十四条　由公司安排的员工每年例行身体健康检查，其费用由公司报销。

第十五条　医疗费补贴由劳资部每月造册，并通知财务部发放。

第三章　门诊医药费补贴规定

第十六条　本公司为加强员工福利，及时对员工各种疾病进行治疗，从而达到员工生活安定、工作效率提高的目的，特制定本规定。

第十七条　本公司正式雇用的员工适用本办法。

第十八条　员工及其家属自员工离职日及留职停薪日起丧失此补贴权益。

第十九条　凡本公司员工患伤病住院接受治疗时，由福利委员会补助其医药费 50%。

第二十条　本公司员工看病时，由员工本人先行垫付医药费，同时填具医院门诊医药费证明单（公司印备），并请医院盖章，然后依据该证明单向福利委员会申请医药补助费。如医师开处方至药房购药者，依据医师处方及药房收据申请补助费。

第二十一条　员工由劳工保险费负担医药费者，不予补助，但超过劳保标准，自付医药费部分有医院收据或证明者，不在此限。

第二十二条　员工因美容、外科、义肢、义眼、义齿、接生及其他附带治疗、输血、证件费均不得申请补助。但因紧急伤病，经医院诊断必须输血者，不在此限。

[讨论题]

你对上述规定有何看法？请你设计一份公司员工健康安全福利制度。

第 7 章

工伤保险

▰▰▰▶ **我需要知道什么？**

阅读完本章之后，你应当能够了解：

● 工伤保险的概念与原则
● 国际工伤保险的产生与发展
● 我国工伤保险制度的建立与发展
● 工伤预防
● 工伤康复

工伤事故带来的是严重的经济损失和人员伤亡，因此，事故与职业病预防工作已成为关键。如果处理不当，不仅会直接影响企业的恢复生产，更会导致对伤残人员这部分人力资源的浪费，进而影响其他劳动者的生产积极性，乃至社会的安定团结。职业伤害（工伤）和职业病已成为各国所面临的共同的劳动问题和社会问题，促使政府日益予以重视，建立和完善工伤保险制度。

7.1　国际工伤保险的产生与发展

7.1.1　工伤保险的概念与原则

工伤保险亦称工业伤害保险、因工伤害保险、职业伤害赔偿保险，是指劳动者在生产经营活动中或在规定的某些特殊情况下所遭受的意外伤害、职业病，以及因这两种情况导致劳动者暂时或永久丧失劳动能力、死亡时，劳动者及其遗属能够从国家、社会获得的必要的经济补偿和物质帮助。这种补偿和帮助既包括医疗、康复服务，也包括基本生活所需收入损失补偿。

工伤保险既存在与其他社会保险项目的共性，也有其特殊性。其中，"补偿不究过失原则"、"个人不缴费原则"及"保障与赔偿相结合原则"最为明显。工伤保险根据"职业风险"原则建立，具有补偿性和保障性。大多数国家的工伤保险基金由企业负担，与其他社会保险项目（如养老保险、失业保险、医疗保险等）相比，工伤保险待遇最优厚、保险内容最完备、保险服务最周到，并且易于实现。

7.1.2　工伤保险制度的产生

工伤保险制度走过了从雇主责任保险向社会保险发展的历程。19世纪末西欧国家在先后确立"职业危险"原则后，工伤保险就开始出现。世界上最早实行工伤保险的是德国。时任德国首相的俾斯麦于1884年批准实施《工人灾害赔偿法》。随后其他国家也先后将职业伤害赔偿原则写进各国的法规中，形成了早期的工伤赔偿，即雇主责任保险。这是社会保险的初期阶段。雇主责任保险指受伤害的工人或遗属直接向雇主要求索赔，雇主或雇主联合会向他们直接支付补偿费。如果工伤涉及其他人，或出现争议，国家有关方面还要介入。其后，为了克服雇主责任保险方面的一些弊病，许多国家实行了社会保险，为受职业伤害的人提供必要的保护。

7.1.3　工伤保险基金与费率

经济手段是工伤保险解决问题的基本手段。为实施工伤保险制度，通过法定程序，各国都建立了用于特定目的的专项资金——工伤保险基金。工伤保险基金的筹集与管理是工伤保险发挥功能的基础和物质保障，保障基金来源的稳定性、支出的合理性和管理的科学性是确保工伤保险制度有效性的关键所在，费率机制是工伤保险管理的核心。工伤保险基金以大数法则为依据，通过广泛筹措资金，实现风险在多数人或多数单位、地区之间的共同分担，资金在人员、单位和地区之间调剂使用。建立工伤保险基金时，一方面要考虑对给付待遇的需要，另一方面要考虑企业的承受能力。

各国的费率确定机制主要有三种方式：一是统一费率制，即对所有行业与企业采取统一的缴费比例；二是差别费率制，即对单个企业或某一行业单独确定工伤保险的提缴比例；三是浮动费率制，即在差别费率的基础上，每年对各行业或企业的安全卫生状况及工伤保险费用支出状况进行分析评价，根据评价结果，由主管部门决定该行业或企业的工伤保险费率上浮或下浮。对于安全生产管理好的企业，可以降低工伤保险的缴费率；对于安全生产管理差、事故率较高的企业，可以提高工伤保险的缴费率。这也是国际通行的一种做法，可以起到促进企业或雇主加强安全生产和劳动保护、预防工伤事故的作用。

7.1.4　工伤社会保险制度的发展

早期的工伤保险实际上是"工伤赔偿"，即：劳动者因工导致伤残、疾病和死亡时，对劳动者本人或其供养亲属给予经济赔偿和提供物质帮助的一种社会保险制度。随着社会经济的发展，工伤保险实施范围由小到大，认定条件也逐渐拓宽，经历了实施项目由少到多、标准由低到高的变化发展过程，工伤保险的功能亦不断延伸。

工伤保险中有关工伤范围的界定，总的趋势是不断增加新的内容。例如，将上下班途中发生的意外事故视为工伤。国际劳工组织 1964 年《职业伤害补贴建议》（第 121 号）规定，把工作场所与员工的居住、用膳等处所之间的直接路线上发生的事故作为工伤事故处理，即把这种非直接的工伤事故包括在职业伤害范围内。工伤保险发展到现在，许多国家进一步扩大了工伤的范围（如参与红十字会活动或营救工作、消防、治安、民防等公益活动中的事故也列为工伤），职业病范围也有所扩展。

7.2　我国工伤保险制度的产生与发展

7.2.1　我国工伤保险制度的建立

新中国诞生后，我国很快建立了企业工伤保险制度。1951 年试行、1953 年修订的《中华人民共和国劳动保险条例》是一项包括工伤保险在内的企业保险福利制度的综合性法规。20 世纪 50 年代初，劳动部及全国总工会颁发的《劳动保险问答》，以及 1957 年卫生部制定的《职业病名单》和职业病诊断管理规定，均属 50 年代工伤保险的配套规定。其后又做了一些调整。但"文化大革命"期间，工伤社会保险与其他社会保险项目一样，几乎倒退到了"单位保险"。

7.2.2　我国工伤保险制度的改革

改革开放后，我国的工伤保险也经历了从改革试点到立法的发展阶段。经济体制改革时期，一方面企业为了利润削减预防支出，另一方面由于企业之间劳动保险负担不均衡而导致在市场竞争中起点不同；一方面经济体制改革促使经济调整发展，另一方面企业伤亡事故与职业病却不断攀升，体制转轨和现有制度的局限使得制度创新的必要性日益凸显。正是这些矛盾促使并加快了工伤保险制度的改革。在试点的基础上，劳动部门于 1996 年 10 月 1 日推出了《企业职工工伤保险试行办法》。同时推出的还有《职工工伤与职业病致残程度鉴定》，后者促使我国工伤社会保险制度更加科学化。

经过一段时期的改革试点，在全国范围内实行工伤社会保险制度的时机已经成熟。2003 年 4 月 28 日国务院颁布了《工伤保险条例》（自 2004 年 1 月 1 日起实施），这是中国社会保障法制进程中具有里程碑意义的大事，标志着工伤保险制度改革进入了一个崭新的发展阶段。其后，劳动和社会保障部又先后颁布了《工伤认定办法》、《因工死亡职工供养亲属范围规定》、《非法用工单位死亡人员一次性赔偿办法》、《关于农民工参加工伤保险有关问题的通知》、《关于劳动能力鉴定有关问题的通知》等一系列与《工伤保险条例》配套的法规文件。目前，我国工伤保险制度在逐步完善，工伤保险参保人数由 2003 年底的 4 575 万人增加到 2010 年底的 16 161 万人。

目前的工伤保险法规是依据我国当前的经济发展状况制定的，同时参照了国外的先进方法，适应了国际发展趋势。有关职业病的范围也不断扩大。1957 年我国卫生部第一次公布了《关于职业病范围和职业病患者处理办法的规定》，确定了 14 种法定职业病。其后，又分别在 1962 年、1964 年、1974 年有所增补。1986 年卫生部开始对《职业病范围》进行全面修订。于 1987 年 11 月 5 日由卫生部、劳动人事部、财政部和中华全国总工会联合正式公布，确定了 9 类共 99 种法定职业病。根据 2002 年 5 月 1 日施行的《中华人民共和国职业病防治法》第 2 条规定，卫生部会同劳动和社会保障部发布了《职业病目录》。法定职业病由原来的 99 种增加到 115 种。1996 年《企业工伤保险试行办法》将上下班交通事故纳入工伤保险范畴。

2010 年 10 月 28 日全国人大常委会通过的《中华人民共和国社会保险法》对工伤保险制度做出了专门规范，从法律的层次上对工伤职业待遇给予了强有力的保障，在我国工伤保险制度发展史上具有划时代的重要意义。同年，修订后的《工伤保险条例》颁布实施，自 2011 年 1 月 1 日开始实施，保障范围更加扩大了。

7.3 我国工伤保险制度安排

7.3.1 工伤保险费率

目前我国是根据以支定收、收支平衡的原则确定费率的。根据 2003 年《关于工伤保险费率问题的通知》（劳社部发 29 号），将行业划分为三个类别：一类为风险较小行业，二类为中等风险行业，三类为风险较大行业。根据不同行业的工伤风险程度实行行业差别费率，在此基础上，根据各用人单位的工伤保险基金缴费率及发生工伤事故的频率与严重度，再实行浮动费率，以促进企业安全生产。用人单位属一类行业的，按行业基准费率缴费，不实行费率浮动。用人单位属二类、三类行业的，费率实行浮动。用人单位的初次缴费费率按行业基准费率确定，以后由统筹地区社会保险经办机构根据用人单位工伤保险费使用、工伤发生率、职业病危害程度等因素，每一至三年浮动一次。在行业基准费率的基础上，可上下各浮动两档：上浮第一档到本行业基准费率的120％，上浮第二档到本行业基准费率的150％；下浮第一档到本行业基准费率的80％，下浮第二档到本行业基准费率的50％。

7.3.2　我国的工伤保险待遇

为受保者提供相应的工伤保险待遇是工伤保险制度实现其职能的标志。工伤保险制度能否得到落实，受伤害职工及其家属的权益能得到保障，工伤保险制度运行是否正常，突出地体现在工伤保险待遇给付的各个环节上。

工伤职工根据劳动能力丧失程度的不同，可以享受不同的工伤保险待遇。被鉴定为完全丧失劳动能力者，可以享受因工完全丧失劳动能力的退休待遇，并享受一次性伤残补助金；有护理依赖者，可以享受护理费。大部分丧失劳动能力者，可要求企业安排合适工作，由此造成职工工资降低的，按降低部分的一定比例对职工进行补偿，同时享受一次性伤残补助金。工伤保险待遇是根据劳动能力鉴定确定的。劳动能力鉴定是指劳动功能障碍程度和生活自理障碍程度的等级鉴定。职工发生工伤，经治疗与康复伤情相对稳定后存在残疾、影响劳动能力的，应当进行劳动能力鉴定。劳动能力鉴定是落实工伤待遇的基础与前提，是工伤保险管理的一项重要工作。

工伤保险待遇是对工伤职工权益保障的具体体现。在各国工伤保险立法中，都明确规定了工伤保险待遇的项目构成。一般来说，国外职业伤害保险制度中的待遇项目大致包括：意外事故的短期津贴；意外事故的长期津贴；遗属补偿，即抚恤金。在工伤保险制度中，工伤保险待遇水平是一个核心的问题，它关系到对工伤职工权益的保障程度，从而影响整个工伤保险制度的有效性。工伤保险待遇水平的设计应适应社会经济发展水平。

我国工伤保险基金支付的待遇项目有：工伤医疗待遇；伤残待遇（一次性伤残补助金，伤残津贴，生活护理费）；工亡待遇（一次性工亡补助金，丧葬补助金，供养亲属抚恤金）。国务院办公厅 2010 年 7 月 23 日发布《国务院关于进一步加强企业安全生产工作的通知》，该通知指出，提高工伤事故死亡职工一次性赔偿标准。从 2011 年 1 月 1 日起，对因生产安全事故造成的职工死亡，其一次性工亡补助金标准调整为按全国上一年度城镇居民人均可支配收入的 20 倍计算，发放给工亡职工近亲属。

用人单位负责的待遇项目有：住院伙食补助费；转外地治疗的交通、食宿费；停工留薪期内的工资福利及陪护费；伤残津贴。

原《工伤保险条例》规定住院伙食补助费按照本单位因公出差伙食补助标准的 70％由用人单位支付，新《工伤保险条例》的规定取消了 70％的限制，具体标准由统筹地区人民政府规定，且支付主体改为工伤保险基金，而非用人单位。另外，工伤职工到统筹地区以外就医所需的交通、食宿费用亦从由单位支付改为由工伤保险基金支付，基金支付的具体标准由统筹地区人民政府规定。

《中华人民共和国社会保险法》还规定了对于用人单位不支付职工工伤保险待遇的情形，由工伤保险基金先行支付。

问责"开胸验肺"无助"制度尊严"

新闻背景：曾经为农民工张海超"开胸验肺"，并为他出具"尘肺合并感染"报告的郑州大学第一附属医院，近日受到河南省卫生厅通报批评并立案调查。通报认为，郑大一附院在不具备职业病诊断资格的情况下，进行职业病诊断，违反了《中华人民共和国职业病防治法》。此事被媒体报道后，引起社会强烈反响。

从制度层面看，郑大一附院在不具备资质的情况下为张海超"开胸验肺"的确有可能违反了《中华人民共和国职业病防治法》。但要知道，正是这种不合理的制度才导致了张海超的"开胸验肺"。郑州市职防所倒是有资格为张海超确认尘肺病，可它无视病情所出具的诊断证明让这个备受疾病煎熬的农民工肝肠寸断。在公众看来，郑大一附院肯为走投无路的张海超"开胸验肺"，正说明他们还有医者良知，还有社会担当。

事件发生后，有关部门不是从改进管理制度方面着手，杜绝"开胸验肺"悲剧的发生，而是以制度的名义对郑大一附院立案调查，难免会让人联想到，这是不是一种"权力报复"？

相对于社会的公平正义，相对于张海超们的弱者权利，我们究竟该如何维护"制度尊严"？

资料来源：《人民日报》，2009-08-14，作者：秦建中。

张海超案例表明：（1）仍有相当数量的用人单位没有给农民工办理社会保险（特别是工伤保险）；（2）不少企业劳动条件绝对不符合国家标准；（3）没有按照规定定期给职工（特别是尘毒危害作业场所职工）进行职业健康体检并建立健康档案；（4）没有签订劳动合同，证实劳动关系难（虽然《工伤保险条例》中规定，"职工或者其直系亲属认为是工伤，用人单位不认为是工伤的，由用人单位承担举证责任"，但这种"举证倒置"亦难以实现）。按照现行规定，工伤认定是享受工伤待遇的前提。在张海超案例中，尘肺病认定方面的困境表现在：（1）并非在于技术原因（郑州市职业病防治所最初的解释"我们医术不过关，水平不高"又令人对有关部门审定其"资质"的工作产生质疑）；（2）至于"医德"方面，当职业道德与"生存"发生冲突时，前者可能让位于后者（目前我国的安全生产监督检查、卫生监督检查、工伤保险等虽然实行的是中央—地方直线管理体制，但这些机构同时仍要受制于地方）；（3）国家向各地职防院（所）独家授权职业病鉴定资格的初衷是保证其专业性和权威性，却由于绝对的垄断而产生了"恶意误诊"等"衙门"作风；（4）为督促各级政府官员更加注重安全生产，注重劳动者健康安全权益而设置的问责制，犹如"双刃剑"，既可能由"归责"而制约地方官员，又可能为"逃避责任"而出现相当数量的张海超那样的推诿事件。

宿迁为农民工"免费追索工伤赔偿"

日前，宿迁市司法局积极抽调各级法援中心、普法宣传员 32 人深入企业、工地、村庄张贴《工伤保险条例》宣传画，向过往行人发放工伤认定磁带、光盘、书籍等资料，并开通流动宣传车小喇叭在乡村里巡回播出免费追索劳动工伤赔偿的新闻。

据统计，全市拥有农村外出务工从业人员 110.1 万人，农村工伤事故日趋增多，该局为了让工伤人员知道哪些是符合工伤条件的、索赔手续如何办理等一系列法律援助知识，有针对性地围绕《工伤保险条例》选择了农民工常见的七种工伤情形，可以通过申请法律援助，免费追索工伤赔偿。主要内容包括：

(1) 在工作时间和工作场所内，因工作原因受到事故伤害的；(2) 工作时间前后在工作场所内，从事与工作有关的预备性或者收尾工作受到事故伤害的；(3) 在工作时间和工作场所内，因履行工作职责受到暴力等意外伤害的；(4) 患职业病的；(5) 因工作外出期间，由于工作原因受到伤害或者发生事故下落不明的；(6) 因上下班途中受到机动车事故伤害的；(7) 法律、行政法规规定应当认定为工伤和其他情形的。该局还对重点人群进行重点宣传，对有文化的发放书面资料，向文化水平偏低的人群赠送语音磁带、光盘宣传追索工伤赔偿的相关事宜，只要申请法律援助，就免去一切费用为申请人追索工伤赔偿。

资料来源：《江南时报》，2009 - 08 - 06。

新修订的《工伤保险条例》及《中华人民共和国社会保险法》大大减轻了企业的负担，但与此同时，企业更应承担起应负的社会责任：一是必须给所有员工参保，二是树立以人为本的管理理念，为员工创造更加良好的工作环境条件，切实保障员工安全健康。

7.3.3　工伤争议

工伤保险中的争议简称工伤争议。工伤保险中的争议不仅是劳资纠纷，在工伤认定、劳动鉴定、医疗待遇、护理等级、工伤津贴、伤残待遇、死亡待遇、借调人员工伤待遇、出境工伤待遇等问题上，都可能发生分歧和争执。新修订的《工伤保险条例》大大缩短了争议处理时间。

7.3.4　工伤预防

工伤预防对于工伤保险至关重要。加大预防投资，可以改善作业环境，保护职工健康，降低事故率及职业病发生率，从而减少工伤赔偿。因此，现代意义上的工伤保险，除了对因工负伤、致残、死亡者提供经济补偿和物质帮助之外，还承担着促进企业安全生产、降低事故率及职业病发生率等重要职能，并力求通过现代康复手段，帮助受伤害者尽快恢复劳动能力，促进其与社会的重新整合。这就是工伤预防、工伤康复、工伤补偿三位一体的工伤保险制度。

国际劳工组织于 1976 年提出了国际劳动条件与环境改善规划（PIACT），旨在进行如下工作：预防职业性伤害和职业病；使工作环境适应工人的体力、脑力及其社交需要；在职业安全与卫生领域开展研究、教育、培训和情报交流等活动；在企业中组织预防工作。国际劳工组织还支持和配合国际社会保障协会（ISSA）召开有关职业性事故和疾病预防世界性代表大会，将"社会危险的预防工作"有系统地朝着"防止和补偿工人生产能力的损失"的方向努力。

德国的工伤保险体现了鲜明的预防优先的特点。首先，在德国的《社会法典》中规定了工伤和职业病预防作为工伤保险机构首要的使命与任务。其次，同业公会按照《社会法典》的规定将"预防、康复、补偿"作为自己的工作目标，并特别提出了"先预防，后康复；先康复，后补偿"的工作原则。

在德国的工伤保险预防、康复、补偿三项任务中，工伤预防具有最重要的地位。预防为主的理念，反映了一种积极的工伤保险思想，它改善了传统工伤保险中以伤残待遇给付为主的模式，无疑是一种进步。工伤预防的任务和目的是加强工作中的安全和健康；减少对生命和健康造成的危害；控制不可避免的危害发生；向雇主提供劳动保护方面的咨询（见表 7—1）。

表 7—1　　　　　　　　　　工伤预防支出　　　　单位：1 000 德国马克/1 000 欧元*

年份	总计	其中：			
		发行事故预防标准、出版物等宣传品	专业咨询与安全检查	企业职业安全卫生服务、急救**	培训***
1950	11 748	645	7 466		
1955	22 243	1 590	14 473		
1960	33 688	2 124	21 998		
1965	62 258	6 399	38 628		
1970	101 623	2 805	66 865		11 416
1975	191 480	4 755	128 131		23 918
1980	315 764	7 578	182 176		45 901
1985	448 968	5 108	246 402	52 478	68 468
1987	502 747	5 966	276 033	58 790	74 133
1988	528 216	6 239	190 797	62 251	76 108

续前表

年份	总计	其中：			
		发行事故预防标准、出版物等宣传品	专业咨询与安全检查	企业职业安全卫生服务、急救**	培训***
1989	562 400	7 798	310 163	63 788	81 703
1990	620 066	9 219	341 899	65 874	88 453
1991	774 269	15 017	436 428	89 058	104 323
1992	881 297	11 270	491 993	106 959	123 479
1993	990 299	15 974	541 296	132 319	142 364
1994	1 024 304	12 986	574 207	139 644	145 833
1995	1 104 823	14 559	610 190	152 954	165 147
1996	1 141 368	12 905	617 575	162 858	170 160
1997	1 160 367	13 641	640 286	152 231	181 162
1998	1 183 063	12 604	654 868	146 449	182 697
1999	1 216 234	11 972	673 755	158 029	185 185
2000	1 277 556	10 845	726 513	154 490	190 181
2000	653 204	5 545	371 460	78 989	97 238
2001	666 546	4 864	373 446	76 849	103 210
2002	697 540	4 290	384 392	80 242	114 545
2003	728 146	3 675	399 446	82 897	120 858
2004	734 254	3 714	403 585	81 913	122 251
2005	732 875	2 998	405 974	78 766	125 050
2006	735 928	2 706	411 263	75 649	126 784

* 2000 年及以前是按德国马克计算的；后面的 2000 年及以后是按欧元计算的。
** 仅有 1982 年以后的数据。
*** 仅有 1968 年以后的数据。
资料来源：BG-Statistics 2006 Current figures and long-term trends relating to the Berufs Genossenschaften for the industrial sector in Germany, Booklet produced by：Bonifatius GmbH, Druck Buch Verlag, Paderborn.

在我国，过去一直由劳动部负责工伤预防工作。1998 年机构改革后，劳动安全工作由经贸委负责；矿山安全由煤矿安全监察局负责；劳动卫生由卫生部负责；锅炉压力容器安全由质量监督检验检疫总局负责。直至 2003 年，国务院决定由安全生产监督管理局全权负责劳动安全与卫生监督检查工作。《工伤保险条例》也明确规定，"用人单位和职工应当遵守有关安全生产和职业病防治的法律法规，执行安全卫生规程和标准，预防工伤事故发生，避免和减少职业病危害。"但是，在实际工作中，工伤保险部门与安全生产监督管理部门的职能交叉且协调性较差，不少用人单位又受利益驱动而或多或少地忽视安全生产工作，因此，尽管自 2003 年以来事故率逐年下降，但恶性特大事故仍时有发生。事故预防应该是今后工作的重点。

7.3.5　工伤康复

员工在工作中受到伤害或罹患职业病，紧急救助是十分必要的，但工伤保险所采取的治疗措施不是目的，更重要的是尽最大可能恢复受伤害者的劳动能力，使其重新走上工作岗位，或者能够重新融入社会。这就需要现代康复手段了。

世界卫生组织（WHO）对康复的定义是：综合协调地应用医学的、教育的、职业的、社会的和其他一切措施，对残疾者进行治疗、训练，运用一切辅助手段，以达到尽可能补偿、提高或者恢复其已丧失或削弱的功能，增强其能力，促使其适应或重新适应社会生活。

现代观念的康复包括医学康复、教育康复、职业康复、社会康复等几大基本方面，多采取以社区为基础的康复与极高水准的专业康复相结合的手段。

医疗康复的主要做法有：急救、早期预防性康复、进行性护理等。康复早期介入理念已为很多国家所接受。全面康复包括：治疗性锻炼、职业疗法、理疗、心理治疗、整形外科手术、技术性辅助器械等，并且帮助伤残人员适当安排家庭生活。社会性康复通常为残疾人员做出某些技术性安排，组织他们力所能及地参与各类社会事业，并做好各项服务工作，包括照顾住院期间不能自理的病人，帮助安排家属生活，安排上下班的交通工具等。近几十年来，国外对伤残人员的职业康复服务得到迅速的发展。职业康复机构通常都要全面了解伤残者的剩余工作能力（职业能力评估）。职业康复服务的具体内容包括：开设定向性课程帮助伤残者恢复失去的信心；提高工作的耐力（适应性）；进行职业指导；将严重伤残人员安排进保护性工厂或帮助其成为家庭工人；政府或社区往往为其代付恢复职业能力学费和其他培训费；在家工作的，则可提供一些工具和设备；也可提供贷款以购买较贵的设备（如缝纫机等）或开设小店铺；等等。

以韩国为例，该国第一个社会保险计划就是工伤事故保险（IACI），自1964年7月开始实施，以保证那些遭受伤害的劳动者得到快速公平的补偿、康复和重返工作的培训。每年有约10万名劳动者受到IACI基金的治疗，约2万名劳动者结束残疾。这个数据包括3 500名重度残疾的劳动者（1～7级），他们大约丧失了56％的劳动能力。由此可见，迫切需要加强对这些工伤事故受害者的支持，使他们能够重返工作岗位。

但是韩国的工伤保险一开始也主要是通过发放现金的形式给这些受害者补贴生活费用（保险费用）。20世纪90年代中期以来，关注的焦点转移到那些利益很少的事后治疗康复计划，帮助那些残疾的劳动者重新返回工作岗位并且过上长期稳定的生活。

为了使IACI作为一个社会安全网更加有效，也为了在帮助受伤害者重返工作方面更有价值，韩国劳动部在2001年制定了一个关于受伤害劳动者康复的五年计划，在与劳工福利公司和工伤事故医疗公司和韩国劳动安全和福利研究中心讨论过后，在 2001 年 6 月制定了具体的细节计划。从那以后，IACI 五年康复计划一直在扩大其范围。

韩国的工伤康复

韩国劳动福利公司开展了多项为工伤事故受伤害者或者残疾者的社会福利计划：独立购买租借计划，康复运动支持计划，定居贷款计划，以及为孩子提供奖学金的计划。在定居贷款计划中，1987 年成立了一个基金，目的是帮助那些残疾者或者受害者以及他们的家庭独立生活和重返社会，这个基金提供长期的、低利息的定居费用贷款来稳定这些受伤害者或者残疾者的生活；在现有体系下，贷款提供给那些死亡劳动者的遗属，有 1～9 级残疾者；为严重残疾者提供养老金。

韩国不仅仅采取暂时的措施，还有永久性措施来扩大社会康复的范围。例如，建立了一个康复咨询系统，主要目标是对那些由于工伤事故受伤害或者落下残疾的劳动者进行专业心理咨询和职业评价，建立一个适应个体的康复计划，给予适当的职业培训，同时提供包括就业支持或者自我创业和康复后管理在内的康复服务，使他们能够平稳地返回工作岗位和社会。

康复咨询系统的内容包括：

（1）基本咨询。

——消除受伤害或残疾劳动者重返社会精神或心理方面的忧虑和担心；

——提供基本咨询服务，例如通过访问工业综合区或者电话咨询为劳动者引入康复计划；

——对受伤害或者落下残疾的劳动者进行调查，并进行数据分析，将资料储存起来以备将来参考使用。

（2）最初的面谈。对那些接受基本咨询的劳动者和那些需要康复培训重返社会的劳动者或者康复计划申请人（例如那些为职业培训申请财政帮助的劳动者）进行初步的面谈，并且将这些信息记录下来。

（3）职业能力评价。

——根据收集到的结果分析生理、教育、心理、职业和环境方面的因素，以提供合适的康复服务；

——理解由于残疾带来的职业缺陷和优势；

——分析与工作适应有关的因素，以便增加就业的可能性；

——综合考虑职业能力、个人兴趣和能力水平以及其他相关的因素，做出适当的评价，并进行推荐。

（4）建立康复计划和服务承诺。

——制定与个体特征相适应的特殊康复目标；

——为达到康复目标为每一项服务制定详细的支持计划；

——通过提供社会适应培训和职业培训以及独立的店铺租赁支持为康复计划提供支持。

（5）工作配置和配套服务。

——通过收集和更新每个地区和每个岗位的就业信息为个体提供适合的就业信息和工作配置服务；

——为促进发展，就业机构收集适合区域特征的就业信息；

——为保持一个成功和稳定的职业活动提供配套的服务。

（6）提升康复计划。举办一些宣传活动吸引那些雇主、医疗机构、康复组织以及由于工伤事故受伤害或残疾者的注意。

（7）计算机工作。将来自基本咨询、初步的面谈以及职业能力评价报告、康复计划、配套服务和咨询卡的信息输入电脑。

（8）报告。将康复咨询工作的整个过程制成报告上报。

资料来源：翻译自韩国政府网站。

在新中国成立初期所制定的保险条例及修订的实施细则中，已规定工伤保险的工作包含补偿救治及康复内容。承担部分伤残、职业病疗养、休养任务的疗养、休养院（所）于 20 世纪 50 年代初期建立，由工会管理。至 1953 年，全国已有 104 所；到 1985 年，全国共有厂矿企业以上的疗养院、休养所 700 余所，其中有相当一部分专门用于一般慢性病和职业病的疗养、休养，这对工伤人员的治疗、基本功能恢复，以及低水准的康复无疑起到了积极的、重要的作用。但是，与现代意义上的康复相比，这种低水准的康复无论在"软件"还是"硬件"上，都有很大的差距。

中国对现代康复学的认识和运用是从 80 年代改革开放后重新开始的。工伤保险中预防—康复—补偿"三位一体"的思路已形成，而且在改革中已付诸实践。1983 年 11 月 7 日，经国务院批准，成立了中国肢体伤残康复研究中心，承担起对伤残人员进行功能训练、辅之以必要的治疗，使其最大限度地恢复自理生活能力及一定的劳动、工作能力的任务，并开展康复科学研究工作。1990 年 12 月颁布的《中华人民共和国残疾人保障法》中，专门设立了有关康复的章节，表明了国家和社会采取康复措施，帮助残疾人恢复或者补偿功能，增强其参与社会生活能力的发展方向。

7.4 补充保险

制度的设计与实施需以国情为依据和基础。经济的快速发展以及认识水平的提高为工伤保险制度的发展奠定了基础，同时严峻的安全生产形势也对它提出了要求。地区经济水平和产业结构差异决定了制度在不同地区发展的不均衡，影响统筹层次和进程。庞大的农民工群体对制度的实施提出了新的挑战。认识的不足、技术手段的不健全，以及历史遗留问题的影响，都加大了制度的实施难度。国情决定了制度实施的重点和难点，从而决定了我国工伤保障制度实施的基本思路是"基于国情的保障全体劳动者"。在今后的一段时间里，参保的重点仍然为高风险群体，探索适合行业特点的参保方式，逐步实现全体劳动者都保障。同时提升工伤保险机构的服务能力和水平，以实现更为有效的保障。

在扩大覆盖面的同时，应寻求其他办法对工伤保险制度加以补充，构筑多层次的职业伤害保障体系。待制度发展得比较健全，积累了一定的经验之后，再将工伤保险制度在所有企事业单位推行，最终实现一元型的工伤保险制度。

在我国，雇主责任保险作为一种商业保险，其发展和完善同样需要与工伤社会保险紧密结合，以工伤保险为主、雇主责任保险为辅，并加强工伤保险和雇主责任保险的立法工作，使两者的保险责任相互补充，从而最大限度地提高工伤人员的保障水平。当前，在全面推行工伤社会保险制度的同时，对于一些规模小、人员流动频繁的私营企业和乡镇企业，强制其向商业保险投保团体人身意外伤害保险或雇主责任保险，并对其投保的情况进行监督，以民事赔偿与工伤保险相补充的方式有效地满足受害职工的合法权益。这主要是针对雇主、同一企业的员工以及第三人对工伤事故的发生负有责任应该承担民事赔偿责任的工伤事故而言的。在这种情况下，工伤职工在获取工伤保险待遇之后，可以向加害人申请民事赔偿，但是按照同一事故不能获取双份赔偿的原则，赔偿的金额应该扣除已得的工伤保险待遇。

面对各地频繁发生的煤矿事故和高危行业公共责任事故，国务院于2006年6月15日出台了《国务院关于保险业改革发展的若干意见》，要求将保险纳入灾害事故防范救助体系，并在煤炭开采等行业推行强制责任保险试点，取得经验后逐步在高危行业、公众聚集场所、境内外旅游等方面推广。但是，居高不下的赔付率使得很多保险公司都不愿意开展这方面的业务。为此，2010年7月19日，国务院发布《关于进一步加强企业安全生产工作的通知》（国发［2010］23号），要求：以煤矿、非煤矿山、交通运输、建筑施工（包括房屋建筑工程、水利工程、交通工程、市政工程、拆险工程）、危险化学品、烟花爆竹、民用爆炸物品、冶金等行业（领域）为重点，全面加强企业安全生产工作；高危行业企业探索实行全员安全风险抵押金制度，积极稳妥地推行安全生产责任保险制度。一些省份以政府出台文件的方式强制推行。

此外，新修订的《工伤保险条例》进一步确定了雇主对员工工作安全的法律责任，包括经济赔偿责任与法律责任，而且这种赔偿不得替代雇主应当承担的刑事责任。现阶段必须以强硬的惩处措施来制止忽视安全、轻视劳工生命的现象。从中国安全事故与职业病发病率的现状来看，非公有企业（包括私营企业、部分三资企业和所有的无证矿山）均是安全事故多发单位，因此，政府安全生产监督管理部门与劳动监察机构应当抓安全生产中的"重灾区"，将三资企业、私营企业以及煤炭行业、各类小企业列为重点监控和督察对象。

附录 工伤保险，企业该怎么做？

工伤保险是劳动者在工作中或在规定的特殊情况下，遭受意外伤害或患职业病导致暂时或永久丧失劳动能力以及死亡时，劳动者或其遗属从国家和社会获得物质帮助的一种社会保险制度。发生工伤事故后，首先要积极救治与康复治疗，然后进行工伤认定、劳动能力鉴定，之后才能根据鉴定的结果，参照相关标准进行赔偿。作为用人单位，应当严格履行法定义务，依法参加工伤保险，这样既能分散用人单位的工伤风险，又能使受伤员工的权益得到及时有效的保障；而对于不幸遭受工伤的员工来说，应当依据法律规定及时合理地主张自己的权益，避免产生不必要的诉讼。

1. 用人单位何时参加工伤保险？

用人单位应自依法成立之日起30日内，到单位所在地社保分中心办理社会保险登记；工伤保险的缴纳基数按照用人单位全部参保职工缴费工资之和确定；职工发生事故伤害经认定为工伤后，用人单位需在工伤认定当月的26日至次月10日前，到所属社保分中心办理工伤职工登记手续。凡是在当地市级行政区域内已经进行工商登记注册的各类企业，都要依法参加工伤保险，为本单位的部职工（包括存在事实劳动关系的劳动者）缴纳工伤保险费。

2. 工伤保险费的缴费基数如何确定？

工伤保险费由用人单位缴纳，职工个人不缴纳工伤保险费。根据《工伤保险条例》的规定，用人单位缴纳工伤保险费的数额为本单位职工工资总额乘以单位缴费费率之积。其中，工资总额是指用人单位直接支付给本单位全部职工的劳动报酬总额，这里的职工包括所有与用人单位存在劳动关系的各种用工形式、各种用工期限的职工。单位缴费费率是统筹地区经办机构根据用人单位工伤保险费使用、工伤发生率等情况，适用所属行业内相应的费率档次确定的。职工本人上年度月平均工资低于上年度本市职工月平均工资60%的，以上年度本市职工月平均工资的60%确定基数；高于上年度本市职工月平均工资300%的部分，不作为缴纳工伤保险费的基数。

我国工伤保险实行的是有差别的浮动费率制度。用人单位的工伤保险费率的确定与用人单位所属行业和工伤发生率等情况挂钩。实行"行业差别费率"和"行业内费率档次"确定工伤保险费率的初衷，主要是利用费率杠杆促使用人单位的工伤预防与安全生产。

旧《工伤保险条例》第8条规定，行业差别费率及行业内费率档次由国务院劳动保障行政部门会同国务院财政部门、卫生行政部门、安全生产监督管理部门制定，报国务院批准后公布施行。修订后的《工伤保险条例》第8条则规定，行业差别费率及行业内费率档次由国务院社会保险行政部门制定，报国务院批准后公布施行。

3. 如何申报工伤保险费？

用人单位于每月的8日前，向所属社保分中心申报应缴纳的工伤保险费，经核准后在3日内以货币形式缴纳。缴费数额为用人单位职工个人缴费基数之和乘以单位缴费费率之积。

4. 如何办理工伤职工登记？

职工发生事故伤害或者按照职业病防治法规定被诊断、鉴定为职业病，经劳动保障行政部门认定为工伤后，用人单位需在工伤认定当月的 26 日至次月 10 日前，到所属社保分中心办理工伤职工登记手续。填写《××市工伤职工登记表》，并提供工伤职工公民身份证的原件和复印件；劳动保障行政部门出具的《工伤认定决定书》原件；治疗医院提供的《住院通知书（单）》或《诊断证明》。经劳动保障行政部门认定因工死亡的，还需提供《居民死亡医学证明书》的原件和复印件或其他死亡证明。

5. 职工受到事故伤害，谁承担举证责任？

职工或者其直系亲属认为是工伤，而用人单位不认为是工伤的，由用人单位承担举证责任。

6. 工伤职工与用人单位发生工伤待遇方面的争议如何处理？

工伤职工与用人单位发生工伤待遇方面的争议，可以按照劳动争议的有关规定处理。

7. 工伤职工如对劳动保障行政部门做出工伤认定结论不服的应如何对待？

工伤职工或者其直系亲属对劳动保障行政部门做出的工伤认定结论不服的，可以依法申请行政复议；对行政复议决定不服的，可以依法提起行政诉讼。修订后的《工伤保险条例》取消了行政复议前置程序，发生涉及行政部门工伤争议的，有关单位或者个人可以依法申请行政复议，也可以直接依法向人民法院提起行政诉讼。

8. 用人单位未按《工伤保险条例》规定参加工伤保险，如何处理？

用人单位依照《工伤保险条例》规定应当参加工伤保险而未参加的，由社会保险行政部门责令限期参加，补缴应当缴纳的工伤保险费，并自欠缴之日起，按日加收万分之五的滞纳金；逾期仍不缴纳的，处欠缴数额 1 倍以上 3 倍以下的罚款。与此同时，未参加工伤保险期间用人单位职工发生工伤的，由该用人单位按照《工伤保险条例》规定的工伤保险待遇项目和标准支付费用。

修订后的条例规定："用人单位参加工伤保险并补缴欠缴的工伤保险费、滞纳金及罚款后，由工伤保险基金和用人单位按照规定支付新发生的费用。"这就增添了一项"亡羊补牢"的规则，即用人单位在发生工伤事故前即便未参加工伤保险，在补缴了工伤保险、滞纳金及罚款后，工伤保险基金也可承担新发生的费用。

9. 用人单位瞒报工资总额或者职工人数用人单位、工伤职工或者其直系亲属骗取工伤保险待遇的如何处罚？

用人单位瞒报工资总额或者职工人数的，由劳动保障行政部门责令改正，并处瞒报工资总额 1 倍以上 3 倍以下的罚款。旧的条例规定"用人单位、工伤职工或者其直系亲属骗取工伤保险待遇，医疗机构、辅助器具配置机构骗取工伤保险基金支出的，由劳动保障行政部门责令退还，并处骗取金额 1 倍以上 3 倍以下的罚款"，修订之后的条例则将骗保的处罚标准规定为"处骗取金额 2 倍以上 5 倍以下的罚款"。

此外，修订后的《工伤保险条例》还增加了一条，即第 63 条规定："用人单位违反本条例第十九条的规定，拒不协助社会保险行政部门对事故进行调查核实的，由社会保险行政部门责令改正，处 2 000 元以上 2 万元以下的罚款。"

10. 无营业执照或者未经依法登记、备案的单位以及被依法吊销营业执照或者撤销登记、备案的单位的职工受到事故伤害或者患职业病的，如何处理？

新修订的《工伤保险条例》规定，无营业执照或者未经依法登记、备案的单位以及被依法吊销营业执照或者撤销登记、备案的单位的职工受到事故伤害或者患职业病的，由该单位向伤残职工或者死亡职工的近亲属给予一次性赔偿，赔偿标准不得低于该条例规定的工伤保险待遇。

11. 用人单位使用童工造成伤害的如何处理？

国家法律明确规定用人单位不得使用童工。如造成伤害，应由用人单位向童工或者童工的直系亲属给予一次性赔偿，赔偿标准不得低于《工伤保险条例》规定的工伤保险待遇。

12.《工伤保险条例》规定工伤职工与用人单位解除或者终止劳动合同时，可以享受哪些工伤保险待遇？

职工因工致残被鉴定为五级、六级伤残的，经工伤职工本人提出，该职工可以与用人单位解除或者终止劳动关系，由工伤保险基金支付一次性工伤医疗补助金，由用人单位支付一次性伤残就业补助金。一次性工伤医疗补助金和一次性伤残就业补助金的具体标准由省、自治区、直辖市人民政府规定。职工因工致残被鉴定为七级至十级伤残的，劳动、聘用合同期满终止，或者职工本人提出解除劳动、聘用合同的，由工伤保险基金支付一次性工伤医疗补助金，由用人单位支付一次性伤残就业补助金。一次性工伤医疗补助金和一次性伤残就业补助金的具体标准由省、自治区、直辖市人民政府规定。

13. 用人单位没有给职工上工伤保险，现在发生工伤后医疗费负担过重，应该怎么办？

用人单位没有给员工上工伤保险，发生工伤事故后建议劳动者先去市级劳动保障行政部门申请工伤认定，认定为工伤后，医疗费用由用人单位按照工伤保险条例的相关规定支付包括医疗费在内的费用，待伤情稳定后，再向设区的市级劳动能力鉴定委员会申请鉴定，根据鉴定的等级还可按工伤保险条例规定的项目和标准享受工伤保险待遇，如用人单位未参保，则由用人单位支付。

14. 发生工亡事故后才参加工伤保险应如何处理？

依照《工伤保险条例》的规定，应当参加工伤保险而未参加工伤保险的用人单位职工发生工伤的，由该用人单位按照该条例规定的工伤保险待遇项目和标准支付费用。

用人单位参加工伤保险并补缴应当缴纳的工伤保险费、滞纳金后，由工伤保险基金和用人单位依照《工伤保险条例》的规定支付新发生的费用。

15. 新的《工伤保险条例》对工伤的认定是如何规定的？

相关规定包括：

第十四条 职工有下列情形之一的，应当认定为工伤：

（一）在工作时间和工作场所内，因工作原因受到事故伤害的；

（二）工作时间前后在工作场所内，从事与工作有关的预备性或者收尾性工作受到事故伤害的；

（三）在工作时间和工作场所内，因履行工作职责受到暴力等意外伤害的；

（四）患职业病的；

（五）因工外出期间，由于工作原因受到伤害或者发生事故下落不明的；

（六）在上下班途中，受到非本人主要责任的交通事故或者城市轨道交通、客运轮渡、火车事故伤害的；

（七）法律、行政法规规定应当认定为工伤的其他情形。

第十五条　职工有下列情形之一的，视同工伤：

（一）在工作时间和工作岗位，突发疾病死亡或者在 48 小时之内经抢救无效死亡的；

（二）在抢险救灾等维护国家利益、公共利益活动中受到伤害的；

（三）职工原在军队服役，因战、因公负伤致残，已取得革命伤残军人证，到用人单位后旧伤复发的。

职工有前款第（一）项、第（二）项情形的，按照本条例的有关规定享受工伤保险待遇；职工有前款第（三）项情形的，按照本条例的有关规定享受除一次性伤残补助金以外的工伤保险待遇。

□ 本章小结

工伤事故及职业病不仅会影响企业的经济效益和社会效益（包括企业形象），影响国家整体的经济可持续发展以及社会和谐，更为重要的是对员工健康造成损害，甚至失去宝贵的生命。工伤保险制度的建立始于事故高发的工业化初期，完善于经济高速发展的后工业化时代。制度完善的标志不仅仅是覆盖面及补偿项目的扩充，而且是理念的发展，由单一的"补偿"扩展到"预防—康复—补偿"。各用人单位都必须遵守国家相关法律规定，为全体员工办理工伤保险，有条件的或者处于高危行业的，应再为员工办理补充保险。

□ 思考题

1. 试论述工伤保险的基本原则。

2. 用人单位为什么要为全体员工办理工伤保险？

3. 你对工伤康复有何认识？

案　例

企业未予缴纳保险，员工受伤仍需担责

2006 年，刚满 18 周岁的小王与上海的一家保洁公司签订劳动合同，主要从事高空外墙清洗工作。初来乍到，小王虚心向所在清洗小组的同事请教，掌握工作技巧。工作一年后，由于工作出色，小王获得了公司"模范员工"的称号。但 2008 年春节后，小王在执行一次常规清洗任务时，由于绑在身上的缆绳发生问题，导致其从高空中跌落，当场昏迷不醒。经医治，小王保住了性命，但留下了残疾。小王的工伤经鉴定结论为因工致残程度八级。由于保洁公司在小王工作期间从未给他缴纳上海市外来从业人员综合保险，为此，小王向公司要求享受工伤待遇，公司领导却屡次回避，迟迟不肯给予正面答复。万般无奈之下，小王通过法律途径，申请仲裁要求保洁公司支付因工致残八级的一次性待遇等款项。保洁公司则认为未缴纳综合保险的责任不在他们，故不同意小王的要求。最终，仲裁委员会和法院均支持了小王的该项请求，维护了他的合法权益。

资料来源：《上海法治报》，2010 - 06 - 15，作者：王睿卿，通讯员：何刚。

第 **8** 章

医疗保险

我需要知道什么？

阅读完本章之后，你应当能够了解：

● 医疗保险的概念与原则

● 医疗保险的产生与发展

● 我国医疗保险的发展历程

● 基本医疗保险

● 补充医疗保险

2001 年全国卫生资源消耗 6 100 多亿元，由疾病和伤残造成的损失是 7 800 亿元，合计约 1.4 万亿元，占国内生产总值（GDP）的 14.6%，超过长江三峡工程 15 年投资总额 2 000 亿元和历时 50 年的南水北调工程投资 5 000 亿元的总和。这是一个非常惊人的数字。有关专家指出，就目前的现状而言，增加医疗投入与医疗保险只能是"治标不治本"，提高全民健康素质才是根本出路。对健康生活方式的管理，才是提高全民健康素质的有效途径。

世界卫生组织指出，在一个国家的 GDP 组成当中，10% 以上来自健康人群。"健康就是 GDP"并非空口无凭。

1960 年，美国著名经济学家、诺贝尔经济学奖获得者西奥多·舒尔茨在美国经济年会上以主席的身份发表了题为"论人力资本投资"的演讲，轰动了西方经济学界。西奥多·舒尔茨认为，"资本"有两种存在形式：其一是物质资本形态，即通常所使用的主要体现在物质资料上的那些能够带来剩余价值的价值；其二是人力资本形态，即凝结在人体中的能够使价值迅速增殖的知识、体力（健康状况）和价值的总和，其中，体力可以通过"营养及医疗保健费用"的投资形成。另外，迈克尔·格罗斯曼运用人力资本理论解释了对健康和医疗服务的需求，他的模型认为，消费者对健康的需求主要是由于健康既是一种消费品，也是一种投资品。作为消费品，健康能使人们感觉更好；作为一种投资品，健康能增加人们的工作时日，因而增加人们的收入，所以健康成为人们之所需。[1]

现代医学认为影响健康的因素主要包括生活方式/行为因素、环境因素、生物学因素、健康服务因素四大类。因而健康管理与健康促进十分必要，且十分重要。国外的研究表明，高超的医疗技术可以减少10％的过早死亡，而健康的生活方式"不花钱"或少花钱就可减少70％的过早死亡。也就是说，大多数人在健康管理专业人员的指导下，通过自我保健可以做到健康长寿。然而，按目前的医学水平，大部分慢性病是无法从根本上治愈的。卫生部老年医学研究所张铁梅教授说："再过100年，人类也不可能搞清每种疾病的病因。"由此可见，医疗仍是很重要的。

8.1　医疗保险的基本概念

8.1.1　医疗保险的起源

医疗保险最早起源于18世纪产业革命时代的欧洲大陆，它是资本主义制度的经济、政治发展到一定阶段的产物，伴随着失业保险、养老保险及工伤保险制度的产生而创立。

资本主义进入工业化社会后，社会化的大机器生产使家庭不再是生产单位，原有的大家庭解体，大量的农民和手工业者成为产业雇佣工人，他们在恶劣的环境下工作，很容易传染疾病及发生工伤事故，但工人工资收入微薄，个人无法支付医药费。在这种背景下，18世纪末19世纪初民间保险逐渐在欧洲发展起来。

随着医疗保险的逐渐普及，人们的健康意识不断增强；同时，医药技术的进步导致医疗卫生资源的价格上涨，医疗费用的开支越来越大。在这种情况下。医疗保险的巨大潜力受到政府的关注。政府开始采取措施，鼓励雇主为工人投保，作为改善工人健康状况和安抚工人的手段之一。

8.1.2　医疗保险的概念

医疗保险是当人们生病或受到伤害后，由国家或社会给予的一种物质帮助，即提供医疗服务或经济补偿的一种社会保障制度。具体地说，医疗保险是

---

[1]　Folland，S.，Goodman，A.C.，& Stano，M.，(1997)，The Economics of Health and Health Care，Upper Saddle River，New Jersey：Prentice Hall.

由特定的组织或机构经办，按照强制性或自愿原则，在一定区域的参保人群中筹集医疗保险基金，当参保人（被保险人）因病、受伤或生育接受了医疗服务以后，由保险人（特定的组织或机构）提供经济补偿的一系列政策、制度与办法。

1883年德国俾斯麦政府为了缓解社会矛盾，削弱社会主义工人运动的影响，在世界上首次探索建立社会健康保险制度。随后，比利时（1894年）、挪威（1909年）、英国（1911年）、俄国（1912年）、丹麦（1939年）等欧洲国家纷纷仿效，陆续建立社会健康保险制度。第一次世界大战后，德国的经验开始传播到欧洲以外的国家，日本（1922年）、智利（1924年）、哥斯达黎加（1941年）、墨西哥（1943年）等国家相继建立了各自的社会医疗保险制度。

1917年十月革命胜利以后，苏维埃政府颁布法令，建立了统一的国家卫生服务体制，向全民免费提供医疗服务，以展示社会主义制度的优越性。这种将筹资与服务融合在一起的健康医疗保障制度，是一种崭新的卫生体制模式。苏联实行的全民免费的医疗卫生体制不仅影响了后来的大多数社会主义国家，也影响了英国、瑞典等资本主义国家。1946年，英国立法将社会健康保险制度转变为国民卫生服务体制（NHS），由政府预算安排资金，免费向全民提供医疗卫生服务。

20世纪40—60年代，其他工业化国家和多数发展中国家都依据本国国情，相继建立了形式、内容、水平不同的医疗卫生体制。现在，医疗卫生体制已经成为各国的一项基本国家制度。

社会医疗保险作为社会保险的重要组成部分，对满足个人的健康需求、促进社会生产力的发展及维护社会的稳定都起着重要的作用，是政府强制推行的一项基本政策。这是一种主动的、积极的、稳定的保障机制，其优点有三：一是通过给所有参保成员提供包括预防、保健、康复等在内的基本医疗待遇，为人们解除后顾之忧，促进社会成员健康的持续发展；二是促进医疗服务提供的质量、合理性、科学性和规范性，以及医疗卫生事业的发展与完善；三是提高人力资本水平和劳动生产率，促进劳动力自由流动，推动社会经济发展。

表8—1汇总了美国历任总统的医改措施。

表8—1　　　　　　　　　　　美国历任总统医改成与败

时间	时任总统	医改措施	结果
1912年	罗斯福	时任美国总统的罗斯福（Theodore Roosevelt）对德国总理俾斯麦40年前提出的改革表示赞同，从而想要通过新的医疗保险政策。	由于1913年起担任美国总统的伍德罗·威尔逊（Woodrow Wilson）的反对未能得以实施。
1933年	富兰克林·D·罗斯福	富兰克林·D·罗斯福（Franklin Delano Roosevelt）提出了帮助美国走出1929年经济大衰退的一系列政策，其中就包括医疗体系改革。	他提出的医改方案遭到医学专家的指责，未能真正合法化。

续前表

时间	时任总统	医改措施	结果
1945 年	杜鲁门	提议实行义务制的医疗保险。	没有在国会得到重视。
1962 年	肯尼迪	呼吁为老年人设立医疗保险。	未能获得国会通过。
1965 年	林顿·约翰逊	成功确立了两种新的医疗机制。当时创建的美国公共医疗补助机制（Medicaid）可以帮助贫困人群和残疾人士，美国政府医疗保险制度（Medicare）则为年龄在 65 岁以上的老年人群服务。	今天，有超过 1 亿美国人处在这两种医疗机制下。
1976 年	吉米·卡特	发起了全民医改的倡议。	由于当时严峻的经济形势而遭到搁置。
1989 年	罗纳德·里根	允许免除身患重病的老年人支付"灾难性的"医疗开销。	未能获得国会通过。
1994 年	比尔·克林顿	提倡全民医保方案。	未能获得国会通过。
2010 年	奥巴马	将使美国政府在今后 10 年内投入 9 400 亿美元，把 3 200 万没有保险的美国民众纳入医保体系。在新法案下，美国医保覆盖率将从 85％ 提升至 95％，接近全民医保。	获得国会通过。

　　医疗保险模式指的是医疗保险制度的组织形式。由于政治制度、经济制度、经济发展水平、价值理念以及卫生服务条件的差异，不同国家的医疗保险制度采取的组织形式也多种多样，从不同的角度可以对其进行不同的分类。一般来说，理论界习惯按照医疗保险基金的筹集方式来划分，即分为国家医疗保险、社会医疗保险、商业医疗保险、社区合作医疗保险和储蓄医疗保险。几种医疗保险模式的比较见表 8—2。

表 8—2　　　　　　　　　　　　几种医疗保险模式比较

国家	筹资方式	支付方式
英国	（1）医疗资金的 88％ 来自政府总税收； （2）私人业主和一些不满足于公费医疗服务的人； （3）有些医疗项目需自付费用占医保费用的 12％。	按区域按人头付费。由社会保障主管机构将医疗费直接付给提供服务的医院和药品供应者。医药费用按规定实报实销。
德国	（1）在职职工按工资总额的 12％～14％ 交纳保险费，参加疾病基金会； （2）高薪阶层还可以参加私人医疗保险； （3）当某些基金会因退休人员较多而医疗费用开支较多时，国家通过税收给予补助。	医疗费用实行总额预算，政府每年度给出医疗支出总预算及各类医生协会费用预算，特别是在医院服务、药品供应、贵重设备等方面，严格按预算支付。

续前表

国家	筹资方式	支付方式
美国	(1) 私人交纳医疗保险费是筹资的主要渠道； (2) 国家强行征收的工资税； (3) 政府筹集资金。	(1) 按服务项目付费制，是承保人以不同的标准按服务项目付费； (2) 费用共付制是指由第三者和消费者共同支付费用的制度； (3) 按某一预付指标推算出平均值作为标准费用，预先支付给卫生服务的提供者。
新加坡	(1) 利用公积金进行保健储蓄，员工每年的工资中有 6％～8％ 的款项拨入其个人保健储蓄户头； (2) 投保人按年龄段交纳大病保险金，以筹集大病保险资金； (3) 政府设立的基金和每年增加的捐款。	(1) 储蓄医疗保险可支付本人及其家属（配偶、子女、父母）在公立医院或注册的私人医院住三等床位的住院费； (2) 大病保险在医疗费用超过某个基本数目时可从大病保险费中支付其中的 80％，其余的 20％ 由投保者自付； (3) 穷人医疗保险是政府将医疗救济基金的利息收入分赠给各家公立医院，以解决穷人的住院费问题。

8.1.3 医疗保险制度的功能

（1）保障功能。医疗保险制度通过给所有参保成员提供基本一致的医疗保险待遇，满足国民及家庭的基本医疗需求，可以保证劳动者的身心健康，保证劳动力的再生产，解除劳动者的后顾之忧，维护国民及家庭的正常经济生活，对消除社会不安定因素、稳定社会秩序起到重要作用。

（2）调控功能。社会医疗保险制度就是在诊疗疾病、补偿医疗费用和促进健康的社会管理中，有意识地去调节各种利益关系，以保证公民利益的公平、有效、均衡合理，保证社会的正常发展。[①]

（3）促进发展功能。医疗保险制度通过给所有参加保险的成员提供包括预防、保健、康复等在内的基本医疗待遇，促进社会成员个人素质健康持续的发展，提高劳动生产率，促进社会经济发展。

（4）服务功能。医疗保险待遇一般包括医疗服务、疾病津贴、被抚养家属医疗服务、被抚养家属现金补助以及病假等，其中医疗服务是主体内容。社会医疗保险制度作为国家的社会政策安排，是一种社会化的公共管理，要求为参保国民提供适宜的、合理的医疗保健服务，所以要体现一种服务的基本功能。

---

① 参见张晓、刘蓉主编：《社会医疗保险概论》，9页，北京，中国劳动社会保障出版社，2004。

8.2　我国的社会医疗保险制度

8.2.1　我国社会医疗保险制度的变迁

1. 我国社会医疗保险制度的建立

20 世纪 50 年代初，我国在城镇职工范围内建立起了医疗保险制度，这种传统的职工医疗保障体制由公费医疗和劳保医疗两部分构成，是与当时高度集中的计划经济相适应的，以城镇工资收入的职工为主要对象，并惠及亿万城镇居民。这一阶段，大体完成了传统医疗保障制度的基本立法，其框架体系沿袭至今。[①]

公费医疗是对国家机关、事业单位工作人员实行的免费治疗和预防疾病的一种福利制度。[②] 1952 年 6 月，政务院颁布的《关于全国各级人民政府、党派、团体及所属事业单位的国家工作人员实行公费医疗预防措施的指示》中，确立了公费医疗制度。接着于同年 8 月，政务院批准发布《国家工作人员公费医疗预防实施办法》，进一步明确了享受公费医疗待遇人员的范围。1953 年 1 月又扩展到乡干部和大专院校在校学生。

劳保医疗制度是我国对实行劳动保险的企业职工及其家属规定的伤病免费医疗及预防疾病医疗的保险制度。1951 年 2 月 26 日，政务院发布了《中华人民共和国劳动保险条例》，标志着劳保医疗制度的正式建立。1953 年 1 月 2 日发布了对这个条例的修正草案。根据该条例的原则规定，劳动部、全国总工会对劳保医疗制定了实施细则和具体办法。实施范围包括全民所有制企业和城镇集体所有制企业的职工及离退休人员。改革开放后，还将中外合资企业职工包括在内。

我国于 20 世纪 50 年代初建立的公费、劳保医疗制度，全面保障了城镇劳动者及其家属的基本医疗。一方面，它彻底改变了旧中国缺医少药的面貌，使地方病及传染病得到了有效控制，推动了医疗卫生事业的迅速发展，而且提高了职工的健康水平；另一方面，它解除了职工在医疗的后顾之忧，极大地调动了职工的生产积极性，促进了经济建设，维护了社会稳定。

但是，随着社会主义市场经济体制的确立以及国有企业改革的不断深化，这一带有计划经济体制下浓厚的"大锅饭"特征和高福利色彩的制度显示出越来越多的缺陷。制度弊端日益暴露，集中体现在：医疗费用的筹资手段不合理；医疗保险覆盖范围小；医疗保险的管理和服务的社会化程度低，公费、劳保两大板块之间及制度之内都封闭运行，职工的医疗费缺乏统筹互济，不利于

[①] 参见仇雨临、孙树菡主编：《医疗保险》，157 页，北京，中国人民大学出版社，2001。

[②] 参见郑功成等：《中国社会保障制度变迁与评估》，122 页，北京，中国人民大学出版社，2002。

劳动力的合理流动；制度不统一、管理办法也不同，医疗资源浪费严重，管理成本很高；传统医疗保障的偿付方式缺乏有效的制约机制，后付制对医疗服务供方（医院和医生）缺乏有力的约束，造成医疗需求不足和医疗资源浪费并存的现象。[①]

2. 我国社会医疗保险制度的改革

随着经济体制改革的不断深化，针对公费、劳保医疗制度的弊端，中国医疗保险制度从 20 世纪 80 年代开始了一系列的改革探索。我国从 80 年代开始了中国城镇职工医疗保险制度改革探索，从改革的责任主体的变化来看，传统的医疗保险制度从最初的企业和单位自发改革探索到地方政府的介入，再到中央政府全面主导医疗保险的改革试点，经历了三个不同层次的责任主体主导变革的阶段。[②]

1981—1985 年 8 月，为了控制日益增长的医疗费用，部分企业和单位开始了自发控制医疗费用的变革。1985 年 9 月—1989 年 3 月，地方政府开始直接介入医疗制度的改革，在增强费用控制的基础上，通过社会统筹的方式，使制度变革开始追求使用效率。1989—1994 年，中央政府直接主导医疗保险制度改革。

1998 年 12 月，国务院召开全国医疗保险制度改革工作会议，并在总结试点工作经验的基础上发布了《国务院关于建立城镇职工基本医疗保险制度的决定》（国发［1998］44 号），要求在全国范围内建立覆盖全体城镇职工的基本医疗保险制度。通过建立社会统筹与个人账户相结合的制度，合理确定基本医疗保险统筹范围，加强基金管理等制度。该决定坚持"低水平，广覆盖"、保障职工基本医疗需求的原则，形成了新的筹资机制。

1998 年底开始在全国推行城镇职工基本医疗保险制度改革，实现由公费劳保医疗的单位福利制度向社会保险制度的转轨；2003 年，开展新型农村合作医疗制度试点，2008 年在全国范围推开；2003 年、2005 年分别建立农村和城市医疗救助制度，对低保等困难群众进行救助；2007 年，开展城镇居民基本医疗保险试点，把学生、儿童、老人等城镇非从业人员纳入保障范围，2009年城镇居民医保制度在全国全面推开。与此同时，农村医疗保险改革的新成果——新农合亦得到发展（本书不予讨论）。

8.2.2 我国社会医疗保险制度安排

《国务院关于建立城镇职工基本医疗保险制度的决定》（通常称"44 号文"）提出医疗保险费由用人单位和职工个人共同负担，并具体规定了单位和个人的缴纳比例，以及我国城镇职工医疗保险基金筹资的原则，即"以支定收、收支平衡、略有结余，医疗保险基金实行现收现付制"。我国医疗保险改

---

① 参见仇雨临、孙树菡主编：《医疗保险》，165 页。
② 参见仇雨临、孙树菡主编：《医疗保险》，167 页。

革初期，基本医疗保险基金由社会统筹使用的统筹基金和个人专项使用的个人账户基金组成。要求个人缴纳工资总额的 2%，个人缴费全部划入个人账户；用人单位缴纳工资总额的 6%，单位缴费按 30% 左右划入个人账户，其余部分建立统筹基金。职工个人医疗保险账户的本金和利息均归职工个人所有，可以结转使用和继承。

目前，我国一些地区城镇职工的医疗保险有缴费条件和受益资格的限制。用人单位缴费控制在职工工资总额的 6%，职工缴费率为本人工资收入的 2%，规定了职工看病的最高支付限额和最低起付标准。随着经济的发展，用人单位和职工缴费率可作相应调整。用人单位缴费水平按照当地工资总额的 6% 左右确定。目前，用人单位缴费率全国平均为 7.43%，最低的为 3%，较高的如上海已达到 10%，个人缴费全国平均为 2%。2008 年 3 月 28 日颁布的《上海市人民政府关于修改〈上海市城镇职工基本医疗保险办法〉的决定》规定，用人单位缴纳的基本医疗保险费的 30% 左右计入个人医疗账户。计入个人医疗账户的标准，按照不同年龄段有所区别。在职职工的年龄段划分为三段：34 岁以下的，35 岁至 44 岁的，以及 45 岁以上的。退休人员的年龄段划分为两段：退休至 74 岁以下的，以及 75 岁以上的。例如，2009 医保年度用人单位缴纳的基本医保费计入部分，按下列标准分别计入：在职人员：（1）34 岁以下的，计入标准为 140 元；（2）35 至 44 岁的，计入标准为 280 元；（3）45 岁以上的，计入标准为 420 元。退休人员：（1）退休至 74 岁以下的，计入标准为 1 120元；（2）75 岁以上的，计入标准为 1 260 元。

再以北京市为例。北京市职工基本医疗保险的缴费比例为 11%，其中单位 9%，个人 2%。即：职工按本人上年月平均工资的 2% 缴纳基本医疗保险费；职工本人上年月平均工资低于上年北京市职工月平均工资的 60% 的，以上年北京市职工月平均工资的 60% 为缴费工资基数，缴纳基本医疗保险费；职工本人上年月平均工资高于上年北京市职工月平均工资 300% 以上的部分，不作为缴费工资基数，不缴纳基本医疗保险费；用人单位按全部职工缴费工资基数之和的 9% 缴纳基本医疗保险费。一般地，基本医疗保险个人账户（即医保存折上）的金额，由职工缴费的 2% 全部计入个人账户，单位交纳的一部分计入个人账户，这部分是根据职工不同的年龄段确定的。一般是：45 岁以下的划入 1.1%，45 岁至退休的划入 1.5%，退休人员划入 3.7%。大额医疗费用互助资金由用人单位和个人共同缴纳。用人单位按全部职工缴费工资基数之和的 1% 缴纳，职工和退休人员个人按每月 3 元缴纳。

我国从 1998 年开始实行医疗保险改革至今，各地对医疗保险支付方式不断进行探索和实践。关于职工基本医疗保险，没有全国性的统一规定，各地都有自己的不同规定。大部分统筹地区实行总额预算下的按服务单元或按服务项目付费的后付制，也有一些地区采取预付制下的总额预付制、按人头付费的方式，部分地区逐步探索实施 DRGS 支付方式。

统筹基金和个人账户要划定各自的支付范围，分别核算，分开管理使用，且不得互相挤占。同时规定了起付标准和最高支付限额。基本医疗保险统筹基金的起付标准是指在统筹基金支付参保人员医疗费用前，参保人员个人按规定须先用个人账户资金或现金支付一定数额的医疗费后，统筹基金才按规定标准支付医疗费用。按国家规定，统筹基金的起付标准原则上为当地职工年平均工资的10%左右。最高支付限额就是统筹基金最多可以支付的额度，原则上控制在当地职工年平均工资的4倍左右（2008年上海统筹基金的最高支付限额为70 000元。2009年上海市等地区要求提高到当地职工年平均工资的6倍）。

个人账户的具体支付范围如下：门诊、急诊的医疗费用；到定点零售药店购药的费用；基本医疗保险统筹基金起付标准以下的医疗费用；超过基本医疗保险统筹基金起付标准，按照比例应当由个人负担的医疗费用。个人账户不足部分由本人自付。

经统筹地区劳动保障行政部门审查，并经社会保险经办机构确定的，为城镇职工基本医疗保险参保人员提供医疗服务，并承担相应责任的医疗机构为定点医疗机构，包括医保定点的医院、药店和卫生所等，可以报销。同时，人力资源和社会保障部还规定了药品目录，在此范围内的即可报销。

某统筹地区一职工发生住院医疗费20 000元，其中药品费用7 000元，分别是甲类药品5 000元，乙类药品1 000元，非《药品目录》内的药品费用1 000元。则该职工住院医疗费用支付办法如下：

非《药品目录》内的药品费用1 000元，由该职工全部自付；

乙类药品费用1 000元，由该职工首先自付20%，即200元；

甲类药品费用5 000元和乙类药品费用的80%（即800元），共5 800元与其他应纳入统筹基金支付范围的医疗费用一起，按基本医疗保险的住院费用报销规定予以支付。

我国目前还没有出台《医疗保险条例》或相关法律法规，但2011年7月1日起施行的《中华人民共和国社会保险法》规定，"中华人民共和国境内的用人单位和个人依法缴纳社会保险费"，"个人依法享受社会保险待遇，有权监督本单位为其缴费情况"。"职工应当参加职工基本医疗保险，由用人单位和职工按照国家规定共同缴纳基本医疗保险费"。"用人单位不办理社会保险登记的，由社会保险行政部门责令限期改正；逾期不改正的，对用人单位处应缴社会保险费数额一倍以上三倍以下的罚款，对其直接负责的主管人员和其他直接责任人员处五百元以上三千元以下的罚款"。我国的社会保险是强制性的，用人单位必须依法为全体员工参加社会保险，包括医疗保险。

不缴医疗保险费员工的医保待遇由用人单位买单

案情简介

2004年4月，大学毕业的杨某与某建筑公司签订毕业生就业协议书，建筑公司作为接收单位在杨某的《单位录（聘）用毕业生审核备案表》上盖章确认。2005 年 2 月 22 日，杨某突发疾病住院接受治疗。3 月 18 日，又转至上海东方肝胆外科医院抢救，于 4 月 22 日救治无效死亡，共支付各项医疗费用 21 万余元。建筑公司为杨某办理了从 2005 年 4 月起参加的社会保险手续。

杨某病逝后，为医疗费用的支付问题，2005 年 9 月，杨某的父母向苏州市劳动争议仲裁委员会提起仲裁，裁决结果是建筑公司一次性赔偿医疗费 10.9 万元，并支付住院治疗期间工资 992 元。建筑公司不服仲裁裁决，向法院提起诉讼。建筑公司诉称，2005 年 3 月 9 日，苏州市人才服务中心开具了专业技术、管理人员工作介绍信，同意介绍杨某到公司报到，说明杨某此前并没有到公司报到上班，而且双方没有签订劳动合同，公司也没有向杨某支付过一分工钱。请求法院撤销仲裁裁决。

审理结果

法院经审理认为，毕业生就业协议书是杨某与建筑公司之间建立劳动关系的意向，建筑公司作为接收单位在杨某的《单位录（聘）用毕业生审核备案表》上盖章确认，该证据可以证实杨某已被建筑公司录用；由杨某的父母提供的建筑工程设计图纸，可以证明杨某为建筑公司所承接的厂房设计进行了校对工作；杨某病重期间，建筑公司为杨某补办了社会保险费缴纳手续，上述证据可以认定杨某与原告存在事实劳动关系。至于苏州市人才服务中心开具的介绍信，仅能证明苏州市人才服务中心开具介绍信的时间，不能推翻杨某与建筑公司之间存在劳动关系的事实。由于建筑公司没有及时为杨某缴纳社会保险费，导致杨某住院期间发生的医疗费用不能通过社会统筹基金和大额医疗费社会共济基金支付，对此，应当由用人单位按照医疗保险支付范围的额度承担赔偿责任。2006 年 4 月 27 日，苏州市金阊区法院判决驳回建筑公司的诉讼请求，即由建筑公司一次性赔偿医疗费近 11 万元给杨某的父母。

法律评析

这是一起由于用人单位没有及时为员工办理社会保险关系而引发的医疗保险待遇争议案。这种新型案件在司法实践中还比较少见，但实际上当前企业不为劳动者缴纳医疗保险费的现象却并不少见。为什么会存在这种现象呢？其中一个很主要的原因是，许多人都认为只有缴纳了医疗保险费，才能享受医保待遇；若所在企业没有为其缴纳医疗保险费，如果生病住院的话，就只有自认倒霉了。所以，透过该案的处理，广大劳动者要深知自己所享有的这一权利，特别是刚参加工作的大中专毕业生，要学会依法维权，以维护自身的合法的权益。社会保险是指国家通过强制征集专门资金用于保障劳动者在丧失劳动机会或劳动能力时的基本生活需求的一种物质帮助制度，它是社会保障的核心内容。我国劳动法规定用人单位必须为劳动者缴纳社会保险费，它由养老、失业、工伤、医疗、生育五大块组成。参加社会保险的目的，是在劳动者丧失能动能力或劳动机会时，为其提供基本的生活需求。

本案所涉为基本医疗保险费的缴纳问题。国务院《社会保险费征缴暂行条例》第三条第二款规定，"基本医疗保险费的征缴范围：国有企业、城镇集体企业、外商投资企业、城镇私营企业和其他城镇企业及其职工，国家机关及其工作人员，事业单位及其职工，民办非企业单位及其职工，社会团体及其专职人员"。由此不难看出，无论是国家机关、事业单位，还是企业或个体经济组织，均负有缴纳基本医疗保险费的义务。亦即如果用人单位为员工参加了医疗保险，则员工患病、负伤的医保待遇就由社保部门承担；如果用人单位未参加医疗保险，则就要向劳动者直接支付医疗费用。

享受医疗保险是劳动者的一项基本权利，即用人单位均必须为其从业人员办理社会保险并缴纳社会保险费。因而，本案中的杨某作为建筑公司的员工，建筑公司就负有为杨某缴纳医疗保险费的法定义务。由于建筑公司没有及时为其办理医疗保险，致使杨某的医疗费用不能向社保部门报销其应当可以享受的医保待遇，这一后果完全是建筑公司的过错造成的。所以，法院和仲裁委都裁决由建筑公司赔偿杨某父母亲相应的医疗费是正确的。

资料来源：110 法律咨询网，www.110.com。

8.3　补充医疗保险

补充医疗保险是在基本医疗保险制度之外存在及发展，并对社会成员起补充作用的各种社会性医疗保险措施的总称。补充医疗保险是整个医疗保险体系的一个重要组成部分。

补充医疗保险具有商业医疗保险的一般特征，在具体经营方式、管理方式上与商业保险有相同之处。但补充医疗保险属于社会保障的范畴，可以享受财政、税收等方面的政府优惠条件。补充医疗保险不仅是满足人们对不同层次医疗服务需求的筹资机制，而且是提高医疗费用风险分摊与控制道德风险的重要平衡机制。基本医疗保险侧重于卫生服务的公平性，补充医疗保险则侧重于卫生服务的效率。补充医疗保险应体现志愿性与选择性，更多地依赖于市场机制，通过市场竞争与需方选择达到其最有效地保障卫生服务可及性的目标。

企业补充医疗保险是企业在参加城镇基本医疗保险的基础上，国家给予政策鼓励，由企业自主举办或参加的一种补充性的医疗保险。其主要形式有：(1) 商业医疗保险机构举办（企业可以通过购买商业保险公司的产品与商业保险机构合作，也可以保险公司的某一相关产品为基础，根据实际情况设计补充医疗保险方案，由商业保险机构根据定制的方案确定费用）；(2) 社会医疗保险机构经办；(3) 大集团、大企业自办（有实力的大集团、大企业可以自办补充医疗保险，但应建立相应的经办和管理机构，并使补充保险资金与企业经营性资金分离，确保保险资金的安全）。

我国医疗保险制度改革的目标，是实现多层次的医疗保险体系。自 20 世纪 90 年代开始探索以来，我国的补充医疗保险制度主要包括企业补充医疗保险、公务员的补充医疗保险（医疗补助）、职工医疗互助补充保险。这些形式在不同方面作为对基本医疗保险制度的补充，对劳动者的健康维护起着重要的支持作用，需要社会各方为其进一步发展扫清障碍。

1. 补充医疗保险的作用

（1）补充医疗保险可以在更大范围内和更高层次上满足职工健康保障的需要；（2）医疗保险制度改革的深化、多层次医疗保障体系的建立需要建立补充医疗保险；（3）补充医疗保险具有调节收入分配和社会消费结构的作用；（4）补充医疗保险基金的投资运营，使之形成资本市场的重要支柱；（5）发展补充医疗保险更有利于强化医患制约；（6）补充医疗保险有利于企业吸引人才，增强企业的凝聚力。

2. 企业补充医疗保险的特征

企业补充医疗保险具有福利性，是对基本医疗保险的补充，也是企业福利的延续；具有自办性，其筹资、支付和管理具有相对的独立性；具有非营利性，一定的强制性和自愿性，企业有责任和义务为职工提供补充医疗保险，职工参加补充医疗保险要坚持自愿的原则；同时具有统筹级次性，为了提高企业补充医疗保险基金的抗风险能力，企业补充医疗保险筹资应在较高的层次上进行。

3. 我国补充医疗保险制度

国家鼓励企业建立补充医疗保险制度，以保证该企业职工医疗保险待遇水平不降低。具体规定是：按规定参加各项社会保险并按时足额缴纳社会保险费的企业，可自主决定是否建立补充医疗保险。

补充医疗保险基金是指，用于企业按规定参加当地基本医疗保险，对城镇职工基本医疗保险制度支付的待遇以外，由职工个人负担的医药费用的适当补助，减轻参保职工的医疗费负担。1998 年国务院出台的《关于建立城镇职工基本医疗保险的决定》中规定，在参加基本医疗保险的基础上，有条件的企业可以拿出工资总额的 4%，为职工上一个企业补充医疗保险。与基本医疗保险不同的是，企业补充医疗保险所缴纳的费用只进入统筹基金，不设立个人账户，补充医保基金实行单独管理，用于对基本医疗保险结算之后，剩下部分费用的补助。也就是说，一个参保人员的住院费用，如果先由基本医疗保险支付了 80%，那么剩下的 20% 可由补充医疗保险再负担一大部分。由于各地具体情况和保险种类不一样，补充医疗保险的补助项目和支付比例也有所不同。

2002 年 5 月 21 日财政部、劳动和社会保障部发布的《关于企业补充医疗保险有关问题的通知》规定：按规定参加各项社会保险并按时足额缴纳社会保险费的企业，可自主决定是否建立补充医疗保险。也就是说，与基本医疗保险不同，补充医疗保险不是通过国家立法强制实施的，而是由用人单位和个人自愿参加的，是在单位和职工参加统一的基本医疗保险后，由单位或个人根据需求和可能原则，适当增加医疗保险项目，来提高保险保障水平的一种补充性保险。也就是说，法律并没有规定企业必须建立企业补充医疗保险，是否建立由企业自主决定。企业在按规定参加当地基本医疗保险，用于对城镇职工基本医疗保险制度支付以外由职工个人负担的医疗费用进行适当的补助，减轻参保职工的医疗费负担；补充医疗保险费在工资总额 4％以内的部分，企业可直接从成本中列支，不再经同级财政部门审批；企业补充医疗保险办法应与当地医疗保险制度相衔接。企业补充医疗保险资金由企业或行业集中使用和管理，单独建账、单独管理，用于本企业个人负担较重职工和退休人员的医疗费补助，不得划入基本医疗保险个人账户，也不得另行建立个人账户或变相用于职工其他方面的开支。同时规定，财政部门和劳动保障部门要加强对企业补充医疗保险资金管理的监督和财务监管，防止挪用资金等违规行为。

为了支持用人单位为员工参加补充医疗保险，2009 年 6 月 2 日发布的《财政部 国家税务总局关于补充养老保险费、补充医疗保险费有关企业所得税政策问题的通知》规定，"企业根据国家有关政策规定，为在本企业任职或者受雇的全体员工支付的补充养老保险费、补充医疗保险费，分别在不超过职工工资总额 5％标准内的部分，在计算应纳税所得额时准予扣除；超过的部分，不予扣除"。

企业补充医疗保险对企业来讲可以规避一些风险，在工资总额 4％以内的部分可以列入成本，也就是说可以免税，等于是税前列支。因而，企业补充保险并没有给企业增加多少负担，反而增加了职工的福利，同时对员工的身体保障也非常有利，是一项"双赢"的政策。越来越多的职工希望参加到企业补充医疗保险中来，这项保险也从原来的特定行业扩大到了越来越多的企业。尽管同样也有起付线、封顶线和药品限制，但确实大大减轻了大病、重病职工的负担。不仅为职工，也是为企业上了一个"双保险"，更是搭建了一个多层次的医疗保障平台。

企业参加补充医疗保险的先决条件是必须参加基本医疗保险，并按时足额缴纳保险费用。同时，企业还需具有一定的经济承受能力。

补充医疗保险不同于基本医疗保险，其方案不求一致，只要能弥补基本医疗保险的不足，满足人们多元化的医疗需求，同时使有限的医疗资源得到更为合理和有效的利用就可以。建立补充医疗保险需要对职工基本医疗的保障程度、医疗需求的多样性和实施的可能性进行调查和分析，有针对性地建立相应的补充医疗保险方案。

某集团公司是集金融、服务及科研于一体的大型国有企业。集团在京单位的员工人数约 2 500 人，退休人员 700 多人。集团为这些员工投了补充医疗保险，按照各单位的人员结构、平均年龄、退休人数等区别对待：新成立的单位，退休人员少，补充医疗保费相对低一些；退休人员多，平均年龄较大的单位，补充医疗的保费就相应高一些；补充医疗的保险费由 500 元每人每年到 1 300 元不等，补充医疗的门诊的起付标准是 500 元 90％报销。随着补充医疗集团还连带子女的补充医疗及差旅保险、意外保险、重大疾病保险等。

某小公司，人数 70 人，补充医疗方案：门诊 400 免赔 90％报，住院起付线免赔 90％报。公司员工平均年龄 34 岁、退休占比为 5％、2011 年度人均保险费用为 870 元。

原来公司选择了一家保险公司，但由于公司人少，不受该保险公司重视。每年只在年底报销一次，还往往联系不上保险公司业务员，最后药费需要拖延很长时间才能够报销回来。后来，该公司选择与另外一家保险经纪合作投保补充医疗保险，职工药费每半年报销一次，报销速度快，期间单位有些员工得了重大疾病，也及时得到了报销。单位和员工都很满意。

除了企业自愿性补充医疗保险外，还有其他形式的补充医疗保险：强制附加型医疗保险、公务员补充医疗保险和互助医疗保险等。

（1）强制附加型医疗保险。社会医疗保险机构举办的强制附加型医疗保险由社保机构在基本医疗保险方案的基础上以社会保险的形式强制性筹集大病保险基金，具体可由社保机构自身来承办，也可由社保机构统一投保的商业保险公司来承办。

表8—3列举了部分城市社保机构经办的补充医疗保险。

表8—3　　　　　　　　部分城市社保机构经办的补充医疗保险

城市	基本医疗保险封顶线	补充医疗保险筹资	补充医疗保险报销限额	启动时间
北京	5万元	单位1%工资额，个人3元/月	门急诊2万元，住院10万元	2001年4月1日
上海	5.6万元	单位2%工资额	封顶线以上费用80%	2000年12月1日
南京	4万元	每人每年60元	15万元	2001年3月
西安	3.2万元	每人每年60元	12万元	2000年10月
杭州	4.1万元	每人每年36元	封顶线以上费用90%	2001年3月
镇江	3万元	每人每年30元	10万元	2000年1月
九江	2.5万元	个人36元，单位24元	12万元	2000年
大连	3.8万元	每人每年24元	封顶线以上、15万元以下80%	2001年1月1日
湛江	2.6万元	每人每年72元	封顶线以上、15万元以上90%	2001年5月
东莞	4.5万元	单位1%工资额	封顶线以上5万元以内80%；10万元以内70%；10万元以上60%	2000年3月

（2）政府主办和经办的国家公务员补充医疗保险。建立国家公务员医疗补助制度的目的是解决国家公务员基本医疗保险不予支付的大额医疗费用和个人账户用完后个人自付部分的医疗费用。补充医疗保险的经费将全部由财政拨付。

（3）工会主办和经办的职工医疗互助补充保险——中国职工保险互助会。是由中华总工会主办，职工群众自愿参加，资金以职工个人筹集为主，行政资助为辅，职工群众内部互助互济性质的一种保险。在国家法定的社会保险之外，开展与职工生、老、病、死、伤、残或意外灾害、伤害等特殊困难有关的保险活动。

中国职工保险互助会有两项保险计划，分别是：职工安康互助保险计划和女职工安康互助保险计划。

职工安康互助保险是当会员在受到意外伤害时，可以得到一份意外伤害的经济赔偿。此外，无论是否出险都可以得到投保储金2％的红利（税后）。加入职工安康互助保险计划，保险储金金额定为1万元，红利为2％，最高保险责任金额为交纳储金的5倍。

女职工安康互助保险计划的对象是年满18岁至60岁的中国职工保险互助会会员中，尚未发现乳腺癌、卵巢癌、宫体癌、宫颈癌的女职工。保险费每份30元，保险责任金额为1万元，保险期为3年，每名会员最多投保3份。被保险人自保单生效之日起150天后，经市、区级以上医院确诊，患有上述四种癌症中的任何一种或多种疾病的职工均可向中国职工保险互助会申请给付全额的保险金。

随着我国经济的高速发展和企业规模的不断扩大，越来越多的企业已将补充医疗保险福利作为重要的人才激励手段。然而，企业补充医疗保险还存在不少问题。在现行"后付制"的医疗保险制度下，人力资源和社会保障部门与各家医院并没有直接的利益关系，医院的风险控制观念不强，因此缺少外在的监督管理机制和内在的成本制约机制，再加上医患之间的信息不对称以及可能存在的道德风险等原因，我国居民每年不合理的医疗费用支出一直居高不下，给医疗保险基金带来巨大的压力，也使商业保险公司在发展补充医疗保险时面临尴尬。而企业补充医疗保险的保险责任单一且固定，又很难满足不同企业的实际需要。

表8—4显示了2003—2005年北京市补充医疗保险经营状况。

表8—4　　　　　　　　2003—2005年北京市补充医疗保险经营状况

年份	保费（万元）	赔款（万元）	赔付率（％）
2003	21 600	21 983	102
2004	32 043	39 306	123
2005	55 553	70 561	127

说明：根据同业公司数据汇总。

资料来源：中国人寿保险股份有限公司北京市分公司冯鹏程：《北京市补充医疗保险调研报告》。

我国的商业保险市场前景广阔，但由于起步较晚，尚存在很多不足，可以借鉴国外的一些经验。

发达国家的企业补充医疗保险模式因基本医疗的不同而形式各异，大部分国家的企业补充医疗保险政府不干预，由商业保险公司承办。

德国的基本医疗保险法制健全、体制完备，规定所有人员均须参加法定医疗保险，只有企业自雇人员和月收入超过5 800马克的人员才可以在法定医疗保险和商业医疗保险中自由选择，二者择其一。因此，只有少数经济效益非常好的企业为员工买商业医疗保险，由联邦保监会监督，参保者及其家属与保险公司签订合同，保费根据风险确定，保险待遇也不同。大部分企业参加法定社会医疗保险。

英国的国家医疗保障制度覆盖了所有国民，但是有占总人口12％的高收入人群由雇主购买商业医疗保险（私人医疗保险公司承保），以得到更好的医疗保健服务；私人医疗保险公司提供的保险项目主要有普通私人医疗保险、危急病医疗保险和长期医疗保险。普通私人医疗保险只承保可治愈疾病；危急病医疗保险针对癌症、中风、心脏病等病症；长期医疗保险可支付部分家庭护理费用。

法国在基本医疗保险外，建立了各种形式的互助医疗保险，企业可自由选择。

美国政府没有实行基本医疗保险制度，医疗保障都是企业给职工以及家属购买商业保险。商业医疗保险是美国医疗保险体系的主体，美国1 800多家商业医疗保险组织为80％以上的国家公务员和74％的私营企业员工提供了商业医疗保险。商业医疗保险分为非营利性和营利性两种，前者可享受税收优惠。营利性的商业保险公司通过费用共担的"共保险"办法降低保险金，仅提供费用低廉的医疗服务，对费用高昂的项目单独设立险种。

日本的基本医疗保险中职员保险的待遇比较高，补充医疗保险也形式多样、内容广泛，各种群体都可以"互助组合"建立基金，成立保险公司，企业为员工交保险费，获得更高的医疗保障，企业职员医疗福利保障水平较高。

附录8—1　我国医疗保险主要法规政策

1. 职工医疗保险

(1)《国务院关于建立城镇职工基本医疗保险制度的决定》（国发［1998］44号），1998-12-14。

(2)《关于印发城镇职工基本医疗保险业务管理规定的通知》（劳社部函［2000］4号），2000-01-05。

(3)《关于加强城镇职工基本医疗保险个人账户管理的通知》（劳社厅发［2002］6号），2002-08-12。

(4)《关于进一步做好扩大城镇职工基本医疗保险覆盖范围工作的通知》（劳社厅发［2003］6号），2003-04-07。

(5)《关于妥善解决关闭破产国有企业退休人员等医疗保障有关问题的通知》（人社部发［2009］52号），2009-05-27。

(6)《关于领取失业保险金人员参加职工基本医疗保险有关问题的通知》（人社部发［2011］77号），2011-07-04。

(7)《关于基本医疗保险异地就医结算服务工作的意见》（人社部发［2009］190号），2009-12-31。

(8)《关于印发流动就业人员基本医疗保障关系转移接续暂行办法的通知》（人社部发［2009］191号），2009-12-31。

2. 国家公务员医疗补助

《国务院办公厅转发劳动保障部、财政部关于实行国家公务员医疗补助意见的通知》（国办发［2000］37号），2000-05-20。

3. 城镇居民基本医疗保险

（1）《国务院关于开展城镇居民基本医疗保险试点的指导意见》（国发［2007］20号），2007-07-10。

（2）《关于印发城镇居民基本医疗保险经办管理服务工作意见的通知》（劳社部发［2007］34号），2007-09-04。

（3）《关于城镇居民基本医疗保险医疗服务管理的意见》（劳社部发［2007］40号），2007-10-10。

（4）《国务院办公厅关于将在校大学生纳入城镇居民基本医疗保险试点范围的指导意见》（国办发［2008］119号），2008-10-25。

（5）《关于开展城镇居民基本医疗保险门诊统筹重点联系工作的通知》（人社厅函［2010］115号），2010-03-09。

（6）《关于开展城镇居民基本医疗保险门诊统筹的指导意见》（人社部发［2009］66号），2009-04-28。

（7）《关于全面开展城镇居民基本医疗保险工作的通知》（人社部发［2009］35号），2009-07-24。

（8）《关于做好2010年城镇居民基本医疗保险工作的通知》（人社部发［2010］39号），2010-06-01。

附录8—2　基本医疗保险工作程序

1. 基本医疗保险登记

凡参加基本医疗保险的用人单位，需到区县社会保险基金管理中心（以下简称区县社保中心）办理基本医疗保险登记手续。

用人单位需按规定填写《社会保险登记表》和《社会保险补充登记表》；并录入由社会保险经办机构发放的"信息采集软件"。在办理参保手续时，将单位基本信息导入软盘连同纸介一并上报参保地社会保险经办机构，由区县社保中心为其建立单位基本信息库。

2. 个人基本信息采集

初次参保人员需填写《参加社会保险人员情况登记表》，用人单位对参保人员填写的《参加社会保险人员情况登记表》内容审核后，将其准确无误录入"信息采集软件"，打印"信息采集表"交参保人员或委托人签字确认。

用人单位在办理参保手续时，将个人基本信息导入软盘连同由个人签字的纸介一并上报参保地社会保险经办机构，由区县社保中心为其建立个人基本信息库。

3. 缴费工资基数核定

每年第一季度，参保单位应根据本单位职工上年月平均工资如实申报缴费工资基数，并将基数核定信息导入软盘并打印《基本医疗保险缴费工资基数核定表》，同时携带《社会保险登记证》、《劳动情况表》（104 表）到区县社保中心办理缴费工资基数核定手续。

4. 基金收缴

每月 1 日，区县社保中心根据医保信息库中的时点人数，生成用人单位当月实际应缴纳的基本医疗保险缴费数额。每月 2 日起，区县社保中心委托银行代为扣缴，用人单位也可以用支票和现金缴纳。

5. 个人账户

区县社保中心在用人单位缴纳的基本医疗保险费足额收缴到账后，于当月 20 日通过医保系统进行个人账户分配。

常住某市的参保人员，由区县社保中心于每月 20 日以后将应分配的个人账户金划入个人医保专用存折；易地安置退休人员和长期驻外人员可选择通过邮寄或邮政储蓄的方式，由区县社保中心将个人账户金每隔 3 个月，邮寄至本人居住地或存入本人的邮政储蓄卡。

6. 人员增减

对参加了基本医疗保险的用人单位，当发生人员调入、调出、退休、死亡等增加或减少情况时，用人单位应在每月 2 日至月末期间，由单位专管人员持《社会保险登记证》、《基本医疗保险参保人员增加表》或《基本医疗保险参保人员减少表》，到区县社保中心办理人员增、减手续。

对未参加过基本医疗保险的人员，按新参保人员办理手续。

7. 补缴与退费

用人单位办理补缴与退费手续时，应持《社会保险登记证》、《基本医疗保险基金补缴情况表》或《基本医疗保险基金退费情况表》，以及有关补缴与退费情况的说明。

8. 退休人员不足缴费年限补缴

对办理了养老保险退休手续且享受按月领取养老金的参保人员，用人单位应于办理养老退休手续的当月，到参保地区县社保中心办理基本医疗保险在职转退休手续。经有关部门认定的累计缴费年限男不满 25 年、女不满 20 年，但符合补缴条件且本人愿意补缴的，由区县社保中心为其办理补缴手续。

办理在职转退休人员补缴手续时需提供以下材料：

（1）《基本医疗保险参保人员减少表》；

（2）《退休人员审批表》；

（3）《基本医疗保险视同缴费年限认定审批表》；

（4）其他相关证明材料；

（5）需补缴医疗保险费的，还应填写《基本医疗保险补缴情况表》。

9. 单位跨区转移

用人单位因工作地迁址等原因，需在本市行政区域内进行跨区县单位整体转移基本医疗保险关系的，用人单位需持《社会保险登记证》以及有关市内迁址的证明等相关材料，到参保地区县社保中心办理转移医疗保险关系手续。经区县社保中心审核确认，凡不欠费的用人单位，区县社保中心为其办理单位跨区转移业务。

□ 本章小结

前面几章谈到员工健康保护、健康管理与健康促进，主要遵循现代医学的"三级预防"理念，使人不生病是首要的，这不仅关系员工个人的发展及其家庭的幸福，而且可使用人单位保持高水平的人力资源，保障其可持续发展。故而前面从健康安全风险控制的角度分析如何防范。但正如俗语所言"人食五谷杂粮，岂能不得病"，一旦员工生病，不仅个体痛苦，而且单位还需为其付出不菲的医疗费用，因此，为员工参加医疗保险不仅是用人单位必须履行的社会责任和法定义务，而且是规避巨大医疗费用开支的最好出路。

本章介绍了医疗社会保险的基本概念；我国基本医疗保险的发展；基本医疗保险的运作程序等，通过案例提示，用人单位必须参保。同时也分析了补充医疗保险的意义；介绍了国外的情况；在附录中还介绍了具体的操作流程。

□ 思考题

1. 什么是医疗保险？为什么要实行医疗保险？
2. 简要介绍我国医疗保险制度的发展历程。
3. 谈谈你对补充医疗保险的认识。

案 例

××公司企业补充医疗保险实施暂行办法

为促进基本医疗保险制度改革，建立和完善多层次的医疗保障体系，保障参保人员的健康水平，维护员工队伍稳定，通过互助共济，适当解决员工、患重病人员医疗费用负担偏重问题，根据《国务院关于建立城镇职工基本医疗保险制度的决定》（国发〔1998〕44号）、《国务院关于印发完善城镇社会保障体系试点方案的通知》（国发〔2000〕42号）、《财政部、劳动和社会保障部关于企业补充医疗保险有关问题的通知》（财社〔2002〕18号）、《××公司关于做好补充医疗保险基金征缴有关工作的通知》（××社保〔2010〕1号）的有关规定，结合我公司实际情况，特制订本实施细则。

一、总则

1. 企业补充医疗保险是对基本医疗保险的有限补充，遵循的原则是企业补充医疗保险水平要与现有的医疗保障水平和企业承受能力相适应。企业补充医疗保险基金（以下简称基金）按"以收定支，收支平衡，略有节余"的原则实行专户管理，专款专用。

2. 公司人力资源部负责企业补充医疗保险的实施和日常管理工作。

二、基金来源及管理

1. 企业补充医疗保险基金实行收支两条线管理，由单位统一缴费，按照本企业员工上年度工资总额的4%按月提取，从企业成本中列支，并于次月5日前缴至××公司××有限公司（以下简称东北公司）社保中心，员工个人不缴费。

2. 基金由东北公司统一归集和管理，并在统筹范围内下拨调剂使用。

3. 基金当年结余的部分转入下一年合并使用，当年不足支付的，下一年顺延报销。

三、实施对象

全民在岗员工及退休（职）人员（以下简称参保人员）。

四、基金的使用及支付

企业补充医疗保险基金必须严格按规定使用，主要用于支付以下项目：

1. 门诊医疗补助。参保人员的门诊医疗费补助，应在符合基本医疗保险规定的医院、药店使用。凭药费收据于每年年末到公司人力资源部一次性限额报销，报销额度和收据当年有效，不结转使用。当年退休人员从领取养老金之月起，按退休人员的标准执行。具体标准如下：

在职员工补助标准：

（1）35 周岁及以下者，每人每月补助 50 元；

（2）36 周岁至 45 周岁者，每人每月补助 60 元；

（3）46 周岁及以上者，每人每月补助 70 元。

退休人员补助标准：

（1）65 周岁及以下者，每人每月补助 100 元；

（2）66 周岁及以上者，每人每月补助 120 元。

2. 几种特殊情况的医疗补助。

（1）患者凭出院证明于年末（具体时间与门诊报销同步）到社保所申办住院医疗补助费，具体标准为每天 50 元，年内累计不超过 40 天。

（2）符合基本医疗保险门诊特殊病种的医疗费支出，经基本医疗保险机构报销后的自付部分（基本医疗保险支付范围内的），给予全额补助。

（3）参保人员患大病超过医疗保险大额补助最高限额后，仍符合基本医疗保险规定的各项医疗费用，给予 90% 的补助。

（4）在定点医院发生的一般疾病医疗费用个人负担部分（指本年扣除住院和特病补助后个人负担部分），可按下列标准和比例给予补助：

1）参保人员个人负担医疗费用在 2 000 元以上至 3 000 元以内，按 50% 补助。

2）参保人员个人负担医疗费用在 3 000 元以上至 5 000 元以内，按 60% 补助。

3）参保人员个人负担医疗费用在 5 000 元以上至 10 000 元以内，按 70% 补助。

4）参保人员个人负担医疗费用在 10 000 元至 50 000 元，按 80% 补助。

5）参保人员个人负担医疗费用在 50 000 元以上，按 90% 补助。上述补助均采取分段计算补助。

3. 补助金额（含基本医疗报销及住院医疗补助）不得超过本人医疗费用的总和。

4. 在基金有节余的情况下，为员工办理重大疾病保险或意外伤害保险。

五、其他

1. 离休人员和二等乙级及以上革命伤残军人不参加补充医疗保险，其发生的医疗费在原渠道列支。

2. 本办法具体由公司人力资源部负责解释。

3. 本办法经公司职代会讨论并上报东北公司社保中心通过后实施，接受东北公司社保中心等有关部门的指导、监督、检查。

[讨论题]

如果你是公司人力资源部工作人员，你认为这个"补充医疗保险实施暂行办法"是否合理？你有何新的方案？

教师教学服务说明

　　中国人民大学出版社工商管理分社以出版经典、高品质的工商管理、财务会计、统计、市场营销、人力资源管理、运营管理、物流管理、旅游管理等领域的各层次教材为宗旨。为了更好地服务于一线教师教学，近年来工商管理分社着力建设了一批数字化、立体化的网络教学资源。教师可以通过以下方式获得免费下载教学资源的权限：

　　（1）在"人大经管图书在线"（www. rdjg. com. cn）注册并下载"教师服务登记表"，或直接填写下面的"教师服务登记表"，加盖院系公章，然后邮寄或传真给我们。我们收到表格后将在一个工作日内为您开通相关资源的下载权限。

　　（2）如果您有"人大出版社教研服务网络"（http：//www. ttrnet. com）会员卡，可以将卡号发到我们的电子邮箱，无须重复注册，我们将直接为您开通相关专业领域教学资源的下载权限。

　　如您需要帮助，请随时与我们联络：

　　中国人民大学出版社工商管理分社

　　联系电话：010－62515735，62515749，82501704

　　传真：010－62515732，62514775　　　　电子邮箱：rdcbsjg@crup. com. cn

　　通讯地址：北京市海淀区中关村大街甲 59 号文化大厦 1501 室 （100872）

- -

教师服务登记表

姓　名		□先生　□女士	职　　称		
座机/手机			电子邮箱		
通讯地址			邮　　编		
任教学校			所在院系		
所授课程	课程名称	现用教材名称	出版社	对象（本科生/研究生/MBA/其他）	学生人数
需要哪本教材的配套资源					
人大经管图书在线用户名					
			院/系领导（签字）：		
			院/系办公室盖章